UTB **8204**

Eine Arbeitsgemeinschaft der Verlage

Beltz Verlag Weinheim · Basel
Böhlau Verlag Köln · Weimar · Wien
Wilhelm Fink Verlag München
A. Francke Verlag Tübingen und Basel
Haupt Verlag Bern · Stuttgart · Wien
Lucius & Lucius Verlagsgesellschaft Stuttgart
Mohr Siebeck Tübingen
C. F. Müller Verlag Heidelberg
Ernst Reinhardt Verlag München und Basel
Ferdinand Schöningh Verlag Paderborn · München · Wien · Zürich
Eugen Ulmer Verlag Stuttgart
UVK Verlagsgesellschaft Konstanz
Vandenhoeck & Ruprecht Göttingen
vdf Hochschulverlag AG an der ETH Zürich
Verlag Barbara Budrich Opladen · Farmington Hills
Verlag Recht und Wirtschaft Frankfurt am Main
WUV Facultas Wien

Edgar Wawra, Gertrude Pischek, Ernst Müllner

Chemie berechnen

Ein Lehrbuch für Mediziner und Naturwissenschafter

3. Auflage

facultas

Univ.-Prof. Mag. Dr. Edgar Wawra, Univ.-Prof. Mag. Dr. Ernst Müllner,
Max F. Perutz Laboratories, Department für Medizinische Biochemie an der Medizinischen Universität Wien.
Mag. Dr. Gertrude Pischek,
Zentrum für Physiologie und Pathophysiologie, Institut für Medizinische Chemie an der Medizinischen Universität Wien.

Bibliografische Information der Deutschen Nationalbibliothek

Die Deutsche Nationalbibliothek verzeichnet diese Publikation in der Deutschen Nationalbibliografie; detaillierte bibliografische Daten sind im Internet über http://dnb.d-nb.de abrufbar.

3. Auflage 2006

Facultas Universitätsverlag

Druck: Facultas Verlags- und Buchhandels AG
Einbandgestaltung: Atelier Reichert, Stuttgart
Printed in Austria

UTB-Bestellnummer: ISBN 13: 978-3-8252-8204-2
ISBN 10: 3-8252-8204-X

Gewidmet dem Andenken an

Prof. Max Perutz
(* 1914 Wien, + 2002 Cambridge)

Nobelpreis 1962
für die Aufklärung der
Struktur des Hämoglobins
(gemeinsam mit John Kendrew)

INHALT

EINLEITUNG

Mathematik ist schlimm, Chemie ist ärger. Wie grausam muss dann erst eine Kombination von Chemie und Mathematik sein? Diese Ansicht ist weit verbreitet und daher macht fast jeder* einen möglichst weiten Bogen um chemische Berechnungen. Das rächt sich aber irgendwann! *Häufig schon bei der nächsten Prüfung, oft aber auch sehr viel später. Wir haben uns sogar sagen lassen, dass fertige Ärzte während des Turnusdienstes verzweifelt in ihren alten Skripten kramen, weil sie plötzlich die Konzentration einer Infusionslösung berechnen sollen. Kein Witz!* Es wäre aber doch schade, irgendwann zu scheitern, bloß weil man die eigene Schwellenangst nie überwunden hat. Lassen Sie uns dieser Angst mit zwei Grundsätzen begegnen:

Erstens: die für chemische Berechnungen notwendige **Mathematik** ist lächerlich einfach – so einfach, dass Sie das alles ganz sicher schon einmal gelernt und bereits wieder vergessen haben. *Daran liegt es!* Also wiederholen wir hier die gesamte notwendige „Mathematik" bis hin zur Schlussrechnung. Von Ihnen erwarten wir nur die Kenntnis der vier Grundrechnungsarten, ALLES andere wird erklärt.

Zweitens: Man muss kein umfangreiches **chemisches Wissen** besitzen, um die hier vorgestellten Berechnungen zu verstehen. Logischerweise empfiehlt sich die Kenntnis der wichtigsten chemischen Grundlagen, damit Sie wissen, was Sie eigentlich rechnen.

Sollten Ihre chemischen Vorstellungen Lücken aufweisen, ist auch das kein Problem. Was Sie UNBEDINGT wissen müssen, wird hier in kurzer Form nochmals erklärt. Diese Abschnitte erkennt man daran, dass sie – so wie dieser Absatz – extra in einem grau unterlegten **Feld** stehen. Wenn Sie sich an das eine oder andere ohnehin erinnern (und das wird oft der Fall sein), können Sie den Inhalt dieser Rahmen getrost ignorieren.

Sie halten ein neues Buch mit vielen, vielen Rechenaufgaben in der Hand. Das sieht nach einer ungeheuren Menge an Information aus – ist aber nicht einmal halb so schlimm. Zum einen werden die meisten der vorgestellten (einfachen) Rechenverfahren für die Mehrzahl von Ihnen nichts Neues darstellen und dienen nur zur Auffrischung längst bekannter aber vielleicht wieder vergessener Kenntnisse. Zum anderen sind die Erklärungen äußerst ausführlich und in viele Einzelschritte zerlegt, um das Verständnis zu erleichtern. *Die Erklärungen brauchen daher viel Platz, es sollte jedoch fast immer genügen, alles EINMAL zu lesen. Es wird nicht nötig werden, jeden Satz mühsam und mehrfach zu überdenken!*

Zum **Aufbau dieses Buches**: Sie finden zunächst eine Reihe von **Kapiteln mit römischen Ziffern** („I, II, III" u.s.w.), die Ihnen die „mathematischen Grundlagen" nahe bringen. Diese sind ausführlich, „umständlich" und „weitschweifig" – so dass sicher jeder folgen

---

* Wir ersuchen die Leserinnen um Verständnis, dass ausschließlich aus Gründen der besseren Lesbarkeit durchgängig die maskuline grammatikalische Form verwendet wird.

kann. Sollte Ihnen das alles ohnehin klar sein, so lesen Sie diese Teile nur kurz durch – vielleicht kennen Sie den einen oder anderen Tipp noch nicht – und gehen weiter. *Eigentlich erscheint es lächerlich: Es werden mathematische Verfahren erklärt, die Stoff der Grundschule sind. Es gibt aber gerade zu diesem Thema viele leidvolle Erfahrungen – sowohl auf Seiten der Lernenden als auch der Lehrenden (grundsätzlich baut das ganze Buch auf derartigen Erfahrungen auf). Es ist schon vorgekommen, dass Studenten bei Prüfungen versagt haben, weil sie keine einfache Gleichung umformen konnten; oder weil sie an dem Problem, die Wurzel von* 10^{-8} *zu ziehen gescheitert sind; aber auch weil sie glaubten, dass 100 Milliliter einen Liter ergeben. (Komisch, kein Mensch nimmt an, dass 100 Millimeter einen Meter ergeben, aber bei Liter setzt das Vorstellungsvermögen aus. Es kommt sogar vor, dass verkehrt umgerechnet wird – dann werden 100 Milliliter zu 100 000 Liter, und das ist dann schon SEHR falsch).*

Immer **anschließend** an die Grundlagenkapitel folgen die **chemischen Rechenkapitel**, die mit „1, 2, 3". u.s.w. nummeriert sind. Hier wird die Anwendung von Rechenverfahren auf chemische Probleme, die Ihnen im Rahmen von Studium oder Beruf begegnen könnten, erklärt. Damit es möglichst übersichtlich wird, haben wir mit einem Zweispalten-System gearbeitet: **rechts** steht **die eigentliche Rechnung** (immer noch relativ ausführlich, man kann vieles kürzer oder sogar im Kopf rechnen), **links** steht **die Erklärung der Rechenschritte** in Worten. Wenn Sie ohnehin alles verstanden haben und nur kurz nachschauen wollen, wie man so ein Problem löst, brauchen Sie nur die rechte Seite zu wiederholen – und dafür genügt ein Blick.

Anschließend folgen pro Kapitel maximal zehn **Übungsbeispiele** (mit Lösungen). Diese „Pflichtbeispiele" sollten Sie unbedingt rechnen! Sie mögen sicher sein, in dem entsprechenden Kapitel ohnehin alles verstanden zu haben – wenn Sie Beispiele üben, verfestigt sich das Gelernte, sodass Sie es übermorgen auch noch beherrschen. *Die Lernforschung behauptet, dass man einen neuen Gedanken bis zu 200-mal wiederholen muss, damit er ganz sicher nicht wieder verloren geht.* Im **Anhang** gibt es dann noch weitere Beispiele (= dieselben noch einmal, aber mit anderen Zahlen). Ob Sie sich mit diesen auch beschäftigen, hängt von Zeit, Verständnis, Lust, u.s.w. ab. Sie sollten diese Beispiele vor allem bei den Abschnitten verwenden, bei denen Sie sich unsicher fühlen und glauben, noch mehr Übung zu benötigen – nicht dort, wo ohnehin alles klar ist. *Übertreiben Sie nicht. Rechnen Sie keinesfalls mehr als 20-30 Beispiele pro Tag. Sonst macht es nämlich keinen Spaß mehr, sondern wird zur Tortur. Das bedeutet, dass Sie etwa 15 Tage brauchen werden, um das ganze Buch durchzuarbeiten, jeden Tag dafür aber auch nur maximal zwei Stunden brauchen werden – das sollte genügen. Es gibt schließlich neben der Chemie auch noch andere Dinge!*

Sicher sind Ihnen schon in dieser Einleitung *kursiv geschriebene Textabschnitte* aufgefallen, diese enthalten Anmerkungen und Ergänzungen – nicht immer (ganz) ernst gemeint. **Fett geschriebene Begriffe oder Formeln** dagegen sind von besonderer Wichtigkeit und unbedingt zu merken und zu beherrschen.

Sie können und sollen natürlich **Taschenrechner** verwenden, müssen aber imstande sein, die Beispiele auch ohne Rechner zu durchschauen – also zumindest überschlagsmäßig alles ohne Rechner kontrollieren können. Abgesehen davon, dass die Zahlen sowieso in der Regel so einfach gewählt sind, dass man den Rechner wirklich kaum braucht: Sie sollten erkennen, ob Sie sich vertippt haben (das passiert häufig) und das geht am einfachsten, indem man die Rechnung im Kopf nachvollzieht. Man vertippt sich nämlich fast nie um Kleinigkeiten, meist ist das Ergebnis um Zehnerpotenzen falsch. *Ideal sind preiswerte wissenschaftliche Rechner – mit Grundrechnungsarten, Wurzel, Logarithmus. Je anspruchsvoller Ihr Rechner ist, desto wichtiger ist es, dass Sie auch schon beim Üben der vorliegenden Beispiele damit rechnen. Es ist tatsächlich passiert, dass sich Leute extra für eine Prüfung einen hochkomplizierten Rechner gekauft haben – mit Gebrauchsanweisung wie ein kleines Lexikon – und dann mit dem guten Stück aufgeschmissen waren. Sollten Sie sich für einen Rechner mit Solarzellen entscheiden, achten Sie darauf, dass das Ding nicht nur bei prallem Sonnenschein funktioniert, sondern auch bei mäßiger Durchschnittsbeleuchtung in einem Unterrichtsraum oder Hörsaal.*

Zuletzt noch ein Wort in eigener Sache. Diese Unterlagen wurden während des Sommers 1998 als Skriptum geschrieben, im Lauf des Wintersemesters 1998/99 verbessert, danach im Jahr 2000 erstmals als Buch herausgegeben und jetzt schon wieder drei mal (2002 und 2004 und 2006) verbessert. Was Sie damit in Händen halten ist eigentlich eine überarbeitete „6. Auflage“. Die angegebenen Beispiele sind also schon vielfach nachgerechnet und SOLLTEN daher stimmen – aber bei Überarbeitungen schleichen sich gerne neue Fehler ein. *Dann bekommt der Computer die Schuld.* Für Hinweise darauf wären wir sehr dankbar. Unser Dank gilt auch ganz besonders Dr. Helmut Dolznig für seine fachkundige Hilfe bei der Erstellung der druckfertigen Vorlagen zu diesem Werk und nicht zuletzt der Verlagsgemeinschaft UTB sowie dem Facultas | Universitätsverlag für die gute Zusammenarbeit und rasche Drucklegung.

In diesem Sinne: viel Erfolg für Ihre weitere Ausbildung, bei der Sie dieses Buch hoffentlich ein wenig unterstützen kann.

E. Wawra
G. Pischek
E. W. Müllner

Wien, im August 2006

I POTENZEN (TEIL 1)

Zum Rechnen braucht man Zahlen (*no na*). Und damit man diese Zahlen nicht sofort wieder vergisst, schreibt man sie auf. Beispiele für eine geschriebene Zahl wären

Vier, ∷ , IIII , IV , 4 , 2^2 usw.

Diese Schreibweisen sind unterschiedlich praktisch. Wenn ich zwei mal vier berechnen will, so ist das Ergebnis acht, und ich hätte diese Rechnung mit jeder beliebigen Schreibweise durchführen können. Will ich dagegen

2 728 x 564

ausrechnen, so wären die meisten der oben angegebenen Zahlensysteme unhandlich. *Versuchen Sie einmal diese Rechnung mit römischen Zahlen – mühsam!*

Das Dumme in der Chemie (und in der Medizin, Physik, Biologie, Technik, ...) ist, dass man es oft mit noch viel unhandlicheren Zahlen-Ungetümen zu tun hat. Nehmen wir als Beispiel:

2000000 x 400000

Das ist natürlich eine abstruse Schreibweise, zumindest sollte man den Zahlenwurm in Dreiergruppen zerlegen:	2 000 000 x 400 000
Damit tut man sich schon leichter, wenigstens ist jetzt die Gefahr geringer, dass man sich bei den vielen Nullen verzählt. Nun können wir mit der Rechnung beginnen. *NEIN! Lassen Sie die Finger vom Taschenrechner. Zwei mal vier werden wir doch wohl ohne Rechner schaffen.* Die normale Methode dafür ist, dass man zunächst die Nullen nicht beachtet und den Rest multipliziert.	2 x 4 = 8
Danach zählt man die Nullen zusammen und hängt sie hinten an.	2 000 000 x 400 000 = **800 000 000 000** 6 Nullen + 5 Nullen = 11 Nullen

Nun hat man sich aber überlegt, ob es nicht vernünftiger wäre, eine Zahlenschreibweise zu wählen, bei der man sich das lästige Zählen der Nullen sparen kann. Wenn man Zahlen als Potenzen von zehn schreibt, so wird hundert (zehn mal zehn) zu zehn hoch 2, tausend zu zehn hoch 3, und so weiter.

$$100 = 10^2$$

$$1\,000 = 10^3$$

Zwei Millionen sind dann eben zwei mal eine Million, also zwei mal zehn hoch sechs.

$$2\,000\,000 = 2 \times 1\,000\,000 = 2 \times 10^6$$

Und das Beispiel von oben wird dann wie folgt gerechnet:

$$2 \times 10^6 \times 4 \times 10^5$$

Die Zahlen bei dieser Schreibweise werden in zwei Teile zerlegt: in die Folge der Ziffern und in den Potenzausdruck, der nur den Stellenwert (= die Anzahl der Nullen) wiedergibt. Wieder werden die Zahlen ohne Rücksicht auf den Stellenwert multipliziert.

$$2 \times 4 = 8$$

Danach wird der Stellenwert festgelegt, indem man die beiden Hochzahlen (= die Anzahl der Nullen) addiert und in einer neuen Hochzahl hinzufügt.

$$6 + 5 = 11 \qquad (10^6 \times 10^5 = 10^{11})$$

$$2 \times 10^6 \times 4 \times 10^5 = \mathbf{8 \times 10^{11}}$$

Nun könnte man natürlich wieder zur gewohnten Schreibweise zurückkehren, und diese Zahl als Achter mit elf Nullen schreiben, aber das ist wohl unsinnig! Immer, wenn wir mit dem Ergebnis weiterrechnen wollten, müssten wir es wieder in die Potenzschreibweise zurückverwandeln, also lassen wir es doch gleich so, das ist viel übersichtlicher *(und übrigens, Ihr Taschenrechner würde es wahrscheinlich auch so ähnlich angeben!).*

Man nennt diese Art der Zahlendarstellung auch **Exponentialschreibweise**. Man kann sich die Hochzahl beliebig aussuchen:

$$2 \times 10^6 = 20 \times 10^5 = 200 \times 10^4 = 0.2 \times 10^7$$

Und damit ist auch klar, wie man kompliziertere Zahlen schreiben kann, zum Beispiel:

$$2\,870\,000 = 287 \times 10^4 \quad \text{aber auch} \quad 2.87 \times 10^6$$

Wie schon oben kurz erwähnt, hat es sich als praktisch erwiesen, bei der Angabe einer Zahl in konventioneller Schreibweise die Ziffern in Dreiergruppen zu ordnen, also:

2 000 000 statt 2000000

Genauso hat es sich vielfach eingebürgert, die Hochzahlen der Exponentialschreibweise als Vielfache von 3 anzugeben (3, 6, 9 usw.), man nennt das die **technische Schreibweise**:

47 000 wird dabei zu 47×10^3 oder 0.047×10^6

und NICHT zu 4.7×10^4 und auch nicht zu 0.47×10^5

Als nächstes wird es Zeit, dass wir unseren Zahlenraum auch in Richtung kleiner Zahlen erweitern. Stellen wir zunächst eine Liste von Zahlen in Exponentialschreibweise auf:

$$1\,000\,000 = 10^6$$
$$100\,000 = 10^5$$
$$10\,000 = 10^4$$
$$1000 = 10^3$$
$$100 = 10^2$$

Bis jetzt war es einfach. Nun müssen wir die Reihe nur weiter fortsetzen:

$$10 = 10^1$$

Eigentlich soweit klar, dann muss man aber die Zahl Eins als zehn hoch null schreiben können (übrigens, **JEDE Zahl hoch null ist eins!**)

$$\mathbf{1 = 10^0}$$ (z.B. aber auch $3^0 = 1$)

Und jetzt mutig weiter. Zahlen, die kleiner sind als eins, bekommen dann eben negative Hochzahlen:

$$0.1 = 10^{-1}$$
$$0.01 = 10^{-2}$$
$$0.001 = 10^{-3}$$ und so weiter ...

Damit haben wir nun die Möglichkeit, auch Zahlen wie:

0.000 07

in der Exponentialschreibweise anzugeben. 0.000 01 ist soviel wie 10^{-5} und 0.000 07 ist sieben mal 0.000 01, also 7×10^{-5}. Der alte Trick mit dem Abzählen der Nullen funktioniert noch immer, nur muss man die eine Null vor dem Komma mitzählen. Aber ACHTUNG: das Abzählen der Nullen klappt hier nur, wenn in der Ziffernfolge nur eine Ziffer vorkommt, oder wenn das Komma nach der ersten Ziffer steht, wenn Sie 0.000 073 also 7.3×10^{-5} schreiben. Wenn Sie 73×10^{-6} oder 0.73×10^{-4} schreiben, funktioniert es offensichtlich nicht! In diesem Fall ist es besser, man zählt die Anzahl der Stellen, um die das Komma verschoben wurde, also bei 0.73×10^{-4} wurde das ursprüngliche Komma von 0⇓000 073 nach 0 000 0⇓73 verschoben, also um 4 Stellen nach rechts, daher ist die Hochzahl −4. Diese Methode klappt immer: schieben Sie das Komma nach links, wird die Hochzahl positiv.

So, und nun zur Übung ein paar Beispiele *(die Ergebnisse finden Sie anschließend am Ende dieses Abschnittes).*

Übung I

a) Schreiben Sie in Exponentialschreibweise:

310 000 ______________

8 932 000 000 ______________

22 ______________

0.023 ______________

0.000 0083 ______________

b) Und jetzt schreiben Sie auf konventionelle Weise:

4×10^{-2} ______________

2.9×10^{3} ______________

0.045×10^{4} ______________

328×10^{-2} ______________

Vergleichen Sie bitte Ihre Ergebnisse mit denen am Ende dieses Abschnittes. *Sollten diese nicht übereinstimmen, hat einer von uns beiden einen Fehler gemacht – versuchen Sie möglichst festzustellen, woran es liegt, bevor Sie weiter lesen.*

Wenn man mit Zahlen in der Exponentialschreibweise rechnen will, benötigt man einige Regeln. Die einfachste haben wir schon kennen gelernt: Beim **multiplizieren** werden die Ziffernfolgen multipliziert und die Hochzahlen addiert. Also

3×10^{3} multipliziert mit 2.5×10^{-2} gibt 7.5×10^{1} oder allgemein

$$a \times 10^{b} \times c \times 10^{d} = a \times c \times 10^{b+d}$$

Man kann natürlich auch eine Zahl in Exponentialschreibweise mit einer normalen Zahl multiplizieren, dann hat man eben keine zweite Hochzahl

3×10^3 multipliziert mit 4 gibt 12×10^3 oder allgemein

$$\mathbf{a \times 10^b \times c = a \times c \times 10^b}$$

Die **Division** geht analog: Man dividiert die Ziffernfolgen und subtrahiert die Hochzahlen:

3×10^3 dividiert durch 1.5×10^{-2} gibt 2×10^5 oder allgemein

$$\mathbf{a \times 10^b : c \times 10^d = a / c \times 10^{b-d}}$$

bzw. $$\mathbf{a \times 10^b : c = a / c \times 10^b}$$

Bei der **Addition** werden die Ziffernfolgen logischerweise addiert, aber was macht man mit den Hochzahlen?

3×10^3 plus 2.5×10^2 gibt ?

oder $a \times 10^b + c \times 10^d = ?$

Das geht so nicht! Man kann nur Ausdrücke mit gleichen Hochzahlen addieren *(wie man auch nur Äpfel zu Äpfeln addieren kann, und nicht Äpfel zu Birnen).* Also muss man die Ausdrücke so umformen, dass die Hochzahlen gleich werden.

Also wandeln wir 3×10^3 um in 30×10^2

Dann klappt es. Und die Hochzahl ändert sich weiterhin nicht *(dreißig Äpfel und zweieinhalb Äpfel geben eben 32 und einen halben Apfel).*

30×10^2 plus 2.5×10^2 gibt 32.5×10^2 oder

$$\mathbf{a \times 10^b + c \times 10^b = (a + c) \times 10^b}$$

Die **Subtraktion** funktioniert natürlich analog. Wieder müssen beide Hochzahlen gleich sein, dann kann man die beiden Zahlenfolgen einfach voneinander abziehen, die Hochzahl bleibt unverändert.

30×10^2 minus 2.5×10^2 gibt 27.5×10^2 oder

$$a \times 10^b - c \times 10^b = (a - c) \times 10^b$$

Noch eine Randbemerkung: man kann 0.1 auch 10^{-1} oder 1 / 10 schreiben. Ebenso ist 0.01 auch 10^{-2} oder 1 / 100, was man auch mit $1 / 10^2$ angeben kann. Also ist 10^{-2} auch $1 / 10^2$, ebenso ist 10^2 auch $1 / 10^{-2}$. Allgemein gilt:

$$10^{-b} = 1 / 10^b \quad \text{und} \quad 10^b = 1 / 10^{-b}$$

$$\text{bzw.} \quad a \times 10^{-b} = a / 10^b \quad \text{und} \quad a \times 10^b = a / 10^{-b}$$

Man kann so mit einer Potenz von einer Seite des Bruchstriches auf die andere wechseln, indem man das Vorzeichen ändert. Daher kann man sich oft den Bruchstrich sparen, indem man einfach eine negative Hochzahl schreibt. Davon kommen Ausdrücke wie km x h^{-1} statt km / h oder mol x l^{-1} statt mol / l.

Dazu noch ein paar Beispiele:

Übung I

c) Berechnen Sie

$3 \times 10^3 \times 4 \times 10^4$ ________________

$3 \times 10^3 \times 4 \times 10^{-4}$ ________________

$5 \times 10^6 \times 7$ ________________

$5 \times 10^6 \times 7 \times 10^0$ ________________

$32 \times 10^5 : 4 \times 10^3$ ________________

$32 \times 10^{-5} : 4 \times 10^3$ ________________

$32 \times 10^5 : 4 \times 10^{-3}$ ________________

$18 \times 10^4 + 3 \times 10^5$ ________________

$17 \times 10^{-2} + 1$ ________________

$18 \times 10^4 - 3 \times 10^5$ ________________

$18 \times 10^4 - 3 \times 10^2$ ________________

Ergebnisse aus diesem Abschnitt

Übung Ia

3.1×10^{5} (oder 31×10^{4} oder 0.31×10^{6})
8.932×10^{9}
22 (man soll nichts übertreiben)
23×10^{-3} (oder 2.3×10^{-2})
8.3×10^{-6} (oder 83×10^{-7})

Übung Ib

0.04
2 900
450
3.28

Übung Ic

12×10^{7} (oder 1.2×10^{8})
12×10^{-1} (oder 1.2)
35×10^{6} (oder 3.5×10^{7})
35×10^{6} (gleiches Beispiel wie vorher)
8×10^{2}
8×10^{-8}
8×10^{8}
48×10^{4} (oder 4.8×10^{5})
1.17 (oder 117×10^{-2})
-12×10^{4} (oder -1.2×10^{5})
17.97×10^{4} (oder 1.797×10^{5})

II Einheiten und Umrechnungen

Ein Wert, der in Zahlen ausgedrückt wird, besteht normalerweise aus zwei Teilen, dem Zahlenwert und der Einheit, *z.B.* 12 m, 5 Fässer, 35 Bananen. *Nur mit der entsprechenden Einheit erhält der Zahlenwert seinen Sinn.*

Nach dem SI-System können solche Einheiten entweder **Basiseinheiten** sein (wie z.B. das Meter für die Länge, das Kilogramm für die Masse, oder die Sekunde für die Zeit) oder **abgeleitete Einheiten**, die sich aus einer Kombination von Basiseinheiten zusammensetzen (Quadratmeter für die Fläche, m / s für die Geschwindigkeit, mol / l für die Konzentration).

Es gibt allerdings eine Anzahl von Größen, die scheinbar keine Einheit haben. Das sind vor allem Größen, die ein Verhältnis ausdrücken wie z.B. relative Atom- und Molekülmassen, oder auch Größen, die sich von einer logarithmischen Skala ableiten, wie Extinktion, pH-Wert, u.a. Diese Größen haben aber korrekterweise nicht keine Einheit (das wäre Null) sondern die Einheit 1 (Eins!)

Nun haben viele dieser Einheiten einen entscheidenden Nachteil: sie sind in vielen Bereichen unpraktisch groß oder klein. In Einzelfällen wurde als Ausweg eine andere Einheit zugelassen, die eigentlich dem SI-System nicht entspricht. Konsequenterweise müsste man als Einheit des Volumens den Kubikmeter verwenden. Da dieses Maß im täglichen Leben unhandlich wäre, darf man den gewohnten Liter daneben auch benutzen. *Überlegen Sie einmal, wie lange Sie mit einem Kubikmeter Milch für den Kaffee zum Frühstück auskommen – da würde einiges sauer werden.*

Ein anderer Ausweg ist die Verwendung von **Zehnerpotenzen** *(schließlich haben wir das ja gerade geübt, jetzt wollen wir es auch anwenden)*. Damit erhält man praktische Zahlen und hat eben zwischen Zahlenfolge und Einheit die Zehnerpotenz. *Sie könnten also ihren halben Liter Milch für den Kaffee auch höchst korrekt als $0.5 \times 10^{-3}\ m^3$ Milch bezeichnen. Wenn Sie solches allerdings beim Einkauf von Ihrem Händler verlangen, wird sich der vielsagend an die Stirne tippen. Aber in der Chemie ist vieles möglich ...*

Um die Zehnerpotenzen zu umgehen, hat man sich geeinigt, die wichtigsten Potenzen (vor allem die Dreierstufen 10^3, 10^6, 10^{-3}, usw.) durch **Vorsilben** wie „Kilo“, „Mega“, „milli“ usw. zu ersetzen, die man dann eben statt der Zehnerpotenz vor die jeweilige Einheit setzt. *Das ist genau das Gleiche wie die Zehnerpotenz, man bemerkt es aber nicht! Wir haben jetzt nur einen mathematisch klaren Ausdruck durch eine Folge von Silben ersetzt, die man leider auswendig lernen muss. Mathematische Anti-Talente schrecken sich aber vor der Bezeichnung* 10^{-3} m, *während alle zu wissen glauben, was ein Millimeter ist.*

Frage (Antwort gleich ein Stück weiter unten): Sie wollen eine Angabe, die Ihnen unpraktisch erscheint, durch Verwendung der Vorsilbe „milli-“ umwandeln (also z.B. Liter in Milliliter umrechnen). Der Umrechnungsfaktor ist auf jeden Fall Tausend. Sie müssen daher:

a) ihren Wert durch die Zahl Tausend dividieren. Schließlich wird der Wert durch die Verwendung des „milli-“ kleiner, also müssen Sie dividieren?

b) ihren Wert mit der Zahl Tausend multiplizieren. Durch die Verwendung des „milli-“ wird die Einheit kleiner, um das auszugleichen müssen Sie multiplizieren?

Antwort: Lassen Sie sich nicht irreführen. Natürlich ist b) richtig. Wenn Sie eine kleinere Einheit (Milliliter statt Liter) wählen, müssen Sie das wieder ausgleichen, indem Sie die Zahlenfolge entsprechend vergrößern (zehn Meter sind zehntausend Millimeter).

Sie wählen ja auch deshalb eine kleinere Einheit, um wieder zu handlicheren Zahlen zu kommen, also rechnen Sie z.B. 0.02 Liter um und erhalten 20 Milliliter ($0.02 \times 1000 = 20$).

Eine andere (und bessere) Erklärung geht davon aus, dass die Vorsilbe „milli-“ ja eigentlich 10^{-3} bedeutet. Und wie man mit Potenzen umgeht, wissen Sie ja inzwischen.

$$0.02\ \text{l} \quad = \quad 0.02 \times \underbrace{10^{3}}_{\text{tausend}} \times \underbrace{10^{-3}}_{\text{milli}}\ \text{l} = 20 \times \underbrace{10^{-3}}_{\text{milli}}\ \text{l} \quad = \quad 20\ \text{ml (Milli-Liter)}$$

Und daraus können Sie eine wichtige Regel für alle Ihre zukünftigen Rechnungen ableiten. Wenn immer Sie im Rahmen einer Berechnung Einheiten umwandeln müssen (also wenn z.B. in der Angabe z.B. millimol vorkommen, aber im Resultat sind mol gefordert, oder die Angabe mischt überhaupt millimol [mmol] und mol), so ersetzen Sie die Vorsilben **sofort** durch die entsprechenden Zehnerpotenzen. Die Möglichkeit sich zu irren ist dann viel geringer. Man vergisst nämlich sonst leicht auf irgendeine Umrechnung oder rechnet verkehrt herum.

Die wichtigsten dieser Vorsilben (Sie müssen sich diese unbedingt merken!) und ihre Bedeutung als Zehnerpotenz sind in der folgenden Tabelle angegeben:

Symbol	Vorsilbe	Bedeutung
G	Giga	10^{9}
M	Mega	10^{6}
k	Kilo	10^{3}
m	Milli	10^{-3}
µ	Mikro	10^{-6}
n	Nano	10^{-9}
p	Piko	10^{-12}

0 VORÜBUNGEN

Die folgenden Übungsbeispiele sind lächerlich einfach. Beschäftigen Sie sich trotzdem damit, es geht hier darum, dass Sie mit den nötigen Vorsilben und Umrechnungen so vertraut werden (und das wird man nur durch Übung), dass Sie später damit keine Probleme mehr haben und sich auf die eigentlichen Rechnungen konzentrieren können. In den Beispielen der späteren Kapitel kommen nämlich immer wieder solche Umrechnungen – quasi als Vorbedingung für die eigentliche Rechnung – vor. Wenn Sie so eine Umrechnung übersehen, wird das Ergebnis „sehr" falsch!

Versuchen Sie diese Beispiele ohne Taschenrechner zu lösen, oder – wenn Sie glauben, den Rechner unbedingt zu brauchen – machen Sie zumindest eine Überschlagsrechnung um zu kontrollieren, ob Sie keinen Fehler beim Eintippen begangen haben (z.B. beim ersten Beispiel, das etwas kompliziertere Zahlen enthält, wandeln Sie alle Angaben in Zehnerpotenzen um, und dann rechnen Sie überschlagsmäßig mit gerundeten Zahlen, also 1.5 x 8 [das gibt 12!]. Die Ziffernfolge in Ihrem Resultat muss daher etwas größer sein als 12 oder als 1.2)

Übungen zu Kapitel 0

01. In einem europäischen Staat war die Staatsschuld Ende des Jahres 2001 so groß, dass auf jeden Einwohner ein Fehlbetrag von 16 000 € entfiel. Unter der Annahme, dass 8.1 Millionen Einwohner in diesem Staat leben, wie groß war die gesamte Staatsschuld?

   1.3×10^{11} €

02. 100 nm sind wie viele mm?

   10^{-4} mm

03. 10 µg (Mikrogramm) entsprechen wie viel g?

   10^{-5} g

04. Eine Seite dieses Buches benötigt in unserem Computer etwa 11 kbyte (Kilobyte) Speicherplatz. Das ganze Buch – etwa 270 Seiten – benötigt daher wie viele Mbyte Speicher?

   2.97

05. Violettes Licht hat eine Wellenlänge von 400 nm (Nanometer). Wie viele µm (Mikrometer) sind das?

   0.4 µm

06. Rotes Licht hat eine Wellenlänge von 700 nm. Eine Million Wellen hintereinander ergeben wie viele Meter?

   0.7 m

07. Blattgold lässt sich zu extrem dünnen Folien auswalzen. Gelänge es eine Goldfolie herzustellen, die nur 1 Atom dick ist, so wäre diese Folie 500 pm (Pikometer) dick. Eine Million solcher Folien würde eine Schichtdicke von wie viel mm ergeben?

0.5 mm

08. Die DNA (Desoxyribonukleinsäure) einer menschlichen Zelle ist insgesamt 2 m lang und 2 nm dick. Könnte man sie um den Faktor 10^5 vergrößern, könnte man den Faden sehen. Wie dick (in mm) und wie lang (in km) wäre dieser dann?

0.2 mm, 200 km

09. Das menschliche Genom (diploid) enthält 6.6 Milliarden Basenpaare. Ein Basenpaar wiegt ca. 10^{-21} g. Wie viele Pikogramm DNA enthält daher eine menschliche Zelle?

6.6 pg

III SCHLUSSRECHNUNG

Diese Methode wird immer wieder als umständlich und mühsam und blöd abgelehnt. Man kann aber komplexe Berechnungen durchaus als Folge von Schlussrechnungen lösen. Der Vorteil dabei: man weiß immer genau, was man eigentlich tut und was das jeweilige Zwischenergebnis bedeutet – sodass einem auch Ungereimtheiten viel rascher auffallen. Eine fertige Formel, in die man blindlings Zahlen einsetzt, hat diesen Vorzug nicht.

Es gibt zwei grundsätzliche Varianten der Schlussrechnung. Die erste Möglichkeit: 6 Affen brauchen 24 Bananen um satt zu werden, wie viele Bananen benötigen 9 Affen? Mehr Affen wollen auch mehr Bananen – ich habe hier einen Schluss von MEHR nach MEHR, man spricht auch von **direkter Proportionalität**. Die andere Möglichkeit: 6 Affen benötigen 15 Minuten, um 24 Bananen zu fressen. Wie lange brauchen 9 Affen für die gleiche Menge Bananen. Mehr Affen benötigen weniger Zeit für die gleiche Menge Bananen – ich habe also einen Schluss von MEHR nach WENIGER, man spricht von **indirekter Proportionalität**.

Die dritte Variante wäre: ein Zug mit 4 Waggons benötigt für die Strecke von Wien nach München 5 Stunden. Wie lange braucht ein Zug mit 12 Waggons? Ohne Spaß, vermeiden Sie Schlussrechnungen (und Schlüsse), die logisch nicht sinnvoll sind. Und nicht immer ist der Unsinn so leicht zu erkennen, wie am Beispiel der Waggons: Ein Professor schreibt ein Buch und braucht dazu 6 Monate. Wie lange würden 3 Professoren brauchen ...?

Wir haben es in diesem Buch (und überhaupt bei chemischen Rechnungen) praktisch nur mit Schlüssen der ersten Art zu tun, also wenn das Eine mehr wird, wird auch das Andere mehr – und umgekehrt. *Sie sollen trotzdem den Unterschied kennen, damit Sie nicht irgendwann einmal auf einen Schluss der zweiten oder gar der dritten Art hereinfallen. Bei der Berechnung von Titrationen könnte man Schlussrechnungen der zweiten Art ansetzen, wir verwenden dort aber eine Standardformel.*

Wollen wir jetzt das Beispiel von oben (das mit den Affen) lösen, so müssen wir den folgenden Schluss aufstellen:

6 Affen	brauchen	24 Bananen	oder	6 Affen . . . . . . 24 Bananen
9 Affen	brauchen	? Bananen		9 Affen . . . . . . X Bananen

Sie könnten jetzt noch kontrollieren, ob tatsächlich ein Schluss der ersten Art vorliegt. Sie haben links MEHR Affen in der zweiten Zeile, als in der ersten. Sie erwarten auch MEHR Bananen in der zweiten Zeile, als in der ersten. Also haben wir einen Schluss von mehr nach mehr. Es könnten auch weniger und weniger sein, aber immer beides in der gleichen Richtung. Würden Sie einen Schluss der zweiten Art ansetzen – siehe das zweite Beispiel oben – dann hätten Sie auch MEHR Affen in der zweiten Zeile, würden aber WENIGER Mi-

nuten in der zweiten Zeile erwarten, da ja die größere Zahl Affen schneller mit den Bananen fertig wird.

Jetzt gibt es verschiedene Methoden, aus diesem Schluss eine Gleichung zu machen. *In der Grundschule haben wir solche Beispiele auf die ganz langsame Art gelöst. Wir haben nämlich zuerst auf die Einheit umgerechnet, also berechnet, wie viele Bananen EIN Affe braucht, und dann das Ergebnis mit der verlangten Affenzahl (9 Affen) multipliziert. Also:*

Sie berechnen den Verbrauch eines Affen: wenn 6 Affen eine gewisse Menge Bananen benötigen so braucht ein einziger Affe ein Sechstel davon: *Also braucht ein Affe 24 / 6 = 4 Bananen*	6 Affen . . . . 24 Bananen 1 Affe . . . . X_1 $X_1 = \frac{24 \text{ Bananen} \times 1 \text{ Affe}}{6 \text{ Affen}}$ oder $X_1 = \frac{24 \text{ Bananen}}{6} = 4 \text{ Bananen}$
9 Affen benötigen logischerweise 9-mal so viele Bananen wie ein einziger Affe: wir kommen zu folgender Gleichung (die Affen haben sich bereits herausgekürzt). *9 Affen brauchen 36 Bananen.*	$X_2 = 9 \times X_1$ $X_2 = \frac{9 \times 24 \text{ Bananen}}{6} = 9 \times 4 \text{ Bananen}$ $X_2 = \mathbf{36 \text{ Bananen}}$

Allerdings ist diese Volksschulmethode langsam und umständlich, da wir ja eigentlich zweimal die Schlussrechnung ansetzen. Wenn Sie das Prinzip der Schlussrechnung verstanden haben, sollten Sie sich für eine schnellere Methode entscheiden.

Sie haben mehrere Verfahren zur Auswahl. *Suchen Sie sich eines davon aus, und bleiben Sie dann für den Rest Ihres Lebens dabei – es macht keinen Sinn zu wechseln und führt nur zu Fehlern!*

1. Sie können die Angaben, die in der gleichen Zeile stehen, durch Bruchstriche trennen:	6 Affen / 24 Bananen 9 Affen / **X**	gibt $\frac{6 \text{ Affen}}{24 \text{ Bananen}} = \frac{9 \text{ Affen}}{\mathbf{X}}$

2. Sie können die Angaben, die in der gleichen Spalte stehen, durch Bruchstriche trennen.	$\frac{6 \text{ Affen}}{9 \text{ Affen}} \quad \frac{24 \text{ Bananen}}{X}$	gibt $\frac{6 \text{ Affen}}{9 \text{ Affen}} = \frac{24 \text{ Bananen}}{X}$
3. Sie können die Angaben, die diagonal zueinander stehen, durch ein Multiplikationszeichen verbinden.	6 Affen 24 Bananen x 9 Affen X	gibt 6 Aff. x **X** = 9 Aff. x 24 Ban.

Gleichgültig, welche Methode Sie wählen, Sie kommen in jedem Fall zu der Gleichung (nach umformen, siehe Kapitel V):

$$X = \frac{9 \text{ Affen} \times 24 \text{ Bananen}}{6 \text{ Affen}}$$

Es gibt noch eine weitere Möglichkeit (unserer Meinung nach die Beste):

4. Sie können die obige Gleichung direkt aufschreiben, indem Sie das **X** auf die eine Seite schreiben und auf der anderen Seite einen Bruchstrich ziehen.	**X** = ————————
Jetzt kommen alle Angaben, die in der gleichen Spalte oder in der gleichen Zeile stehen, wie das **X** in den Zähler *(hier also die 9 Affen und die 24 Bananen)* und werden durch Multiplikation verbunden. Die übriggebliebene Angabe (verschiedene Spalte und Zeile, bzw. diagonal dem **X** gegenüber) kommt in den Nenner *(hier die 6 Affen).* Fertig. *Man erspart sich so das Umformen der Gleichung.*	6 Affen 24 Bananen 9 Affen X $\mathbf{X} = \frac{9 \text{ Affen} \times 24 \text{ Bananen}}{6 \text{ Affen}}$
Jetzt kann man rechnen und erhält 36 Bananen als Ergebnis.	**X = 36 Bananen**

Noch ein Tipp: wenn man nicht nur die Zahlen einsetzt, sondern auch die Einheiten (also Affen und Bananen), hat man eine vorzügliche Kontrollmöglichkeit: Man kann mit den Einheiten genauso rechnen wie mit Zahlen und es muss die gewünschte Einheit herauskommen – oder man hat einen Fehler im Ansatz gemacht. Im obigen Beispiel kürzen sich die Affen oben und unten, es bleiben allein die Bananen als erwartete Einheit übrig. *Würden z.B. Affen zum Quadrat pro Bananen herauskommen, hat man den Schluss falsch angesetzt.*

$$X = \frac{9 \text{ Affen} \times 24 \text{ Bananen}}{6 \text{ Affen}} = \frac{9 \times 24}{6} \times \frac{\text{Affen} \times \text{Bananen}}{\text{Affen}} = \frac{36 \not{\text{Affen}} \times \text{Bananen}}{\not{\text{Affen}}}$$

Nur der Vollständigkeit halber: was macht man, wenn man doch einmal einen Schluss mit indirekter Proportionalität hat? Das kommt zwar, wie schon zuvor erwähnt, in diesem Buch nicht vor, aber falls Sie später einmal Zoodirektor werden, müssen Sie vielleicht einmal ausrechnen, wie lange ihre Affen fressen.

6 Affen benötigen 15 Minuten, um 24 Bananen zu fressen. Wie lange brauchen 9 Affen für die gleiche Menge Bananen.

6 Affen	*brauchen*	*15 Minuten*	*oder*	*6 Affen . . . . . . 15 Minuten*
9 Affen	*brauchen*	*? Minuten*		*9 Affen . . . . . . X Minuten*

In diesem Fall müssen Sie den Wert, der neben dem X (also in der gleichen Zeile) steht, unter den Bruchstrich schreiben, die beiden übrigen Werte (in der anderen Zeile) über den Bruchstrich. (Und es gilt immer noch, dass man die Einheiten, also Affen und Bananen, mitnimmt, die sich wieder so kürzen lassen müssen, dass die gewünschte Einheit übrig bleibt.

$$X = \frac{6 \not{\text{Affen}} \times 15 \text{ Minuten}}{9 \not{\text{Affen}}} = \frac{6 \times 15}{9} \times \text{Minuten} = 10 \text{ Minuten}$$

1 Berechnung der relativen Atommasse

Ein Atom ist ziemlich klein und leicht, berechnet man seine Masse, so gibt das sehr kleine Zahlen. Um sich diese kleinen Zahlen zu ersparen, hat man sich die **relativen Atommassen** (abgekürzt $\mathbf{M_r}$) einfallen lassen. Sie geben an, um wie viel ein Atom leichter oder schwerer ist als ein anderes – sind also Verhältniszahlen. Freundlicherweise sind die Zahlen für die wichtigsten Atome schöne runde Zahlen *(beinahe)* und leicht zu merken. Wasserstoff erhält die Zahl 1, Kohlenstoff 12, Sauerstoff 16, usw. Also ist ein Sauerstoffatom 16mal schwerer als ein Wasserstoffatom. *Da das Verhältniszahlen sind, gibt es dazu keine Einheiten wie Kilogramm oder Meter, sondern es sind nur die reinen Zahlen.*

Praktisch daran ist, dass man das auch für Moleküle machen kann, dann nennt man die entstehende Größe **relative Molekülmasse** (abgekürzt ebenfalls $\mathbf{M_r}$). Sofern aber die Atome, welche ein Molekül bilden, bekannt sind, braucht man dessen relative Molekülmasse nicht extra bestimmen, sondern kann sie sich einfach ausrechnen, indem man die relativen Atommassen aller im Molekül vorhandenen Atome addiert. Wasserstoffgas H_2 hat daher die Molekülmasse 2 (aus 1 + 1, da ja zwei Atome im Molekül sind), Wasser H_2O hätte 18 (16 + 1 + 1) usw.

Nun braucht man aber für chemische Berechnungen doch irgendwelche Gewichtsangaben. Man will nämlich wissen, wie viel Wasserstoff mit wie viel Sauerstoff gemischt werden muss, damit es einen schönen Knall gibt. *(Bei der Knallgasreaktion entsteht aus Wasserstoff und Sauerstoff nämlich Wasser.)* Da verwendet man einen zweiten Trick: Man rechnet nicht mit einem einzelnen Atom, sondern mit vielen, deren gemeinsame Masse gerade soviel Gramm ausmachen, wie die relative Atommasse angibt. Man würde also von Wasserstoff (M_r = 1) so viele Atome benötigen, dass deren Masse zusammen ein Gramm ergibt. *(Nicht so einfach war herauszufinden wie viele das tatsächlich sind – nämlich 6×10^{23})* Und genau so viele Sauerstoffatome geben 16 Gramm Sauerstoff, und genau so viele Kohlenstoffatome geben 12 Gramm Kohlenstoff. Diese Menge von Atomen hat man als **Mol** bezeichnet, und als Einheit der **Menge eines Stoffes** definiert. Ein Mol ist also soviel Gramm Stoff, wie die relative Atom- oder Molekülmasse angibt. Ein Mol Wasserstoffgas (H_2, relative Molekülmasse ist 2) ist daher 2 Gramm Wasserstoff.

Ein Problem könnte folgendermaßen lauten:

> 300 µmol (Mikromol) eines zweiatomigen Elementes haben eine Masse von 8.4 mg. Wie groß ist die relative Atommasse?

Ein Mol ist soviel Gramm Stoff, wie es die relative Molekülmasse angibt.

Wir müssen also ausrechnen, wie viel ein Mol dieses Stoffes ist (und zwar in **Gramm!**). Daher müssen wir von 300 µmol auf 1 mol umrechnen. *(Geht wie: ½ Bündel Bananen reicht um 7 Affen zu sättigen, wie viele Affen werden mit 1 Bündel satt?)* Also 300 µmol sind 8.4 mg, daher sind 1 mol ...	300 µmol . . . . 8.4 mg 1 mol . . . . **X** g
VORSICHT! Was haben wir zuvor überlegt (in Kapitel II)? Immer wenn Sie in einer Angabe diese Vorsilben wie milli, mikro usw. sehen, verwenden Sie im Rechenansatz SOFORT die entsprechenden Zehnerpotenzen.	300×10^{-6} mol . . . . . . 8.4×10^{-3} g 1 mol . . . . **X** g
Jetzt lösen wir die Schlussrechnung ganz gemütlich auf (wie in Kapitel III erläutert). *Weil es das erste Mal ist, haben wir die Rechnung hier besonders langsam und in kleinsten Teilschritten gezeigt – wenn Sie sich sicher fühlen, brauchen Sie es natürlich nicht so umständlich aufzuschreiben und brauchen daher wesentlich weniger Zeilen. Die Verwendung des Taschenrechners für die Division* 8.4 / 300 *ist zwar nicht unbedingt notwendig, macht es aber leichter.* Als Ergebnis erhalten wir 28 g. Diese 28 g sind zwar das Ergebnis unserer Schlussrechnung, aber NICHT das was gefragt war. *Aufpassen, es passiert immer wieder, dass man in der „Euphorie" der erfolgreich durchgeführten Rechnung übersieht, dass es sich dabei nur um ein Zwischenresultat handelt.*	$\mathbf{X} = \frac{1\ \text{mol} \times 8.4 \times 10^{-3}\ \text{g}}{300 \times 10^{-6}\ \text{mol}}$ $\mathbf{X} = \frac{1 \times 8.4 \times 10^{-3}}{300 \times 10^{-6}} \times \frac{\text{mol} \times \text{g}}{\text{mol}}$ $\mathbf{X} = \frac{8.4}{300} \times \frac{10^{-3}}{10^{-6}} \times \frac{\cancel{\text{mol}} \times \text{g}}{\cancel{\text{mol}}}$ $\mathbf{X} = 0.028 \times \frac{1}{10^{-3}} \times \text{g}$ $\mathbf{X} = 0.028 \times 10^{3} \times \text{g} = \mathbf{28\ g}$
Jetzt wissen wir, 1 mol dieses Stoffes hat die Masse 28 g, also ist die relative **Molekül**masse 28 (NICHT 28 g!).	$\mathbf{M_{r,\ Molekül} = 28}$
Gefragt war aber die relative **Atom**masse. Die wäre mit der relativen Molekülmasse	

identisch, wenn es sich um ein einatomiges Element handeln würde. Wir haben aber ein zweiatomiges Element, d.h. jedes unserer Moleküle besteht aus zwei Atomen. Wenn also jedes Molekül die relative Masse 28 hat, dann hat jedes Atom?

Richtig, die Hälfte! Das Ergebnis ist 14. *Fanfare ... ra ta ta taaaa! Unser erstes „echtes" Ergebnis.*

1 Molekül = 2 Atome 28
1 Atom **14**

Berechnen Sie die Masse (in mg) eines DNA-Doppelhelix-Moleküls, das einmal rund um die Erde reicht. Der Erdumfang ist 40 000 km, 1 Basenpaar wiegt ca. 10^{-21} g, jedes Basenpaar ist 0.34 nm lang.

An sich trivial, aber man muss mit den Einheiten aufpassen. Rechnen wir zunächst alles in Meter um.

$40\,000 \text{ km} = 40\,000 \times 10^{3} \text{ m} = 4 \times 10^{7} \text{ m}$

$0.34 \text{ nm} = 0.34 \times 10^{-9} \text{ m}$

Ein Basenpaar ist 0.34×10^{-9} m lang, wie viele Basenpaare sind 4×10^{7} m lang? Wir machen die Schlussrechnung:

Wir brauchen also 11.8×10^{16} Basenpaare (bp).

1 Basenpaar ...... 0.34×10^{-9} m
X .... 4×10^{7} m

$$X = \frac{4 \times 10^{7} \text{ m} \times 1 \text{ bp}}{0.34 \times 10^{-9} \text{ m}} = \mathbf{11.8 \times 10^{16} \text{ bp}}$$

Jetzt müssen wir nur noch die Anzahl unserer Basenpaare mit dem Gewicht eines Paares multiplizieren, um das Gesamtgewicht zu erhalten. *Oder wir machen noch einmal eine Schlussrechnung: ein Basenpaar wiegt soviel g, also wiegen ...*

1 Basenpaar .... 10^{-21} g
11.8×10^{16} bp X

$$X = \frac{10^{-21} \text{ g} \times 11.8 \times 10^{16} \text{ bp}}{1 \text{ bp}}$$

$$\mathbf{X = 11.8 \times 10^{-5} \text{ g}}$$

Wir haben ein Ergebnis, aber aufpassen, die Einheiten stimmen noch nicht. Wir sollten das Ergebnis ja in mg angeben. *Bei einer Prüfung könnte das Beispiel sonst als falsch.*

$10^{-3} \text{ g} = 1 \text{ mg}$

gelten, und das wäre doch schade, wo doch alles richtig gerechnet ist!

Wenn wir von g auf mg umrechnen, müssen wir das ausgleichen, indem wir mit dem Faktor 1000 **multiplizieren**. *Wenn Sie unsicher sind, überlegen Sie es sich zuerst für EIN Gramm.*

$$1\text{ g} = 10^3 \times \underbrace{10^{-3}}_{\text{milli}} \times \text{g} = 10^3\text{ mg}$$

$$1\text{ g} = 1000\text{ mg} = 10^3\text{ mg}$$

Wir erhalten als Ergebnis 0.12 mg. *Eigentlich erstaunlich wenig. Geben Sie es zu, hätten Sie nicht wenigstens einige kg erwartet?*

$$11.8 \times 10^{-5}\text{ g} = 11.8 \times 10^{-5} \times 10^3\text{ mg}$$

$$11.8 \times 10^{-5}\text{ g} = 11.8 \times 10^{-2}\text{ mg}$$

$$11.8 \times 10^{-5}\text{ g} = 0.118\text{ mg}$$

$$\sim \mathbf{0.12\text{ mg}}$$

Übungen zu Kapitel 1

10. 100 µmol eines 2-atomigen Elementes haben eine Masse von 0.2 mg. Die relative Atommasse ist daher wie groß?

    $M_r = 1$

11. 90 mmol eines einatomigen Elementes haben eine Masse von 0.36 g. Die relative Atommasse beträgt daher wie viel?

    $M_r = 4$

12. 5 mmol eines einatomigen Elementes haben eine Masse von 0,2 g. Die relative Atommasse ist daher wie groß?

    siehe im Periodensystem bei: Ar

13. 0.2 mol eines zweiatomigen Elementes haben eine Masse von 6,4 g. Die relative Atommasse ist daher wie groß?

    siehe im Periodensystem bei: O

14. 250 µmol eines zweiatomigen Elementes haben eine Masse von 40 mg. Die relative Atommasse ist daher wie groß?

    siehe im Periodensystem bei: Br

15. Eine normale menschliche Körperzelle enthält etwa 6.6 Milliarden Basenpaare in der DNA. 1 Basenpaar (bp) wiegt ca. 10^{-21} g. Unter der Annahme, dass ein Mensch etwa 10^{14} Zellen enthält, wie viele g DNA enthält dann ein Mensch?

    660 g

    Und wie lange ist die DNA insgesamt, wenn 1 bp 0.34 nm misst?

    2.2×10^{11} km

IV Proportionen

Diese Methode leistet grundsätzlich dasselbe wie die Schlussrechnung – sieht aber eleganter aus. Man kann dabei vielleicht etwas leichter Fehler machen, dafür gibt es aber auch einen wesentlichen Vorteil – wir werden ihn am Ende dieses Kapitels besprechen. Grundsätzlich sollte man sowohl Schlussrechnungen als auch Proportionen beherrschen um je nach den Umständen die Methode einzusetzen, welche sich für das gegebene Problem besser eignet.

Es gibt zwei grundsätzliche Varianten der Proportion. Die erste Möglichkeit: 6 Affen brauchen 24 Bananen um satt zu werden, 9 Affen benötigen wie viele Bananen? Mehr Affen wollen auch mehr Bananen – ich habe hier ein Verhältnis MEHR zu MEHR, man spricht auch von **direkter Proportionalität**. Die andere Möglichkeit: 6 Affen benötigen 15 Minuten, um 24 Bananen zu fressen. Wie lange brauchen 9 Affen für die gleiche Menge Bananen. Mehr Affen benötigen weniger Zeit für die gleiche Menge Bananen – ich habe also ein Verhältnis MEHR zu WENIGER, man spricht von **indirekter Proportionalität**.

Wir haben es in diesem Buch (und überhaupt bei chemischen Rechnungen) praktisch immer nur mit Proportionen der ersten Art zu tun, also wenn das Eine mehr wird, wird auch das Andere mehr – und umgekehrt *(bei Titrationen gibt es die große Ausnahme, da haben wir umgekehrte Proportionalität zwischen Konzentration und verwendeten Volumina, dort werden wir aber eine Standardformel verwenden, sodass wir darauf nicht achten müssen).*

Wie, das kommt Ihnen alles sehr bekannt vor? Na hoffentlich, Sie haben die gleichen Überlegungen ja schon im Kapitel III – Schlussrechnung gelesen. Die Schlussrechnung ist nichts anderes als eine verkleidete Proportion, daher müssen auch die gleichen Regeln gelten!

Wollen wir jetzt das Beispiel von oben (das mit den Affen) lösen, so müssen wir uns überlegen: je mehr Affen, desto mehr Bananen, also ist das Verhältnis der Affen gleich dem Verhältnis der Bananen. Wir erhalten nebenstehende Proportion:

$$\frac{\text{Affen 1}}{\text{Affen 2}} = \frac{\text{Bananen 1}}{\text{Bananen 2}}$$

Im Fall 1 haben wir 6 Affen und 24 Bananen, diese Werte setzen wir in die Proportion ein. Im Fall 2 haben wir 9 Affen und eine unbekannte Anzahl Bananen, damit erhalten wir die Gleichung:

$$\frac{\text{6 Affen}}{\text{9 Affen}} = \frac{\text{24 Bananen}}{X}$$

Sie könnten jetzt noch kontrollieren, ob tatsächlich eine direkte Proportion vorliegt. Sie haben links den Fall 1 oben und den Fall 2 unten, ebenso rechts, also direkte Proportiona-

lität. Würden Sie eine indirekte (oder umgekehrte) Proportion ansetzen, so würden mehr Affen weniger Zeit brauchen, also muss man eine Seite der Proportion umdrehen (Zähler mit Nenner vertauschen), so erhalten wir auf der rechten Seite den Fall 2 oben und den Fall 1 unten. Das würde für das zweite Beispiel so aussehen:

$$\frac{\text{Affen 1}}{\text{Affen 2}} = \frac{\text{Minuten 2}}{\text{Minuten 1}} \qquad \frac{\text{6 Affen}}{\text{9 Affen}} = \frac{X}{\text{15 Minuten}}$$

Vergleichen Sie nun die vorhin erhaltene Gleichung mit der Schlussrechnung aus dem vorigen Kapitel. Sie erkennen, dass bei der Methode 2 aus der Schlussrechnung genau die selbe Gleichung erhalten wurde. Umformen ergibt wieder die bereits bekannte Gleichung, nach der Sie **X** ausrechnen können:

$$X = \frac{\text{9 Affen} \times \text{4 Bananen}}{\text{6 Affen}}$$

So weit wollen wir aber jetzt noch gar nicht gehen. Betrachten wir noch einmal unsere Proportion:

$$\frac{\text{6 Affen}}{\text{9 Affen}} = \frac{\text{24 Bananen}}{X}$$

Es fällt auf, dass wir links und rechts **Verhältnisse** stehen haben. Affen dividiert durch Affen gibt eine Verhältniszahl ohne Einheit (also mit der Einheit 1) und dieses Verhältnis vergleichen wir mit einem anderen Verhältnis (dem der Bananen) wieder ohne Einheit. *Setzen Sie Ihre Proportionen IMMER so an, das oberhalb und unterhalb des Bruchstriches die gleichen Einheiten stehen. Es ginge im Prinzip auch anders, aber dann verzichtet man auf einige Vorteile und wird verwundbar für Irrtümer.* Das bedeutet aber, dass wir verschiedene Einheiten mischen können, sofern nur innerhalb eines Verhältnisses die gleiche Einheit verwendet wird. Zum Beispiel könnten wir Konzentrationen in mol / l mit Mengen (in mmol) vergleichen. Bei gleichem Volumen gilt dann:

$$\frac{\text{Konzentration 1}}{\text{Konzentration 2}} = \frac{\text{Menge 1}}{\text{Menge 2}} \quad \text{oder mit Einheiten} \quad \frac{\text{A mol / l}}{\text{B mol / l}} = \frac{\text{A mmol}}{\text{B mmol}}$$

Wir können also damit getrost Einheiten wie mol / l mit mmol mischen, ohne alles erst umständlich in z.B. mmol / l umzurechnen – vorausgesetzt dass in jedem Teil der Proportion Einigkeit herrscht. Das kommt sehr häufig vor – Konzentrationen werden gerne in mol / l angegeben, Volumina aber oft im ml und Mengen in mmol. *Im Zweifelsfall ist es ratsam, die Vorsilben durch die entsprechenden Zehnerpotenzen zu ersetzen – wenn man sich die Umrechnung hätte sparen können, kürzen sich die Zehnerpotenzen ohnehin sofort heraus.*

2 UMRECHNUNGEN MENGE / MASSE, MOL / GRAMM

1 Mol besteht aus 6×10^{23} Teilchen. *Diese Zahl 6×10^{23} wird im Deutschen Sprachraum als Loschmidtsche Zahl bezeichnet – nach dem Österreicher Loschmidt, der sie als erster errechnet hat. Der Rest der Welt bezeichnet sie als „Avogadros Number" – nach Avogadro, der nur behauptet hat, dass es so eine Zahl geben muss. Aber Italiener haben ja oft die bessere Publicity!* Man bekommt ein Mol Stoff, wenn man von diesem Stoff soviel Gramm nimmt, wie die relative Molekülmasse angibt. Also ist 1 mol Kohlenstoff 12 g, 1 mol Wasser ist 18 g, usw.

 55.5 mmol Wasser entsprechen welcher Masse?

Das Problem ist zweiteilig: Zuerst müssen wir die relative Molekülmasse von Wasser feststellen. Sobald wir das wissen, können wir angeben, welche Masse 1 Mol Wasser hat, der Rest ist dann eine Schlussrechnung (oder eine Proportion).

Für die M_r von Wasser brauchen wir zunächst die chemische Formel.

Wasser H_2O

Das Molekül besteht also aus zwei Atomen Wasserstoff und einem Atom Sauerstoff. Wenn wir die relativen Atommassen aller enthaltenen Atome addieren, erhalten wir die relative Molekülmasse. Die relative Atommasse von Wasserstoff ist 1 *(das weiß jeder; na ja, fast jeder)*, die von Sauerstoff ist 16 *(das sollte man auch wissen, braucht man oft)*. Also addieren wir *(nicht vergessen, ZWEI Atome Wasserstoff)*:

H	2 x 1 =	2
O		16
		18

Da die M_r von Wasser 18 ist, hat also ein Mol Wasser die Masse von 18 g. Daher haben 55.5 mmol Wasser die Masse ...

1. Als Schlussrechnung

$$1 \text{ mol} \ldots\ldots 18 \text{ g}$$
$$55.5 \times 10^{-3} \text{ mol} \ldots\ldots\ldots X \text{ g}$$

ODER 2., als Proportion: das Verhältnis der Mol muss sich verhalten wie das Verhältnis der Massen:

$$\frac{Mol_1}{Mol_2} = \frac{Masse_1}{Masse_2}$$

$$\frac{1\ mol}{55.5 \times 10^{-3}\ mol} = \frac{18\ g}{X\ g}$$

Beide Methoden führen zur gleichen *(no na ned!)* Formel:

$$X = \frac{55.5 \times 10^{-3}\ mol \times 18\ g}{1\ mol}$$

Natürlich kann man es auch im Kopf direkt rechnen: ein Mol Wasser hat die Masse von 18 g. Daher haben 55.5 x 10⁻³ mol Wasser die Masse von 55.5 x 10⁻³ mal 18 g ...

$$X = 55.5 \times 10^{-3} \times 18 \times \frac{g \times \cancel{mol}}{\cancel{mol}}$$

Und das führt zum Ergebnis:

$$\mathbf{X} = 999 \times 10^{-3}\ g = \sim \mathbf{1.0\ g}$$

Bitte beachten: *wir haben das Ergebnis mit 1.0 g angegeben, NICHT mit 1 g. Das ist ein Unterschied! 1 g wäre wesentlich ungenauer und würde nur einen Wert bedeuten, der zwischen 0 und 2 g liegt (oder, wenn man die Rundung berücksichtigt, zwischen 0.5 und 1.4). Verschenken Sie keine Genauigkeit, indem Sie Nullen, die Teil des Ergebnisses sind, einfach weglassen und fügen Sie andererseits keine Stellen nach Belieben dazu, die Sie nicht bestimmt haben können. Da wir die relative Molekülmasse nur mit einer Genauigkeit von 2 Stellen berechnet haben (18 g), hat unser Endergebnis ebenfalls nur 2 Stellen, auch wenn die andere Angabe (55.5 mol) 3 Stellen enthielt (siehe Kapitel XIII). So genau die Angabe ist, so genau – und nicht genauer – kann auch das Ergebnis sein. Wenn Ihnen das unverständlich erscheint, schauen Sie in Kapitel 28 nach, da wird dieser Umstand genauer erklärt.*

Für weitere Rechnungen benötigen wir ständig die relativen Atommassen einiger Elemente. Immer im Periodensystem nachzusehen ist umständlich. Nehmen Sie sich daher ein Stück Karton, gerade so groß, dass man es gut als Lesezeichen in dieses Buch legen kann, und schreiben Sie die folgende Tabelle drauf *(die Werte für H, C, O und H_2O sollte man aber auswendig wissen)*:

Element	M_r
H	1
C	12
N	14
O	16
S	32
Cl	35

Element	M_r
Na	23
K	39
Ba	137
H_2O	18

In einer Verbindung, die im Molekül ein Atom Stickstoff enthält, beträgt der Massenanteil des Stickstoffes 18.7 %. Die relative Molekülmasse dieser Verbindung ist daher wie groß?

Sieht undurchsichtig aus, ist aber sehr leicht. Das eine Atom Stickstoff liefert seinen Beitrag von 14 zur gesamten relativen Molekülmasse, das sind eben die 18.7 % der Angabe. Die relative Molekülmasse kennen wir noch nicht (= X), sie ist aber jedenfalls 100 %.

	M_r	%
N	14	18.7 %
gesamt	**X**	100 %

Die Prozentwerte von Stickstoff und Gesamtmasse müssen sich wie die Werte von relativer Atom- bzw. Molekülmasse verhalten, das entspricht der Proportion.

Die relative Molekülmasse ist daher 74.9!

$$\frac{14}{\mathbf{X}} = \frac{18.7\ \%}{100\ \%}$$

$$\mathbf{X} = \frac{14 \times 100\ \%}{18.7\ \%} = \mathbf{74.9}$$

Wer es lieber als Schlussrechnung hat:

18.7 % ergeben eine M_r von 14, also ergeben 100 % eine M_r von ...

18.7 % 14
100 % . . . . **X**

$$\mathbf{X} = \frac{14 \times 100\ \%}{18.7\ \%} = \mathbf{74.9}$$

In einer Verbindung verhalten sich die molaren Anteile der Elemente Stickstoff, Wasserstoff, Kohlenstoff und Sauerstoff wie 1 : 5 : 2 : 2. Wie groß ist daher der Massenanteil des Stickstoffes in Prozent?

Das Gegenteil von vorher. Man muss aber zuerst noch die relative Molekülmasse berechnen. Wir haben Stickstoff, Wasserstoff, Kohlenstoff und Sauerstoff in einem bestimmten Verhältnis und könnten ganz einfach annehmen, dass das angegebene Zahlenverhältnis die tatsächliche Atomzahl wiedergibt. Also rechnen wir die relative Molekülmasse aus:

N	1	x	14	=	14
H	5	x	1	=	5
C	2	x	12	=	24
O	2	x	16	=	32
$M_{r,\ gesamt}$					75

Damit erhalten wir eine $M_r = 75$, das entspricht 100 %. Stickstoff hat einen Anteil von 14 an dieser relativen Molekülmasse, das sind in %?

	M_r	%
N	14	**X**
gesamt	75	100 %

Das Ganze entspricht einer Umkehrung der Rechnung von oben, Schlussrechnung oder Proportion:

$$\frac{14}{75} = \frac{\mathbf{X}}{100\,\%}$$

$$\mathbf{X} = \frac{14 \times 100\,\%}{75} = \mathbf{18.7\,\%}$$

Der Massenanteil des Stickstoffs ist 18.7 %.

Übungen zu Kapitel 2

20.	Welcher Masse entsprechen 0.5 mol Kohlendioxyd (CO_2)? (M_r C = 12; 0 = 16)	22.0 g
21.	Welcher Masse entsprechen 0.4 mol Ammoniak (NH_3)? (M_r N = 14; H = 1)	6.8 g
22.	Wie viel Gramm sind 2.8 mol NaOH? (M_r H = 1; Na = 23; O = 16)	112 g
23.	Wie viel mol sind 225.4 g H_2SO_4? (M_r H = 1; S = 32; O = 16)	2.3 mol
24.	Wie viel mol H_2O sind in 1 kg Wasser enthalten? (M_r H = 1; O = 16)	55.5 mol
25.	Der Massenanteil des Stickstoffes in einer Verbindung, die pro Molekül zwei Stickstoff-Atome enthält ist 19.15 %. Die relative Molekülmasse ist daher wie groß?	146.2
26.	In einer Verbindung verhalten sich die molaren Anteile der Elemente Stickstoff, Wasserstoff, Kohlenstoff und Sauerstoff wie 1 : 7 : 3 : 2. Wie viel Prozent ist daher der Massenanteil von Stickstoff?	15.7 %

3 STÖCHIOMETRIE, TEIL 1

Stöchiometrie ist das Teilgebiet der Chemie, welches festlegt, wie viel von einem Stoff mit wie viel eines anderen Stoffes reagiert, und wie viel von etwas Drittem dabei entsteht.

Aus der chemischen Reaktionsgleichung (oder einfacher aus der chemischen Formel) können wir erkennen, wie viele ATOME oder MOLEKÜLE miteinander reagieren. Genau die gleiche Anzahl von MOLEN reagiert miteinander. *Das Mol ist ja nur ein konstantes Vielfaches der Moleküle, wenn also zwei Atome A mit drei Atomen B reagieren, so reagieren auch 2 Mol A mit 3 Mol B.* Das gilt aber NICHT für MASSEN! *Zwei Gramm A reagieren nicht mit 3 Gramm B – es sei denn, A und B sind zufällig gleich schwer!*

Elektrolyte zerfallen in wässriger Lösung – sie dissoziieren. **Säuren** geben dabei H^+-Ionen ab, **Hydroxide** geben OH^--Ionen ab, die entsprechenden Gleichungen sehen z.B. so aus:

$HCl \rightleftharpoons H^+ + Cl^-$ (gibt ein H^+ ab) $NaOH \rightleftharpoons Na^+ + OH^-$ (gibt ein OH^- ab)

$H_2SO_4 \rightleftharpoons 2\,H^+ + SO_4^{2-}$ (gibt 2 H^+ ab) $Al(OH)_3 \rightleftharpoons Al^{3+} + 3\,OH^-$ (gibt 3 OH^- ab)

Bei anorganischen Stoffen kann man meist an der Formel erkennen, was abgegeben wird. Säuren, welche H^+ abgeben, haben diese H-Atome ganz links in der Formel stehen (wie HCl); wird dagegen OH^- abgegeben, so steht dieses üblicherweise ganz rechts in der Formel. HOCl ist also eine Säure und gibt H^+ ab, K**OH** gibt statt dessen OH^- ab.

Dummerweise lässt sich diese Regel auf organische Moleküle nicht anwenden. Die sind komplizierter gebaut und enthalten viele Wasserstoffe, von denen nur wenige dissoziieren (OH^- werden von organischen Molekülen eher nicht abdissoziiert). Da muss man wissen, was passiert: Wenn z.B. im Molekül die Gruppe -COOH auftaucht, so wird diese ziemlich sicher einen Wasserstoff als H^+ abgeben.

▶ Wie viele g H^+-Ionen können von 123 g H_2SO_3 maximal abgegeben werden?

Man kann stöchiometrisch mit „Gramm“ nichts anfangen. Nur wenn man in Mol umrechnet, ist es möglich, umgesetzte Stoffmengen zueinander in Beziehung zu setzen. Wir müssen also zuerst (1) die 123 g in Mol umrechnen, dann (2) herausbekommen, wie viele mol H^+-Ionen das entspricht, und am Ende (3) wieder in Gramm zurückrechnen. *Das Ganze wäre also sehr viel einfacher, wenn die Angaben nicht in Gramm, sondern in Mol wären – aber das wäre dann so leicht, dass es schon wieder fad wäre.*

Zu (1): Wir brauchen die relative Molekülmasse von H_2SO_3. Also alle vorkommenden Atommassen zusammenrechnen (und nicht vergessen, H doppelt und O dreifach zu rechnen). Benutzen Sie die Tabelle (das Lesezeichen) aus Kapitel 2:

Gut, wir wissen jetzt, dass 1 mol H_2SO_3 82 g entspricht. Wie viele mol sind daher also 123 g H_2SO_3? (Schlussrechnung oder Proportion)

Unser Zwischenergebnis aus (1) ist **1.5 mol**.

H_2	2 x 1 =	2
S		32
O_3	3 x 16 =	48
		82 = M_r

82 g. . . . . 1 mol
123 g X

$$X = \frac{1\ \text{mol} \times 123\ \text{g}}{82\ \text{g}} = \mathbf{1.5\ mol}$$

Zu (2): Wir müssen entscheiden, wie viele H^+-Ionen ein H_2SO_3-Molekül abgeben kann. Das ist leicht, es sind 2 H-Atome vorhanden und diese können auch als Ionen abgegeben werden. *Man kann sich normalerweise nach der Formel richten, nur in Fällen wie Essigsäure $CH_3COO\mathbf{H}$ muss man wissen, dass nur ein H-Atom – das, welches in der Formel ganz rechts steht – abgegeben wird.* Wenn also aus einem Molekül 2 H^+-Ionen abgegeben werden können, dann kann 1 mol H_2SO_3 eben 2 mol H^+-Ionen abgeben, und dann können 1.5 mol wie viele mol abgeben? *Schlussrechnung, wer es nicht im Kopf kann!*

Unser Zwischenergebnis aus (2) lautet also **3.0 mol**.

1 mol H_2SO_3. . . . . 2 mol H^+
1.5 mol X

$$X = \frac{2\ \text{mol} \times 1.5\ \text{mol}}{1\ \text{mol}} = \mathbf{3.0\ mol}$$

Zu (3): Da 1 mol H^+ einem Gramm *(ob H oder H^+ spielt bei der Masse keine Rolle)* entspricht, sind also 3 mol H^+ soviel wie 3 g. *Fertig!*

3.0 mol H^+ sind 3 x 1 g **= 3.0 g**

Wie viel g OH^--Ionen können maximal von 1 Liter KOH-Lösung (c = 0.4 mol / l) abgegeben werden?

Die Rechnung sieht kompliziert aus, ist aber in Wahrheit sogar einfacher als das erste Beispiel. Wir haben nämlich bereits eine Angabe, die die Stoffmenge verwendet (mol / l), sodass wir uns die Berechnung der relativen Molekülmasse sparen können.

Wir müssen (1) berechnen, wie viele mol KOH wir haben, (2) bestimmen, wie viele mol OH^- diese abgeben können und (3) ausrechnen, wie viele Gramm das sind.

Zu (1): Die Angabe 0.4 mol / l bedeutet, dass 0.4 mol sich in einem Liter befinden. Wir haben 1 Liter, der enthält also **0.4 mol**.

0.4 mol / l : in einem Liter sind **0.4 mol**

Zu (2): Nachdem in einem Molekül KOH nur ein OH^- vorhanden ist, kann nur eines abgegeben werden. Also gibt 1 mol KOH eben 1 mol OH^- ab, daher geben 0.4 mol auch **0.4 mol OH^-** ab.

In diesem Fall ist es einfacher mit einer Proportion zu rechnen:

$$\frac{1\ mol}{0.4\ mol} = \frac{1\ mol}{X}$$

1 KOH . . . . . . 1 OH^-

1.0 mol KOH . . . . . . 1 mol OH^-
0.4 mol X

X = 0.4 mol

Zu (3): jetzt müssen wir ausrechnen, wie viele Gramm 0.4 mol OH^- sind. Zunächst brauchen wir die Masse von 1 mol, also wieder nach der Formel addieren:

H = 1
O = 16

17 = M_r

1 mol sind 17 g. *Das hätten wir auch leichter haben können, da für Wasser M_r = 18 gilt, müssen wir nur die Masse von 1 H = 1 von Wasser abziehen, um auf OH^- zu kommen. Daher sind 0.4 mol ...*

Das Ergebnis einer Schlussrechnung gibt uns den gewünschten Wert: **6.8 g**

1.0 mol OH^-. . . . . 17 g
0.4 mol X

u.s.w.

X = 6.8 g

Übungen zu Kapitel 3

30. Wie viele g H^+-Ionen können von 1 Liter H_2SO_4 der Konzentration $c = 0.25$ mol / l maximal abgegeben werden? (M_r von H = 1; S = 32; O = 16)

    0.5 g

31. Wie viele g H^+-Ionen können von 75 g $HClO_4$ maximal abgegeben werden? (M_r von Cl = 35)

    0.75 g

32. Wie viele g H^+-Ionen können von 31 g H_2CO_3 maximal abgegeben werden? (M_r von C = 12)

    1.0 g

33. Wie viele g OH^--Ionen können von 20 g NaOH maximal abgegeben werden? (M_r von Na = 23)

    8.5 g

34. Wie viele g H^+-Ionen können von 360 g CH_3COOH maximal abgegeben werden?

    6.0 g

V MATHEMATISCHE GLEICHUNGEN

Gleichung, das bedeutet in der Mathematik: ein sogenanntes Gleichheitszeichen (=) trennt zwei Hälften, die einander gleich (im Sinn von gleichwertig) sind. Verändere ich eine Hälfte, so muss ich die andere Hälfte ebenso ändern, damit die Voraussetzung der Gleichheit gewahrt bleibt.

Dieses Gleichheitsgebot bezieht sich nicht nur auf Zahlen. Wenn die Bestandteile einer Gleichung Werte sind, so müssen auch die Einheiten entsprechend gleich sein. Nehmen wir ein einfaches Beispiel:

$$\text{Konzentration} = \frac{\text{Menge}}{\text{Volumen}} \qquad \text{mol/l} = \frac{\text{mol}}{\text{l}}$$

(es stimmt!)

Diese Regel kann man benutzen, um Rechnungen zu kontrollieren – nur wenn die Einheiten stimmen, ist die Gleichung korrekt angesetzt. Man kann sie aber auch verwenden, um fehlende Einheiten eines Wertes zu bestimmen. So wissen wir, dass im Lambert-Beerschen Gesetz *(Kapitel 13)* die Extinktion (E) die Einheit 1 (eins) hat, auf der anderen Seite der Gleichung stehen Konzentration (c), Schichtdicke (d) und Extinktionskoeffizient (ε):

$E = \varepsilon \times c \times d$ mit den Einheiten $1 = \varepsilon \times \text{mol/l} \times \text{cm} = \varepsilon \times \text{mol} \times \text{l}^{-1} \times \text{cm}$

Dann muss ε aber eine Kombination von Einheiten aufweisen, welche sich mit den anderen Einheiten dieser Seite so ergänzt, dass sich alles bis auf 1 kürzen lässt.

$1 = \text{mol}^{-1} \times \text{l} \times \text{cm}^{-1} \times \text{mol} \times \text{l}^{-1} \times \text{cm}$ oder einfacher $1 = \frac{\text{l}}{\text{mol} \times \text{cm}} \times \frac{\text{mol}}{\text{l}} \times \text{cm}$

Daraus wird klar, dass der Extinktionskoeffizient die Einheit „Liter pro mol und cm" = l / (mol x cm) haben muss.

Haben wir eine Gleichung, so wollen wir auch damit arbeiten. Üblicherweise will man eine Gleichung so umformen, dass das was man berechnen will allein auf einer Seite steht. Die allgemeine Regel dafür ist: man muss alle Rechenoperationen auf BEIDEN Seiten durchführen. Sehen wir uns an, was dabei herauskommt.

Die einfachsten Operationen sind Addition und Subtraktion. Sie können in der nebenstehenden Gleichung das **X** isolieren, indem Sie von beiden Seiten 5 abziehen. Das sieht so aus, als ob der Fünfer die Seiten und dabei das Vorzeichen gewechselt hätte. Man kann

$$X + 5 = 12$$
$$X + 5 - \mathbf{5} = 12 - \mathbf{5}$$
$$X = 12 - \mathbf{5}$$
$$X = 7$$

also aus einer Summe (oder Differenz) ein Glied entfernen, indem man es mit vertauschten Vorzeichen auf die andere Seite schreibt.

$$X - 30 = 4 \times 5$$
$$X - 30 \mathbf{+ 30} = (4 \times 5) \mathbf{+ 30}$$
$$X = (4 \times 5) \mathbf{+ 30}$$
$$X = 50$$

Analoge Regeln kann man für Multiplikation und Division aufstellen.

Wenn man, wie im nebenstehenden Beispiel, beide Seiten der Gleichung durch 2 dividiert, so kann man das **X** isolieren, es hat dann die Zahl 2 scheinbar die Seite gewechselt und ist vom Zähler auf einer Seite in den Nenner der anderen Seite gewandert. Man kann also ein Glied aus einem Produkt oder einem Quotienten entfernen, indem man es auf die andere Gleichungsseite und gleichzeitig auf die andere Seite des Bruchstriches schreibt. Das gleiche kann man natürlich auch mit allgemeinen Ausdrücken machen, wie in den nebenstehenden Beispielen gezeigt wird.

$$X \times 2 = 30 - 15$$
$$\frac{X \times 2}{\mathbf{2}} = \frac{30 - 15}{\mathbf{2}}$$
$$X = \frac{30 - 15}{2}$$

$$A \times B = C \times D$$
$$\frac{A \times B}{\mathbf{B}} = \frac{C \times D}{\mathbf{B}}$$
$$A = \frac{C \times D}{B}$$

Man kann sich daher das zeitraubende Umrechnen beider Seiten ersparen, und einfach gleich den gewünschten Wert wandern lassen. Allerdings muss man bei komplizierten Gleichungen aufpassen, dass man keine Rechenregeln verletzt, also z.B. einen Wert mit geändertem Vorzeichen auf die andere Seite schreibt, obwohl er Teil eines Produktes war. Im Zweifelsfall ist bei komplizierten Ausdrücken immer die langsame Methode (mit beiden Seiten das Gleiche tun) sicherer.

$$\frac{C_1}{C_2} = \frac{A}{B}$$
$$\frac{C_1}{C_2} \times \mathbf{C_2} = \frac{A}{B} \times \mathbf{C_2}$$
$$C_1 = \frac{A}{B} \times C_2$$

Die gefundenen Regeln gelten natürlich auch für Einheiten und erst recht für Zehnerpotenzen – und hier wird es besonders einfach. Wir wissen ja, dass eine Änderung des Vorzeichens einer Potenz dem Wechsel auf die andere Seite des Bruchstriches entspricht:

$$6 \text{ Affen} \times \mathbf{X} = 9 \text{ Affen} \times 24 \text{ Bananen}$$
$$\mathbf{X} = \frac{9 \text{ Affen} \times 24 \text{ Bananen}}{6 \text{ Affen}}$$

$10^{-b} = 1 / 10^{b}$ und $10^{b} = 1 / 10^{-b}$

Also können wir die Potenz auf die andere Seite wechseln lassen, indem wir einfach das Vorzeichen ändern. (Das gilt aber nur für die Potenz, die zugehörige Zahlenfolge muss normal behandelt werden!)

$$E \times \mathbf{2} \times \mathbf{10^{-3}} = c \times d$$

$$E = \mathbf{½} \times \mathbf{10^{3}} \times c \times d$$

$$E = \mathbf{0.5} \times \mathbf{10^{3}} \times c \times d$$

Nun gibt es aber bei sehr einfachen Gleichungen einen Trick, mit dem man sich sowohl die Gleichung leicht merken kann, als auch das Umformen je nach Bedarf vereinfachen (und narrensicher machen) kann. So eine einfache Beziehung besteht zwischen Menge (m), Volumen (v) und Konzentration (c) eines Stoffes in einer Lösung – und in der Chemie muss man ständig eines der drei aus den beiden anderen berechnen. Will man sich nicht 3 Gleichungen merken, muss man ständig umformen. Man merkt sich so eine Beziehung am Besten in Form eines Dreiecks:

*Sollten Sie Probleme haben, sich zu merken, was wo im Dreieck zu stehen hat, so hilft eine Eselsbrücke; man merkt sich zum Beispiel „**m**eine **c**hemische **V**ereinfachung" und schon hat man die Buchstaben in der richtigen Reihenfolge.*

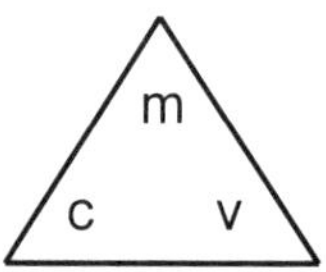

Die Ecke, die Sie nun berechnen wollen, schneiden Sie einfach vom Dreieck ab und setzen es durch ein Gleichheitszeichen getrennt auf die Seite. Der übriggebliebene Rest bildet die andere Gleichungsseite. Sie müssen nur noch darauf achten, ob die beiden Ausdrücke nebeneinander stehen – dann werden Sie multipliziert – oder übereinander – dann trennen Sie sie mit einem Bruchstrich.

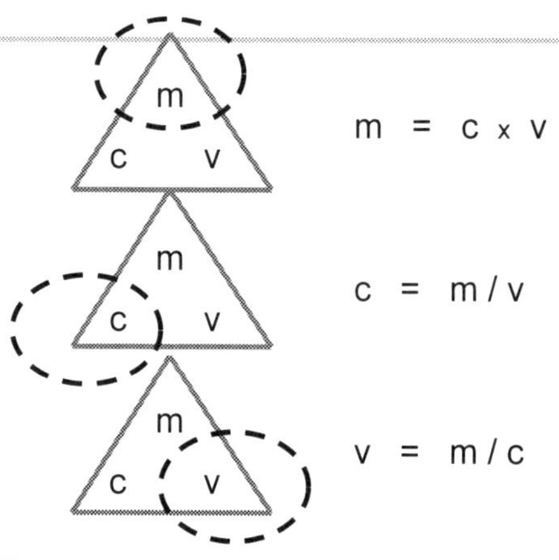

Das gleiche Verfahren könnte man natürlich auch für das Lambert-Beersche Gesetz verwenden. Das enthält zwar einen Ausdruck mehr, aber die Schichtdicke wird ohnehin selten zu berechnen sein – außerdem geht

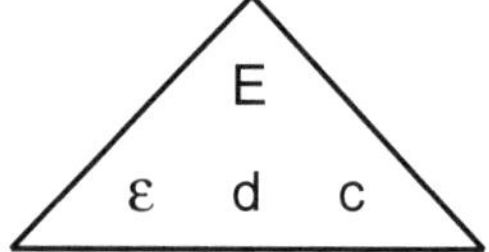

auch das, wenn man das Prinzip einmal verstanden hat!

*Sie wollen auch dafür eine Eselsbrücke? Wie wäre es mit „**E**ine **Ep**isode **d**er **C**hemie“?*

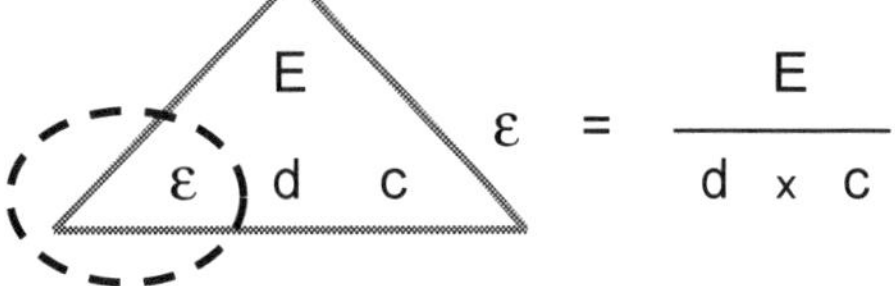

4 STÖCHIOMETRIE, TEIL 2 CHEMISCHE GLEICHUNGEN

Chemische Gleichungen folgen durchwegs den Regeln von Gleichungen in der Mathematik. Gleichheit bedeutet hier, dass die Stoffe der linken Seite vollständig zu den Stoffen der rechten Seite werden könnten *(dass keine chemische Reaktion ganz vollständig abläuft, wollen wir hier unberücksichtigt lassen).* Es könnten sich natürlich auch die Stoffe der rechten Seite vollständig in die Stoffe der linken Seite umwandeln. Da eine chemische Reaktion prinzipiell nach beiden Richtungen ablaufen kann, verwendet man statt des mathematischen Gleichheitszeichens (=) den Doppelpfeil ($\rightleftharpoons$).

Da bei einer Reaktion kein Atom geboren oder vernichtet werden kann, ja sogar alle Ladungen erhalten bleiben, müssen links und rechts alle Arten von Atomen in gleicher Anzahl auftreten, und auch die Summe der Ladungen muss gleich bleiben. Das kann man einfach durch Abzählen (was steht links, was steht rechts) kontrollieren. *Wir wissen natürlich, dass in der chemischen Formelsprache jedes Atom entweder mit einem Großbuchstaben (H = Wasserstoff, O = Sauerstoff) oder mit der Kombination aus einem Groß- und einem Kleinbuchstaben (Al = Aluminium) bezeichnet wird. Wenn sich mehrere Atome im gleichen Molekül befinden, wird das durch tiefgestellte Zahlen angezeigt – haben wir mehrere gleiche Moleküle in einer chemischen Reaktion, gibt man das durch eine vorangestellte Zahl an. Also bedeutet 3 H_2O, dass in jedem Molekül Wasser zwei Wasserstoffatome vorhanden sind, insgesamt habe ich drei Moleküle Wasser, daher also 3 Sauerstoffatome und 6 (= 3 x 2) Wasserstoffatome.*

Wenn wir Aluminium in Schwefelsäure lösen, so entsteht das Salz Aluminiumsulfat und Wasserstoffgas:

$$Al + H_2SO_4 \rightleftharpoons Al^{3+} + SO_4^{2-} + H_2$$

Hier stimmt etwas nicht, wir haben zwar links und rechts ein Al-Atom, des weiteren links und rechts 2 H-Atome, 1 S-Atom und 4 O-Atome, aber die Summe der Ladungen links ist null, rechts dagegen 3+ und 2–, gibt also in Summe 1+.

Wir müssen die Gleichung richtig stellen, und das geschieht, indem wir 2 Al-Atome mit 3 Molekülen Schwefelsäure reagieren lassen:

$$2\,Al + 3\,H_2SO_4 \rightleftharpoons 2\,Al^{3+} + 3\,SO_4^{2-} + 3\,H_2$$

Jetzt haben wir links und rechts 2 Atome Aluminium, 6 Atome Wasserstoff, 3 Atome Schwefel und 12 Atome Sauerstoff. Weiters haben wir links keine überschüssige Ladung, rechts haben wir 6 positive Ladungen (2 x 3) und 6 negative Ladungen (2 x 3), also ebenfalls insgesamt null. Die Gleichung ist also stöchiometrisch in Ordnung.

Man kann die Gleichung vereinfachen, indem man sich überlegt, dass die Sulfat-Ionen links und rechts bei der eigentlichen Reaktion nicht beteiligt sind. Also nehmen wir links und rechts die GLEICHE Anzahl von Atomen weg:

$$2\,Al + 6\,H^+ \rightleftharpoons 2\,Al^{3+} + 3\,H_2$$

Die Gleichung ist stöchiometrisch immer noch korrekt (zählen Sie nach), wir haben nur auf die Information verzichtet, dass unsere verwendete Säure Schwefelsäure ist – jetzt könnten die H^+-Atome der linken Seite von einer beliebigen Säure kommen. *Man muss sich natürlich darüber im Klaren sein, dass irgendwelche Gegenionen vorhanden sein müssen, weil die H^+ ja nicht frei herumschwirren können. Diese Gegenionen brauchen aber nicht unbedingt aufgeschrieben werden. Dass sie fehlen, erkennt man daran, dass auf beiden Gleichungsseiten ein Überschuss an positiven Ladungen herrscht.*

Wie viele g H_2O können maximal entstehen, wenn 8 g Sauerstoff mit Wasserstoff umgesetzt werden?

$$2\,H_2 + O_2 \rightleftharpoons 2\,H_2O$$

Man kann stöchiometrisch mit Gramm nichts anfangen. Nur wenn man in Mol umrechnet, ist es möglich, umgesetzte Stoffmengen zueinander in Beziehung zu setzen. *Das wissen wir schon!* Wir müssen also vor allem anderen überlegen, wie viele Mol zu wie vielen Mol reagieren. Da brauchen wir uns die Gleichung nur anzusehen: es reagieren 2 mol H_2 mit 1 mol O_2 und geben 2 mol H_2O. *Beziehungsweise es reagieren 2 Moleküle H_2 mit 1 Molekül O_2 und geben 2 Moleküle H_2O; die Mole verhalten sich wie die Moleküle.*

2 mol H_2 und 1 mol O_2 gibt 2 mol H_2O

Nun gibt es verschiedene Möglichkeiten weiter zu rechnen. Am einfachsten ist es aber, wenn man sich überlegt, wie viele Gramm die oben erwähnten Mengen sind: 2 mol H_2 sind 4 Gramm, 1 mol O_2 sind 32 Gramm und 2 mol H_2O sind 36 Gramm. Also können wir ergänzen:

2 mol H_2	und	1 mol O_2	gibt	2 mol H_2O
4 g H_2	und	32 g O_2	gibt	36 g H_2O

Kontrolle: die Summe aller Massen muss links und rechts gleich sein, also 4 + 32 = 36. Stimmt.

Also wissen wir, dass in der Gleichung oben z.B. 2 Mol H_2 stöchiometrisch 32 g O_2 entsprechen, oder dass 4 g H_2 stöchiometrisch 2 Mol H_2O entsprechen, usw. Alles was wir jetzt noch tun müssen ist, uns aus der Tabelle oben die beiden Werte auszusuchen, die wir für unsere Rechnung brauchen.

Wir wollen von Gramm Sauerstoff auf Gramm Wasser umrechnen. Wir wissen aus unserer Gleichung, dass 32 g Sauerstoff zu 36 g Wasser werden. Wir müssen also nur feststellen, wie viel Wasser aus 8 g Sauerstoff entsteht.

Variante A: Die Schlussrechnung sagt uns, wenn 32 g O_2 zu 36 g H_2O äquivalent sind, so sind 8 g O_2 zu wie viel g H_2O äquivalent?

32 g O_2 . . . . 36 g H_2O
8 g O_2 . . . . **X** g

$$\mathbf{X} = \frac{36\text{ g } H_20 \times 8\text{ g } O_2}{32\text{ g } O_2} = \mathbf{9\text{ g } H_2O}$$

Variante B: Man kann das Beispiel auch mit einer Proportion lösen. Wir haben den Fall 1, das ist die oben angegebene Gleichung, bei der 32 g O_2 zu 36 g H_2O reagieren. Weiters gibt es den Fall 2, das ist der Spezialfall unserer Rechnung, wo wir eben nur 8 g O_2 haben. Es ist aber klar, dass sich die Massen O_2 der beiden Fälle genauso verhalten wie die Massen an H_2O.

$$\frac{\text{Masse}_1\ O_2}{\text{Masse}_2\ O_2} = \frac{\text{Masse}_1\ H_2O}{\text{Masse}_2\ H_2O}$$

Die Werte für den Fall 1 können wir einsetzen:

$$\frac{32\text{ g}}{\text{Masse}_2\ O_2} = \frac{36\text{ g}}{\text{Masse}_2\ H_2O}$$

Und für die Masse O_2 im Fall 2 nehmen wir den Wert unserer Angabe. Dann bleibt nur mehr die (unbekannte) Masse H_2O übrig, die wir leicht berechnen können.

$$\frac{32\text{ g}}{\mathbf{8\text{ g}}} = \frac{36\text{ g}}{\text{Masse}_2\ H_2O}$$

Das Ergebnis ist natürlich identisch mit Variante A.

$$\text{Masse}_2\ H_2O = \frac{36\text{ g} \times 8\text{ g}}{32\text{ g}} = \mathbf{9\text{ g}}$$

Es ist Geschmacksache, ob man eine Schlussrechnung oder eine Proportion verwendet. Ein Vorteil der Variante B besteht darin, dass man mit der so angesetzten Proportion sofort auch mehrere Fragen zum gleichen Beispiel beantworten kann.

Wir beginnen mit der selben Serie von Proportionen wie zuvor bei Variante B.

$$\frac{4\ g}{Masse_2\ H_2} = \frac{32\ g}{Masse_2\ O_2} = \frac{36\ g}{Masse_2\ H_2O}$$

Damit können wir nun auch Fragen beantworten wie:

- Wie viel g H_2O können maximal entstehen, wenn 1 g Wasserstoff mit Sauerstoff umgesetzt wird?

$$\frac{4\ g}{\mathbf{1\ g}} = \frac{36\ g}{Masse_2\ H_2O}$$

$$Masse_2\ H_2O = \mathbf{9\ g}$$

Oder:

- Wie viele g Sauerstoff benötigt man, um mit Wasserstoff 9 g Wasser herzustellen?

$$\frac{32\ g}{Masse_2\ O_2} = \frac{36\ g}{\mathbf{9\ g}}$$

$$Masse_2\ O_2 = \mathbf{8\ g}$$

Man kann die Verwendung der Proportion noch viel weiter ausbauen. Die Verhältnisse ALLER Massen und ALLER Mengen zwischen Fall 1 und Fall 2 müssen sich konstant verhalten:

$$2\ H_2 + O_2 \rightleftharpoons 2\ H_2O$$

$2\ H_2$	O_2	$2\ H_2O$
2 mol	1 mol	2 mol
4 g	32 g	36 g

Wir können also Massen und Mengen in einer einzigen Riesenproportion zusammenfassen:

$$\frac{Masse_1\ H_2}{Masse_2\ H_2} = \frac{Masse_1\ O_2}{Masse_2\ O_2} = \frac{Masse_1\ H_2O}{Masse_2\ H_2O} = \frac{Menge_1\ H_2}{Menge_2\ H_2} = \frac{Menge_1\ O_2}{Menge_2\ O_2} = \frac{Menge_1\ H_2O}{Menge_2\ H_2O}$$

$$\frac{4\ g}{Masse_2\ H_2} = \frac{32\ g}{Masse_2\ O_2} = \frac{36\ g}{Masse_2\ H_2O} = \frac{2\ mol}{Menge_2\ H_2} = \frac{1\ mol}{Menge_2\ O_2} = \frac{2\ mol}{Menge_2\ H_2O}$$

Damit können wir beliebige Fragen beantworten, indem wir uns jeweils die beiden Gleichungsteile zusammensuchen, die wir benötigen, also z.B.:

- Wie viele mol Sauerstoff benötigt man, um mit Wasserstoff 9 g Wasser herzustellen?

$$\frac{1\ \text{mol}}{\text{Menge}_2\ O_2} = \frac{36\ \text{g}}{\text{Masse}_2\ H_2O}$$

$$\frac{1\ \text{mol}}{\text{Menge}_2\ O_2} = \frac{36\ \text{g}}{\mathbf{9\ g}}$$

$$\text{Menge}_2\ O_2 = \mathbf{0.25\ mol}$$

oder:

- Wie viele g Wasserstoff benötigt man, um mit Sauerstoff 3 mol Wasser herzustellen?

$$\frac{4\ \text{g}}{\text{Masse}_2\ H_2} = \frac{2\ \text{mol}}{\text{Menge}_2\ H_2O}$$

$$\frac{4\ \text{g}}{\text{Masse}_2\ H_2} = \frac{2\ \text{mol}}{\mathbf{3\ mol}}$$

$$\text{Masse}_2\ H_2 = \mathbf{6\ g}$$

Wenn man das Prinzip verstanden hat, muss man natürlich nicht immer die ganze Monsterproportion wie oben aufschreiben, sondern es genügen die jeweils benötigten Teile. Man kann sich dabei kaum irren, wenn man darauf achtet, dass immer über und unter dem Bruchstrich das gleiche steht (z.B. Masse von H_2, oben für den Fall 1 und unten für den Fall 2). Man kann sogar die Einheiten mischen, vorausgesetzt, dass im jeweiligen Proportionsteil über und unter dem Bruchstrich die gleiche Einheit steht (das gilt dann natürlich auch für das Ergebnis):

- Wie viele mmol Sauerstoff benötigt man, um 0.2 g Wasserstoff vollständig in Wasser umzuwandeln?

4 g Wasserstoff reagieren mit 1 mol Sauerstoff, also mit 1000 mmol Sauerstoff.

Das Ergebnis hat jetzt die Einheit, die in seinem Proportionsteil auf der anderen Seite des Bruchstriches stand (also mmol).

$$\frac{4\ \text{g}}{\text{Masse}_2\ H_2} = \frac{1000\ \text{mmol}}{\text{Menge}_2\ O_2}$$

$$\frac{4\ \text{g}}{\mathbf{0.2\ g}} = \frac{1000\ \text{mmol}}{\text{Menge}_2\ O_2}$$

$$\text{Menge}_2\ O_2 = \mathbf{50\ mmol}$$

Wie wir ja schon wissen, ist die Schlussrechnung nur eine etwas anders aufgeschriebene Form der Proportion. Daher kann man – wenn man unbedingt will – das letzte Beispiel auch statt wie eine Proportion wie eine Schlussrechnung auffassen. Wenn man also „fanatischer Anhänger" von Schlussrechnungen ist und wissen will, wie viele mmol Sauerstoff man für 0.2 g Wasserstoff benötigt, so holt man sich die entsprechenden Werte aus der Tabelle oben (g Wasserstoff und mmol Sauerstoff) und erfährt, dass 4 g Wasserstoff mit 1000 mmol Sauerstoff reagieren. Das haben wir ja gerade getan. Nun kann man eine Schlussrechnung ansetzen. 4 g Wasserstoff reagieren mit 1000 mmol Sauerstoff, also reagieren 0.2 g Wasserstoff mit wie viele g Sauerstoff?

$$4\ g\ H_2 \ldots\ldots\ldots 1000\ mmol\ O_2$$
$$0.2\ g\ H_2 \ldots\ldots\ldots X\ mmol\ O_2$$

u.s.w. Man landet natürlich bei derselben Gleichung für X.

Übungen zu Kapitel 4

40. Wie viele g H_2O können maximal entstehen, wenn 3 g Wasserstoff mit Sauerstoff reagieren? (M_r H = 1, O = 16)

    27 g

41. $S + O_2 \rightleftharpoons SO_2$ (M_r S = 32, O = 16)

    Aus 1.6 g Schwefel entstehen maximal wie viele Gramm SO_2?

    Aus 6.4 g Schwefel entstehen maximal wie viele Gramm SO_2?

    Aus 32 mg Schwefel entstehen max. wie viele g SO_2?

    Aus 0.128 g Schwefel entstehen maximal wie viele g SO_2?

    3.2 g
    12.8 g
    64 mg = 0.064 g
    0.256 g = 256 mg

42. Wir betrachten die Reaktionsgleichung

$$2\ N_2 + 3\ O_2 \rightleftharpoons 2\ N_2O_3$$

M_r	28	32	76

Wie viele Gramm N_2O_3 entstehen aus 1 mol N_2?

Wie viele mol N_2O_3 entstehen aus 56 g N_2?

Wie viele mol O_2 benötigt man zur Herstellung von 76 g N_2O_3?

Wie viele g O_2 benötigt man zur Herstellung von 0.5 mol N_2O_3?

76 g
2.0 mol
1.5 mol
24 g

43. Wie viele Gramm PbS (wie viele mol PbS) entstehen aus 138.5 g $PbCl_2$? (M_r $PbCl_2$ = 277; PbS = 239)

$$PbCl_2 + H_2S \rightleftharpoons 2\,HCl + PbS$$

119.5 g
0.5 mol

44. $$BaCl_2 + H_2SO_4 \rightleftharpoons BaSO_4 + 2\,HCl$$

(M_r Ba = 137; Cl = 35.5)

Wie viele mol $BaSO_4$ entstehen bei dieser Reaktion aus 78.4 g H_2SO_4?

0.80 mol

Wie viele Gramm $BaSO_4$ entstehen bei dieser Reaktion aus 78.4 g H_2SO_4?

186.4 g

45. Wie viele mol HCl sind notwendig, damit 102 g H_2S-Gas entsteht?

$$Na_2S + 2\,HCl \rightleftharpoons H_2S + 2\,NaCl \quad (M_r\ Na = 23)$$

6.0 mol

46. Cu wird zu Cu_2O oxidiert. Die stöchiometrisch richtige Reaktionsgleichung lautet:

$$2\,Cu + 1/2\,O_2 \rightleftharpoons Cu_2O$$

oder $$4\,Cu + O_2 \rightleftharpoons 2\,Cu_2O \quad (M_r\ Cu = 63.5)$$

Wie viele mg metallisches Kupfer wurde oxidiert, wenn die Cu_2O-Menge 429 mg beträgt?

381 mg metallisches Cu

47. In einer Lösung befinden 0.5 mmol Ca^{2+}-Ionen. Wie viele mg Na_2CO_3 benötige ich um alle Ca^{2+}-Ionen als $CaCO_3$ auszufällen? (Ca = 40; Na = 23; C = 12; O = 16)

$$Ca^{2+} + Na_2CO_3 \rightleftharpoons CaCO_3 + 2\,Na^+$$

53 mg

5 Berechnung der Konzentration

Die Konzentration gibt an, welche Stoffmenge sich in einem gegebenen Volumen einer Lösung befindet. *Laut SI-System wäre die Einheit mol / m³, es ist aber allgemein üblich, mit mol / l (Mol pro Liter) zu rechnen.* Eine Lösung, die die Stoffmenge von 1 mol / l enthält, nennt man auch eine 1-molare Lösung. *Da 1 mol / l eine relativ hohe Konzentration ist, verwendet man häufig auch mmol / l (Millimol pro Liter). Preisfrage: 1 mmol / l sind wie viele mol / m³?*

Es kann natürlich vorkommen, dass man von einem Stoff die relative Molekülmasse nicht kennt oder nicht ausrechnen will, weil das zu kompliziert wäre. Berechnen Sie einmal die relative Molekülmasse von Hustensaft! Dann gibt man die Konzentration ausnahmsweise in z.B. g / l (Gramm pro Liter) an. Besonders in der Biochemie hat man bei Lösungen von Makromolekülen (Proteinen, Nukleinsäuren) meist gar keine andere Möglichkeit.

Um Lösungen mit wechselnden Konzentrationen und Volumina auszurechnen, verwenden wir die Beziehung:

Konzentration = Menge / Volumen	$c = m / v$

Wenn man ganz penibel sein will, unterscheidet man zwischen Menge (n) in Mol mit der Beziehung $c = n / v$ und der Masse (m) in Gramm oder Kilogramm mit der Beziehung $c = m / v$. Da aber Menge und Masse beide mit M beginnen, belassen wir es bei einer Formel für beides – müssen uns aber immer klar darüber sein, ob wir gerade mit Mengen oder Massen rechnen, mischen dürfen wir dabei nicht!

Die verwendeten Einheiten sind daher $c = \frac{m}{v}$ $\quad mol / l = \frac{mol}{l}$ oder $g / l = \frac{g}{l}$

Wenn Sie diese Formel mit mmol oder ml oder anderen Einheiten verwenden, muss natürlich danach ALLES in mmol oder ml berechnet werden, die erhaltenen Konzentrationen sind dann also mmol / l oder µmol / ml usw. Oder Sie rechnen um!

Es werden 8.0 Liter einer 0.30 mol / l Glucoselösung zur Infusion benötigt. Wie viel Glucose muss eingewogen werden?

Offensichtlich müssen wir zunächst feststellen, wie groß die relative Molekülmasse von Glucose ist. Die chemische Formel ist $C_6H_{12}O_6$.

C	6	x	12	=	72
H	12	x	1	=	12
O	6	x	16	=	96
					180

Da M_r von Glucose 180 ist, sind 1 mol Glucose 180 g. Nun gibt es verschiedene Alternativen, das Problem zu lösen.

Variante A: Wir können eine Serie von Schlussrechnungen ansetzen. Die gewünschte Konzentration ist 0.30 mol / l. Also berechnen wir, wie viele g Glucose für einen Liter Lösung notwendig ist (also für 0.30 mol).

1.0 mol . . . . 180 g
0.30 mol . . . . **X**

X = **54 g**

Wenn wir für einen Liter 54 g Glucose benötigen, dann brauchen wir für 8.0 Liter? Natürlich 8 mal soviel, oder mit Schlussrechnung:

1.0 l . . . . 54 g
8.0 l . . . . **X**

X = **432 g**

Wir erhalten als Ergebnis 432 g Glucose.

Variante B: Wir gehen von der Formel m = c x V *(durch Umformen erhalten, siehe Kapitel V)* aus und berechnen, wie viel Mol wir insgesamt brauchen:

m = c x V
m = 0.30 mol / l x 8.0 l
m = 2.4 mol / l x l = **2.4 mol**

Wir benötigen 2.4 mol Glucose für unsere Infusion.

Danach müssen wir nur noch berechnen, wie viel Gramm diese 2.4 mol sind. (Geht auch ohne Schlussrechnung, wenn 1 Mol 180 g sind, sind 2.4 mol das 2.4-fache von 180.)

X = 180 g x 2.4 **= 432 g**

Wir brauchen also 432 g Glucose.

Natürlich kann man auch umgekehrt fragen:

> Wenn man 432 g Glucose löst, sodass 8.0 l Lösung entstehen, wie groß ist die Konzentration in mol / l?

Schlussrechnung: 180 g sind 1 mol, also sind 432 g wie viele mol ...

180 g . . . . 1 mol
432 g . . . . **X**

X = 2.4 mol

Und Formel $c = m / v$

$$c = \frac{m}{v} = \frac{2.4 \text{ mol}}{8.0 \text{ l}} = \mathbf{0.30} \ \frac{\text{mol}}{\text{l}}$$

Gewöhnen Sie sich am besten daran, die Formel immer wenn Sie Mol benötigen mit Stoffmengen zu verwenden. Also zuerst die Angabe von Gramm in Mol umrechnen, dann mit den so erhaltenen Mol in die Formel einsetzen. Wenn Sie eine Angabe in Mol haben und ein Ergebnis in Gramm brauchen, so verwenden Sie die Angabe in Mol für die Formel und rechnen dann das Zwischenergebnis in Gramm um. Nur wenn Angaben und Ergebnis in Gramm sein sollen, benützen Sie die andere (genau gleich aussehende Formel) mit g / l = Gramm *durch* Liter. *Es ist nämlich sinnvoll, bei komplizierteren Rechnungen in Mol zu rechnen und erst am Schluss in Gramm umzuwandeln. Dann kann man keinen Rechenschritt zwischendurch übersehen, welcher nur in Mol möglich ist.*

▶ Wie viele Liter Lösung der Konzentration c = 300 mmol / l kann ich mit 432 g Glucose herstellen?

Ein wenig praxisfremd, weil man sich normalerweise nicht nach der zufällig vorhandenen Glucosemenge richtet, wenn man eine Infusionslösung braucht, aber auf die gleiche Weise lösbar. Wir müssen nur unsere Gleichung nach dem Volumen als Unbekannte umformen.

Beachten Sie, dass in der Angabe mmol auftauchen. Das sicherste Verfahren ist, SOFORT das „milli“ durch die entsprechende Zehnerpotenz (10^{-3}) zu ersetzen.

Die 10^{-3} unter dem Bruchstrich wechseln dabei als 10^{3} nach oben, in den Zähler

432 g sind 2.4 mol *(siehe oben)*

$$v = \frac{m}{c} = \frac{2.4 \text{ mol}}{300 \times 10^{-3} \text{ mol / l}}$$

und jetzt entweder

$$\mathbf{v} = \frac{2.4 \times 10^{3} \text{ mol}}{300 \text{ mol / l}} = \frac{0.008 \times 10^{3}}{\text{l}^{-1}} = \mathbf{8.0 \ l}$$

oder

$$\mathbf{v} = \frac{2.4 \text{ mol}}{0.3 \text{ mol / l}} = \frac{8 \ \cancel{\text{mol}}}{\cancel{\text{mol}} \times \text{l}^{-1}} = \mathbf{8.0 \ l}$$

Die folgenden Übungen sind im Prinzip alle das Gleiche wie die soeben besprochenen Beispiele. Zwar sind die Fragestellungen variiert *(z.B. „Wie viel Stoff befindet sich in einer Lösung von ...“ ist dasselbe wie: „Wie viel Stoff brauche ich um ... herzustellen“)*, es können statt Gramm auch Milligramm oder Kilogramm angegeben oder verlangt sein *(die häufigste Fehlerquelle, freundlicherweise sind oft die relativen Molekülmassen bereits angegeben, das spart Zeit)*, aber der eigentliche Rechengang sollte Ihnen keine Überraschungen bieten.

Übungen zu Kapitel 5

50. Wie viele mol Essigsäure (CH_3COOH; M_r = 60) sind in 4.0 l einer 0.03 mol / l Essigsäure enthalten?	m = 0.12 mol
51. Wie viel mg HNO_3 sind in 150 ml einer Salpetersäurelösung mit c = 0.20 mol / l enthalten? (M_r H = 1; N = 14; O = 16)	1890 mg
52. Eine Calciumchloridlösung enthält 275 g in 500 ml gelöst. Welche Molarität besitzt die Lösung? (M_r $CaCl_2$ = 110)	c = 5 mol / l
53. Es sollen 250 ml einer 2.0-molaren HCl hergestellt werden. Wie viele g HCl-Gas müssen eingeleitet werden? (M_r HCl = 36)	18 g
54. Aus 28 g KOH lassen sich wie viel Liter einer Lösung mit c = 0.20 mol / l herstellen? (M_r K = 39)	2,5 l
55. Wie viele mol Na_2SO_4 sind zur Herstellung von 500 ml einer Lösung c = 0.30 mol / l nötig? (M_r Na = 23; S = 32)	0.15 mol
56. Aus 1600 mg NaOH (M_r = 40) lassen sich wie viele Liter einer 1.0-molaren Lösung herstellen?	0.040 l
57. Zur Herstellung einer NaCl-Lösung (c = 0,12 mol / l) muss für 1 Liter Lösung wie viele Gramm NaCl (M_r = 58) abgewogen werden?	6.96 g
58. In 5.0 l fertiger Lösung sind 98 g H_2SO_4 enthalten. Wie groß ist die Konzentration der Lösung? (M_r H = 1; S = 32; O = 16)	c = 0.20 mol / l
59. Eine Lösung der Konzentration c = 0.01 mol / l enthält wie viele mmol des gelösten Stoffes in 50 ml gelöst?	0.50 mmol

6 VERDÜNNUNGEN

Verdünnen heißt, ich schütte zu einer gegebenen Lösung Wasser *(bzw. ein anderes „Lösungsmittel“)* dazu. Danach habe ich MEHR Lösung, aber mit GERINGERER Konzentration. *Sollte Ihnen bei irgendeiner Rechnung nach dem Verdünnen eine höhere Konzentration oder ein geringeres Volumen herauskommen, dann habe Sie sich eindeutig vertan!*

Nun könnte man das Problem mit einer Proportion lösen: um so mehr Volumen – um so weniger Konzentration, d.h. Konzentration und Volumen sind umgekehrt proportional. Wir raten Ihnen aber zu einer anderen Überlegung:

Wenn Sie zu einer Lösung Wasser dazuschütten, bleibt die Menge des insgesamt gelösten Stoffes gleich. *Nehmen Sie an, Sie haben 1 mol Stoff in einem Liter Lösung. Wenn Sie jetzt noch soviel Wasser zusetzen, dass Sie eine ganze Badewanne damit füllen können, so haben Sie in Ihrer Badewanne immer noch 1 mol Stoff.*

Wir können also die bereits verwendete Beziehung $m = c \times v$ anwenden, wobei wir die ursprüngliche Lösung durch den Index 1 bezeichnen, die verdünnte Lösung durch den Index 2:

$$m = c_1 \times v_1 \qquad \text{und} \qquad m = c_2 \times v_2$$

Da die Menge *(oder Masse, wenn wir Gramm haben)* vor und nach der Verdünnung dieselbe ist, brauchen wir sie nicht mit einem Index zu kennzeichnen. Dann können wir aber diese beiden Gleichungen über die Menge gleichsetzen, und erhalten folgende praktische Beziehung:

$$c_1 \times v_1 = m = c_2 \times v_2$$

Mit der obigen Gleichung kann man aus jeder beliebigen Kombination von Angaben das gewünschte Ergebnis berechnen. Sollte allerdings das eine (entweder Angabe oder Ergebnis) in z.B. g / l (Gramm pro Liter) angegeben sein, das andere in mol / l, muss man wie gewohnt umrechnen.

Dabei gilt dasselbe wie bei den Konzentrations-Rechnungen: Gewöhnen Sie sich an, die Formel immer dann, wenn Sie Mol benötigen, mit Stoffmengen zu verwenden. Also zuerst die Angabe von Gramm in Mol umrechnen, dann mit den so erhaltenen Mol in die Formel einsetzen.

Umgekehrt, wenn Sie eine Angabe in Mol haben und ein Ergebnis in Gramm brauchen, so verwenden Sie die Angabe in Mol für die Formel und rechnen erst am Ende das Zwischenergebnis in Gramm um.

Nur wenn Angaben und Ergebnis in Gramm sein sollen, rechnen Sie direkt ohne den Umweg über das Mol von g nach g (oder von g nach g / l bzw. von g / l nach g usw.).

ACHTUNG: Es gibt bei diesen Berechnungen eine Falle, in die Ungeübte leicht stolpern. Unsere Gleichung gibt Auskunft über die Volumina der Lösungen, NICHT über die Menge an zugesetztem Wasser – das wäre die DIFFERENZ der beiden Volumina. Wenn wir also einem Liter Lösung zwei Liter Wasser zusetzen, dann muss das Volumen, das wir für die verdünnte Lösung einsetzen DREI Liter sein!

> 24 g NaOH sind in 500 ml Wasser gelöst. (berechnen Sie c_1 in mol / l). Diese Lösung wird mit 1.5 l Wasser verdünnt. (c_2 = ?) Wie viele g NaOH sind in 100 ml der verdünnten Lösung enthalten?

Kein Grund zur Beunruhigung. Das Beispiel ist leichter als es aussieht, es sind eigentlich drei getrennte Rechnungen.

Fangen wir mit dem ersten Teil an. Es ist eine einfache Konzentrationsberechnung – das können wir schon:

Na = 23 O = 16 H = 1

Summe = M_r = 40

40 g . . . . 1 mol
24 g . . . . **X**

X = 0.6 mol

500 ml sind hier wieder 500 x 10^{-3} l

$$c = \frac{m}{v} = \frac{0.6\ \text{mol}}{500 \times 10^{-3}\ \text{l}} = \frac{0.6\ \text{mol}}{0.5\ \text{l}}$$

Als Ergebnis erhalten wir 1.2 mol / l

c = 1.2 mol / l

Zweiter Teil (die eigentliche Verdünnung): wir schütten 1.5 l Wasser zu 500 ml (= 0.5 l) Lösung und erhalten 2.0 l Gesamtvolumen der verdünnten Lösung. Das setzen wir in unsere Gleichung ein:

$$1.5\ \text{l} + 500 \times 10^{-3}\ \text{l} = 1.5 + 0.5 = 2.0\ \text{l}$$

$$c_1 \times v_1 = c_2 \times v_2$$

$$1.2\ \text{mol/l} \times 0.5\ \text{l} = \mathbf{c_2} \times 2\ \text{l}$$

Es ist übersichtlicher, zuerst die Zahlen in die Standardformel einzusetzen und dann erst nach der verbleibenden Unbekannten umzuformen. Umgekehrt irrt man sich leicht.

$$\mathbf{c_2} = \frac{1.2\ \text{mol/l} \times 0.5\ \text{l}}{2.0\ \text{l}}$$

Unser Ergebnis ist 0.30 mol / l

$$\mathbf{c_2 = 0.30\ mol / l}$$

Der Rest ist nur noch eine weitere Konzentrations-Rechnung als Draufgabe: wir rechnen aus, wie viel Stoffmenge in 100 ml vorhanden ist (geht natürlich auch im Kopf: wenn in einem Liter 0.30 mol sind, so befinden sich in einem Zehntel davon 0.030 mol).

$$m = c \times V = 0.30\ \text{mol/l} \times 100 \times 10^{-3}\ \text{l}$$

$$m = 0.30 \times 0.1 \times \text{mol/l} \times \text{l}$$

$$\mathbf{m = 0.030\ mol}$$

Und schließlich rechnen wir die erhaltenen 0.030 mol in Gramm um (M_r haben wir ja bereits berechnet):

1.00 mol . . . . 40 g
0.030 mol . . . . **X**

$$\mathbf{X = 1.2\ g}$$

Unser letztes Ergebnis ist 1.2 g

Wenn NUR die dritte Frage zu beantworten gewesen wäre, hätten Sie sich – wie oben bereits erwähnt – die ganze Umrechnung in mol sparen können. In diesem Fall setzen Sie alle Massen in g und alle Konzentrationen in g / l in die Formel ein.

$$c_1 \times V_1 = m = c_2 \times V_2$$
$$\dots \quad \dots. \quad 24\ \text{g} = c_2 \times 2\ \text{l}$$

$$\mathbf{c_2} = \frac{24\ \text{g}}{2\ \text{l}} = 12\ \text{g/l}$$

Da sie wissen, wie viel in der ursprünglichen Lösung vorhanden ist (m = 24 g,) müssen sie nicht einmal deren Konzentration berechnen, sondern können gleich mit dem neuen Volumen (c_2 = 2.0 l) die Konzentration der Verdünnung in g / l verdünnte Lösung berechnen. Dann noch eine Rechnung um herauszufinden, wie viel in 100 ml (= 0.10 l) vorhanden ist. Fertig!

$$m = c \times V = 12\ \text{g/l} \times 100 \times 10^{-3}\ \text{l}$$

$$\mathbf{m} = 12 \times 0.1 \times \text{g/l} \times \text{l}$$

$$\mathbf{m = 1.2\ g}$$

Meist wird gefragt, wie groß die Konzentration nach der Verdünnung ist, oder wie viel Lösung man benötigt (bzw. wie viel Wasser man zusetzen muss), um eine bestimmte Lösung zu erhalten. *Man kann natürlich auch berechnen, wie groß die ursprüngliche Konzentration oder das ursprüngliche Volumen war, nachdem man eine bestimmte Verdünnung erhalten hat, das ist aber wirklichkeitsfremd – wer macht schon so was?*

▶ 200 ml einer HCl-Lösung (c = 0.30 mol / l) sollen mit Wasser auf eine Konzentration von 0.20 mol / l verdünnt werden. Wie viel Wasser muss man zugeben?

Einsetzen in unsere Gleichung: da wir alle Angaben in mol / l haben, brauchen wir nicht umzurechnen. Wir können sogar die Volumsangaben in ml belassen, dann muss uns aber klar sein, dass wir auch das Ergebnis in ml erhalten!

AUFPASSEN: Das Zwischenergebnis sagt uns, wie viel Volumen die verdünnte LÖSUNG hat. Gefragt war aber, wie viel Wasser zugesetzt werden muss! Das ist die Differenz zwischen ursprünglicher Lösung und verdünnter Lösung, also 100 ml.

$$c_1 \times v_1 = c_2 \times v_2$$

$$0.30 \text{ mol/l} \times 200 \text{ ml} = 0.20 \text{ mol/l} \times v_2$$

$$v_2 = \frac{0.3 \text{ mol/l} \times 200 \text{ ml}}{0.20 \text{ mol/l}}$$

$$\mathbf{v_2 = 300\ ml}$$

$$\text{Wasser} = v_2 - v_1 = 300 \text{ ml} - 200 \text{ ml}$$

$$\mathbf{Wasser = 100\ ml}$$

Übungen zu Kapitel 6

60. 8 g NaOH sind in 200 ml Wasser gelöst. Berechnen Sie c_1 (in mol / l)!

    Diese Lösung wird mit 800 ml Wasser verdünnt. Berechnen Sie c_2!

    Wie viele g NaOH sind in 100 ml der verdünnten Lösung enthalten?

    c_1 = 1.0 mol / l

    c_2 = 0.20 mol / l

    0.80 g

61. 100 ml einer 0.15 mol / l H_2SO_4 werden auf 300 ml mit Wasser verdünnt. Wie groß ist die Konzentration der verdünnten Lösung?

    c = 0.050 mol / l

62. Gibt man zu 100 ml einer zweimolaren (c = 2.0 mol / l) Lösung 9900 ml Wasser zu, so entsteht eine Lösung welcher Konzentration?

    c = 0.020 mol / l

63. 50 ml einer HCl (c = 0.20 mol / l) werden mit Wasser verdünnt bis eine Konzentration von 0.050 mol / l erreicht ist. Wie viele Liter verdünnte Lösung erhält man?

    0.20 l

64. Aus einer NaCl-Lösung (c = 1.0 mol / l) sollen durch Verdünnen 500 ml eine NaCl-Lösung mit einer Konzentration c = 0.15 mol / l hergestellt werden. Wie viele ml der ursprünglichen Lösung werden benötigt?

    75 ml

65. 50 ml einer HCl (c = 0.10 mol / l) werden mit Wasser verdünnt, bis eine Konzentration von 0.050 mol / l erreicht ist. Wie viele ml Wasser muss man zugeben?

50 ml

67. Zu 0.70 l einer Lösung der Konzentration c = 0.90 mol / l muss man wie viele Liter Wasser zusetzen, um eine Lösung der Konzentration c = 0.60 mol / l zu erhalten?

0.35 l

68. 200 ml einer NaOH, c = 0.50 mol / l, werden auf 1.0 l verdünnt. Wie groß ist die Konzentration der verdünnten Lösung?

c = 0.10 mol / l

Wie viele Gramm NaOH sind in 300 ml der verdünnten Lösung enthalten?

1.2 g

69. 100 ml einer 0.10 mol / l H_2SO_4 werden mit 400 ml Wasser verdünnt. Wie groß ist die Konzentration der verdünnten Lösung?

c = 0.020 mol / l

7 Rechnen mit veralteten Konzentrationsangaben

Alle bisherigen Beispiele behandeln Verdünnungen, bei denen wir stillschweigend annahmen, dass beim Verdünnen keine wesentlichen Volumsänderungen auftreten, dass also, wenn zu 100 ml Lösung noch 200 ml Wasser zugesetzt wurden, das Gesamtvolumen nachher 300 ml war. Bei manchen – vor allem bei sehr konzentrierten – Lösungen ist das jedoch nicht der Fall. *Es kann dann passieren, dass nur mehr 290 ml entstehen, dass aber dafür die Dichte der Mischung höher ist – die Gesamtmasse muss ja unverändert bleiben.* Ein Zeichen, dass so etwas passieren kann, ist, wenn die Dichte der beteiligten Lösungen wesentlich von der Dichte von Wasser abweicht, wenn also nicht alle Lösungen annähernd 1 kg pro Liter (oder 1 g pro cm^3) haben. Eine Änderung der Dichte gibt immer einen Hinweis auf ein nicht additives Verhalten der Volumina, sodass es notwendig sein kann, mit Massen statt mit Volumina zu rechnen. Dazu kommt, dass die offiziellen Einheiten für Konzentrationen gerade bei konzentrierten Lösungen gerne missachtet werden und statt dessen veraltete Angaben in Prozenten angegeben werden. *Auch die größten Firmen, die Chemikalien verkaufen, haben es seit der Einführung des SI-Systems – also seit mehr als 20 Jahren – nicht geschafft, ihre Konzentrationsangaben in mol / l oder g / l umzurechnen! Na ja, offensichtlich haben die Verantwortlichen dieses Buch hier noch nicht gelesen.*

Typische Angaben auf dem Etikett einer Chemikalienflasche sehen etwa so aus:

Schwefelsäure 95–97%
H_2SO_4 M_r = 98.08 g / mol
1 l = 1.84 kg

Eine Angabe in Prozent bedeutet immer, dass soundsoviele Teile in 100 Teilen insgesamt vorkommen – diese Teile müssen dieselbe Einheit haben, also g in 100 g (das wäre Masse in Masse, oft mit **w / w** abgekürzt oder als **Gewichts-Prozent** bezeichnet) oder, sehr viel seltener, ml in ml (das wäre Volumen in Volumen, oft mit **v / v** oder auch mit **Volums-%** abgekürzt). Die Angabe 95–97 % bedeutet, dass sich die Firma nicht auf eine bestimmte Konzentration festlegen will, zum Rechnen nimmt man also den Mittelwert. *Es sei denn, die Schwefelsäure steht schon jahrelang im Labor herum und wurde immer wieder geöffnet. Da Schwefelsäure Wasser aus der Luft anzieht, kann es dann sein, dass sie verdünnter ist, also z.B. nur mehr 93 %* hat.

Zusätzlich gibt es noch – freundlicherweise – eine Angabe über die relative Molekülmasse (98.08) und eine über die Dichte (1 Liter ist 1.84 kg). *Es könnte auch statt dessen die Dichte der Schwefelsäure als $\rho = 1.84$ angegeben sein. Wenn bei der Prozentangabe nichts dabei steht, kann man normalerweise annehmen, dass es sich um Massenprozente (w / w) handelt, also dass sich 96 g H_2SO_4 in 100 g (!) Flüssigkeit befinden.*

Jetzt müssen wir noch kurz erklären, was Dichte ist. *Die Meisten von Ihnen werden das wahrscheinlich bereits seit frühesten Schuljahren wissen. Leider gibt es aber immer wieder Studenten, die mit dieser Angabe Schwierigkeiten haben - die waren offensichtlich in einer anderen Grundschule.* Das Verhältnis von Masse pro Volumen wird **Dichte** – oder auch **spezifisches Gewicht** – genannt. Die Dichte kann angegeben werden in kg / Liter oder als kg / dm^3 oder auch als g / ml oder als g / cm^3 – alle diese Angaben bedeuten dasselbe (Liter ist das selbe wie dm^3 und Milliliter ist cm^3). Das führt dazu, dass man als Experte die Einheit meist gar nicht anschreibt. Wasser hat praktischerweise die Dichte 1, also 1 kg / l. *Das ist kein Zufall, das Kilogramm wurde so definiert!* Andere Stoffe wie Öl oder Holz oder Styropor haben Dichten, die kleiner sind als 1, sie sind leichter als Wasser und schwimmen daher darin. Stoffe, die in Wasser untergehen, haben eine Dichte die größer ist als 1. Eisen hat 7.6, Blei hat 11.2, Quarz (Kieselsteine) etwa 2.6. Da Wasser die Dichte 1 hat, haben auch alle verdünnten wässrigen Lösungen eine Dichte, die nur ganz wenig von 1 verschieden ist. (Genau genommen hat Wasser bei 4°C die Dichte 0.99985, bei 25°C die Dichte 0.99729; da sich Stoffe bei höherer Temperatur ausdehnen, ändern sie auch die Dichte.) Daraus ergibt sich, dass wir unwillkürlich von ALLEN Flüssigkeiten eine Dichte von etwa 1 erwarten. *Drücken Sie nie jemanden eine Flasche voll Quecksilber in die Hand: Im ersten Schreck über das unerwartet hohe Gewicht kann es leicht passieren, dass Ihr Gegenüber die Flasche fallen lässt!*

$$\text{Dichte} = \frac{\text{Masse}}{\text{Volumen}} \qquad \rho = \frac{m}{v}$$

Man kann leicht die Dichte berechnen, wenn man Masse und Volumen eines Stoffes kennt, oder ebenso einfach die Masse berechnen, wenn man Volumen und Dichte kennt, usw. Wir können es uns bequem machen, und auch hier die Dreiecksregel von Kapitel V verwenden, also

m

ρ V

Der Goldschmied hat für Sie eine goldene Krone angefertigt, zu einem königlichen Preis. Sie haben allerdings den Verdacht, dass der gute Mann geschwindelt hat und die Krone nicht aus massivem Gold (ρ = 19.3) ist, sondern mit anderen Metallen verfälscht. Die Krone hat eine Masse von 1750 g und ein Volumen von 125 ml. Besteht sie wirklich nur aus Gold?

Trivial. Das hat schon Archimedes gewusst. Wir rechnen aus Masse und Volumen die Dichte aus:

$$\rho = \frac{m}{v} = \frac{1750\,\text{g}}{125\,\text{ml}} = 14\,\text{g/ml}$$

Da die Dichte mit 14 g / ml geringer ist als die des reinen Goldes (19.3) hat der Goldschmied Sie *(kräftig)* betrogen.

Wie schwer ist ein halber Liter Quecksilber (ρ = 13.6)?

Die Umkehrung der vorigen Rechnung:

$$m = \rho \times v = 0.5\ l \times 13.6\ kg/l$$

6.8 kg ist für einen halben Liter ganz ordentlich. Füllen Sie daher kein Quecksilber in eine Bierflasche, der Boden könnte glatt durchreißen!

$$m = 6.8\ kg$$

So, nach diesen Fingerübungen kehren wir wieder zu den Konzentrationsberechnungen zurück, und beschäftigen uns mit der zu Beginn erwähnten Schwefelsäure.

96 % H_2SO_4 (1 l = 1.84 kg) soll mit Wasser verdünnt werden, um 1 Liter einer Lösung der Konzentration 0.10 mol / l zu erhalten. Wie viel Schwefelsäure braucht man?

Wenn wir wüssten, wie viel mol / l die konzentrierte Schwefelsäure hat, könnten wir wie gewohnt rechnen. So bleibt uns nichts anderes übrig, als die Frage wörtlich zu nehmen und auszurechnen, wie viel Schwefelsäure wir brauchen. Wir berechnen die relative Molekülmasse der Schwefelsäure (oder schreiben von der Flasche ab) und erhalten 98, also brauchen wir 98 g für 1 Liter Lösung der Konzentration 1 mol / l, daher 9.8 g für 1 Liter Lösung mit c = 0.10 mol / l.

$$S = 32,\quad 0 = 16,\quad H = 1$$

$$M_r\ H_2SO_4 = 98$$

$$1\ mol = 98\ g$$

$$0.1\ mol = 9.8\ g$$

Jetzt müssen wir nur noch feststellen, wie viel von unserer konzentrierten Lösung das ist. Also Schlussrechnung: 96 % bedeutet, in 100 g Lösung befinden sich 96 g Schwefelsäure, in wie viel Lösung befinden sich 9.8 g?

100 g Lösung .... 96 g H_2SO_4
X .... 9.8 g H_2SO_4

$$X = \frac{100\ g \times 9.8\ g}{96\ g} = \mathbf{10.2\ g}$$

Wir müssen also 10.2 g unserer konzentrierten Lösung verwenden. Allerdings wird es niemandem einfallen, so etwas abzuwägen (wenn Sie dabei daneben tropfen, löst sich die Waage auf), sondern man wird das Volumen mit einer Pipette abmessen wollen. Also müssen wir ausrechnen, welches Volumen das ist. Und dazu brauchen wir die Angabe der Dichte.

1 l Lösung wiegt 1.84 kg, also wiegt 1 ml 1.84 g. Noch eine Schlussrechnung: wenn 1.84 g 1 ml sind, wie viel sind dann wohl 10.2 g?

ACHTUNG: Sollten Sie jemals so etwas machen müssen, NICHT 5.5 ml Schwefelsäure abmessen und dann Wasser draufschütten! Dabei könnte Ihnen nämlich durch die enorme Hitzeentwicklung Schwefelsäure ins Gesicht spritzen! Nehmen Sie ein Glas mit – sagen wir – 900 ml Wasser, rühren Sie die Schwefelsäure vorsichtig hinein, und füllen sie dann auf genau einen Liter Lösung auf.

1.84 g Lösung . . . . 1 ml
10.2 g Lösung . . . . **X**

$$\mathbf{X} = \frac{10.2\ \text{g} \times 1\ \text{ml}}{1.84\ \text{g}} = \mathbf{5.5\ ml}$$

Warum haben wir bei der verdünnten Schwefelsäure (mit 0.10 mol / l) die Dichte nicht mehr berücksichtigen müssen? Das ist eben der Vorteil der Konzentrationsangabe in mol / l, sie gibt die Stoffmenge im VOLUMEN an: da ist es dann gleichgültig wie schwer die Lösung ist. *Würde man Konzentrationen in mol / kg angeben, hätten wir das Problem wieder – obwohl es bei verdünnten Lösungen nicht viel ausmacht, unsere Schwefelsäure hat nur 1.006 kg / l.*

Geradezu grotesk wird die ganze Problematik wenn es darum geht, Alkohol (also Ethanol) zu verdünnen – aber gerade das braucht man in der Medizin und Biologie sehr oft. Man hat meistens 96 % Alkohol zur Verfügung. Manche Firmen geben die 96 % als w / w an, andere als v / v, aber die meisten geben gar nichts an und lassen einen raten. Wenn Sie

70 % Alkohol daraus herstellen sollen, so sind mit diesen 70 % immer v / v gemeint. Man kann dann ganz schön kompliziert herumrechnen.

***Unser Tip**: sollten Sie jemals 70 % Alkohol brauchen, so verzichten Sie darauf, es ganz genau machen zu wollen – nehmen Sie an, Sie haben 96 % v / v Alkohol (sollte Ihr Alkohol doch 96 % w / w sein, so sind das 97.5 % v / v und das spielt auch keine allzu große Rolle) und kaprizieren Sie sich nicht, unbedingt 100 ml (oder 370 ml) fertige 70 % Lösung herstellen zu wollen. Meist ist es egal, ob man einen Liter oder 0.9 Liter Lösung anrührt: man weiß vorher ohnehin nicht ganz genau, wie viel davon man dann im Labor verbrauchen wird.*

Wenn Sie also Alkohol von 96 % auf 70 % verdünnen wollen, so berücksichtigen Sie einfach nur die Volumina. Die Volumina der beiden Lösungen verhalten sich umgekehrt wie die Konzentrationen, so werden aus 96 % zu 70 % dann einfach 70 ml zu 96 ml. Nehmen Sie 70 ml ihres konzentrierten Alkohols (mit 96 %) und geben sie soviel Wasser dazu, bis das Gesamtvolumen der Mischung 96 ml beträgt. Die erhaltene Konzentration ist dann 70 %. Wenn Sie mehr brauchen, nehmen Sie eben 700 ml und füllen auf 960 ml auf oder so ähnlich. Sie können natürlich auch mit der Formel $c_1 \times v_1 = c_2 \times v_2$ *rechnen und als Konzentration die Volumsprozent einsetzen.*

Ethanol 96 % (v / v) soll mit Wasser verdünnt werden, um 1.0 Liter einer Lösung der Konzentration 70 % (v / v) zu erhalten. Wie viel Ethanol braucht man?

Unsere übliche Rechnung.

Hätten wir als Endvolumen 0.96 Liter eingesetzt, so hätten wir als Resultat 0.70 Liter erhalten.

$$c_1 \times v_1 = c_2 \times v_2$$

$$96\,\% \times \mathbf{X} = 70\,\% \times 1.0\ \mathrm{l}$$

$$\mathbf{X} = \frac{70\,\% \times 1.0\ \mathrm{l}}{96\,\%} = \mathbf{0.73\ Liter}$$

Zusammenfassend: Wenn Sie Konzentrationsangaben PRO VOLUMEN haben, können Sie die Dichte der verwendeten Lösungen ignorieren (also bei mol / l, g / l, aber auch bei Volums-%), nur wenn Sie Angaben PRO MASSE (also g / g, wie in dem Beispiel oben für Schwefelsäure, wo die Konzentration in % w / w gegeben war) benutzen, müssen Sie auf die Dichte der Lösung achten. *Nur wenn Sie von Volums-% auf g / l oder auf mol / l umrechnen wollen, müssen Sie die Dichte wieder berücksichtigen. Dann müssen Sie berechnen, wie viele Gramm oder Mol ein bestimmter Volumsteil des reinen Stoffes hat.*

Wie groß ist die Konzentration in mol / l einer Lösung von Ethanol 96 % (v / v)? (Reiner Alkohol hat eine Dichte von 0.79 kg pro Liter, M_r von Ethanol ist 46.)

In einem Liter 96 % Alkohol befinden sich 960 ml reiner Alkohol, also müssen Sie die 960 ml mit 0.79 multiplizieren, und erhalten 758 g. Daher sind in 96 % Alkohol 758 g / l enthalten – das sind natürlich NICHT 75.8 Gewichtsprozent, weil Gewichtsprozent ja nicht auf die Liter Lösung, sondern auf die Gramm Lösung bezogen werden.

1.0 l . . . . 0.79 kg
1000 ml . . . . 790 g
960 ml . . . . **X** g

$$X = \frac{790\text{ g} \times 960\text{ ml}}{1000\text{ ml}} = \mathbf{758\text{ g}}$$

Die Umrechung in mol / l geht wie gewohnt. Wir erhalten als Ergebnis **16.6 mol / l.**

1 mol . . . . 46 g
X . . . . .758 g

$$X = \frac{758\text{ g} \times 1\text{ mol}}{46\text{ g}} = \mathbf{16.6\text{ mol}}$$

Sie finden diese Überlegungen ziemlich umständlich und verwirrend? Dann machen Sie doch bitte Ihren Einfluss *(ja, den haben Sie!)* geltend, dass man endlich ALLE Konzentrationen nur mehr in mol / l und in g / l angibt! Das würde nachfolgenden Generationen einiges an Mühe ersparen. Wir sind ja auch heute unseren Ur-Ur-Urgroßeltern zu Dank verpflichtet, dass diese die gewohnten Ellen und Klafter und Scheffel gegen das einfachere metrische System getauscht haben! Wenn Sie es nicht glauben, lassen Sie sich von erfahrenen USA-Reisenden berichten wie verwirrend „unlogische“ Größen- und Mengenangaben sein können, die nicht auf Zehnerpotenzen einiger weniger Grundgrößen beruhen. So haben z.B. Probleme in der Unterscheidung von Land- und Seemeilen in der Raumfahrt schon zu äußerst fatalen Fehlern geführt.

Übungen zu Kapitel 7

70. Wie groß ist die Dichte einer wässrigen Rohrzucker-Lösung (Saccharose-Lösung) der Konzentration 1 mol / l, wenn bei 20 °C 30 ml dieser Lösung 34 g wiegen?

1.133 g / ml

71. Eine wässrige Lösung von Cäsiumchlorid hat eine Dichte $\rho = 1.70$. Welches Volumen haben 102 g dieser Lösung?

60 ml

72. 96 % H_2SO_4 (1 l = 1.84 kg) soll mit Wasser verdünnt werden, um 5.0 Liter einer Lösung der Konzentration 0.50 mol / l zu erhalten. Wie viel Schwefelsäure braucht man?

139 ml

73. Sie benötigen 100 ml einer 50 % Ethanol-Lösung (v / v). Wie viel von einer 90 % Ethanol-Lösung müssen Sie verdünnen?

56 ml

74. 36 % Salzsäure (1 l = 1.18 kg, M_r = 36.5) soll mit Wasser verdünnt werden, um 2.0 Liter einer Lösung der Konzentration 0.10 mol / l zu erhalten. Wie viel von der Salzsäure müssen Sie verdünnen?

17 ml

75. Sie wollen 90 ml einer 70 % Ethanol-Lösung (v / v). Wie viel von einer 90 % Ethanol-Lösung müssen Sie verdünnen?

70 ml

76. Berechnen Sie die Konzentration in mol / l einer 96 % H_2SO_4.

c = 18 mol / l

77. Berechnen Sie die Konzentration in mol / l einer Lösung von 70 % Ethanol (v / v).

c = 12 mol / l

8 TITRATIONEN

Titrieren heißt, man gibt zu einem Stoff abgemessene Mengen eines Reagens, welches mit diesem reagiert und versucht herauszufinden, wann die gesamte Stoffmenge reagiert hat. *Wie weiß man, wann es soweit ist? Da gibt es verschiedene Möglichkeiten. Im einfachsten Fall lässt man eine Säure mit einer Base reagieren und kontrolliert dabei ständig, ob die Lösung sauer oder basisch reagiert.* Stellt man jetzt fest, welche Menge an Reagens notwendig war, kann man zurückrechnen, wie viel Stoff vorhanden war.

Grundsätzlich vergleicht man bei der Titration Mengen, die miteinander reagieren. Wenn Sie z.B. Salzsäure mit Natronlauge neutralisieren, so reagiert ein Molekül Salzsäure mit einem Molekül Natronlauge, daher also auch 1 mol Salzsäure mit 1 mol Natronlauge.

$$HCl + NaOH \rightleftharpoons Na^+ + Cl^- + H_2O$$

Stellen wir fest, dass in einem bestimmten Fall nur z.B. 0.32 mol Natronlauge notwendig waren, so waren eben auch nur 0.32 mol Salzsäure vorhanden.

Direkt die verbrauchte Menge Natronlauge zu bestimmen funktioniert aber schlecht. In der Praxis hat man eine Lösung mit genau bekannter Konzentration (c_1), die man langsam zutropft. Danach bestimmt man das erforderliche Volumen (v_1) dieser Lösung, welches gerade ausreicht um vollständig mit einem bekannten Volumen (v_2) einer Lösung des gesuchten Stoffes (unbekannter Konzentration c_2) zu reagieren. Weiß man aber Konzentration und Volumen, so kann man natürlich sofort die Menge berechnen:

$$m_1 = c_1 \times v_1 \qquad \text{und} \qquad m_2 = c_2 \times v_2$$

Wenn aber die Mengen in einem bestimmten Verhältnis (z.B. 1 Mol mit 1 Mol) reagieren, kann man sie gleichsetzen und erhält:

$$m_1 = m_2 \qquad \text{und daher} \qquad c_1 \times v_1 = m_1 = m_2 = c_2 \times v_2$$

$$\boldsymbol{c_1 \times v_1 = c_2 \times v_2}$$

Wir können also die Konzentration und das Volumen der Natronlauge einsetzen (c_1 und v_1), ebenso das Volumen der unbekannten Lösung (Salzsäure = v_2) und daraus deren Konzentration (**c_2**) berechnen.

Das ist aber eine Gleichung, die genau so aussieht, wie unsere Verdünnungs-Gleichung aus Kapitel 6. Nur dass diesmal die Indices 1 und 2 verschiedene Lösungen mit unterschiedlichen Stoffen bezeichnen! *ACHTUNG: hier gilt die Gleichung nur für mol und mol / l. Auch wenn Sie alle Angaben in z.B. g und g / l haben, MÜSSEN Sie unbedingt alles auf mol und mol / l umrechnen! Es reagieren zwar gleiche Mengen HCl und NaOH miteinander, aber nicht gleiche Massen in g!*

$$H_2SO_4 + 2\,NaOH \rightleftharpoons 2\,Na^+ + SO_4^{2-} + 2\,H_2O$$

Hier haben wir ein Problem: es reagiert nicht ein Molekül mit einem, sondern ein Molekül Schwefelsäure mit zwei Molekülen Natronlauge. Wir müssen also den Faktor 2 zusätzlich in unserer Gleichung unterbringen.

Frage (Antworten siehe ein Stück weiter unten): auf welcher Seite der Gleichung ist der Faktor 2 hinzuzufügen, dort wo die Schwefelsäure steht, oder dort wo die Natronlauge steht? Vier Möglichkeiten zum Überlegen:

a) Die Schwefelsäure ist die stärkere, sie dissoziiert 2 H^+ ab, daher muss ich den Faktor 2 auf die Seite der Schwefelsäure schreiben.

b) Eben weil die Schwefelsäure stärker ist, muss ich den Faktor 2 auf die Seite der Natronlauge schreiben, damit wieder eine Gleichung daraus wird.

c) In der Reaktionsgleichung steht der Koeffizient 2 auf der Seite der Natronlauge, also muss ich auch in der Rechnung den Faktor 2 auf diese Seite schreiben.

d) Eben weil doppelt so viel Natronlauge mit der Schwefelsäure reagiert, muss ich den Faktor 2 auf die Seite der Schwefelsäure schreiben, damit wieder eine Gleichung daraus wird.

Auflösung die richtigen Antworten sind a) und d). Warum?

Man kann es sich am Besten so überlegen: ½ mol Schwefelsäure bewirkt soviel wie 1 mol Salzsäure, und das ist das Äquivalent zu 1 mol Natronlauge. Wenn ich also den Faktor 2 auf die Seite der Schwefelsäure stelle, balanciere ich die Gleichung wieder aus. *Der Faktor 2 stärkt nicht die Seite auf der er steht, sondern er schwächt sie, da er bewirkt dass nur noch HALB SO VIEL Schwefelsäure nötig ist, um ins Gleichgewicht zu gelangen.*

$$2 \times (\tfrac{1}{2}\,\text{mol}_{\,\text{Schwefelsäure}}) = 1\,\text{mol}_{\,\text{Natronlauge}}$$

Grundsätzlich gilt die Regel: **die Anzahl an H^+, die ein Stoff abgibt oder aufnimmt** *(bei Redox-Titrationen die Anzahl der Elektronen)* **tritt auf DESSEN SEITE als Faktor in der Titrations-Gleichung auf.** *Also in unserem Beispiel 2 für die Schwefelsäure, 1 für die Natronlauge. Also steht der größere Faktor auf der Seite des „Stärkeren"!* Das bedeutet: die Koeffizienten, die in der chemischen Gleichung stehen, werden in der mathematischen Berechnung auf die ANDERE Seite geschrieben. *„2" steht in der chemischen Gleichung bei der NaOH, in der mathematischen Gleichung auf der Seite der H_2SO_4.*

$$\underbrace{2 \times c_1 \times V_1}_{\text{Schwefelsäure}} = \underbrace{c_2 \times V_2}_{\text{Natronlauge}}$$

Bei der Titration von 10 ml Salzsäure unbekannter Konzentration werden 18 ml NaOH (c = 0.20 mol / l) verbraucht. Wie groß ist daher die Konzentration der Säure?

Elementar. Wir brauchen nur einzusetzen, „2“ ist der Index der Salzsäure, „1“ der Index der Natronlauge.

Auch hier ist es besser, zuerst die Zahlen einzusetzen, und dann nach der verbleibenden Unbekannten umzuformen.

$$c_1 \times v_1 = c_2 \times v_1$$

$$0.20 \text{ mol/l} \times 18 \text{ ml} = c_2 \times 10 \text{ ml}$$

$$c_2 = \frac{0.20 \text{ mol/l} \times 18 \text{ ml}}{10 \text{ ml}}$$

$$\mathbf{c_2 = 0.36 \text{ mol/l}}$$

Wie viele ml HCl (c = 0.10 mol / l) benötigt man zur Neutralisation von 60 mg NaOH?

Hie und da kommt es vor, dass man direkt eine Menge titriert, z.B. einen eingewogenen Feststoff. Wir können trotzdem wieder unsere Gleichung verwenden, allerdings in der ursprünglichen Form unter Einbeziehung der Mengen *(nehmen wir wie vorher die Salzsäure als 2, die Natronlauge als 1)*, und suchen wir die Teile heraus, die wir brauchen:

$$c_1 \times v_1 = \mathbf{m_1} = m_2 = \mathbf{c_2 \times v_2}$$

$$c_2 \times v_2 = m_1$$

$$v_2 = \frac{m_1}{c_2} = \ldots$$

Aufpassen: wir dürfen keine Massen (also g oder mg) einsetzen, sondern nur Mengen. Also müssen wir unsere 60 mg NaOH in Mol umrechnen!

Na = 23 O = 16 H = 1

$M_r = 40$

40 g . . . . 1 mol

60×10^{-3} g . . . . **X**

$$X = \frac{60 \times 10^{-3} \text{ g} \times 1 \text{ mol}}{40 \text{ g}}$$

$$\mathbf{X = 1.5 \times 10^{-3} \text{ mol}}$$

Jetzt können wir in die Titrationsgleichung von oben einsetzen:

$$v_2 = \frac{m_1}{c_2} = \frac{1.5 \times 10^{-3} \text{ mol}}{0.10 \text{ mol/l}}$$

$$v_2 = \frac{m_1}{c_2} = \frac{1.5 \times 10^{-3}\ \cancel{mol}}{0.10\ \cancel{mol}\ /\ l} = \frac{15 \times 10^{-3}}{l^{-1}}$$

Wir brauchen 15 ml Salzsäure.

$$\mathbf{v_2} = 15 \times 10^{-3}\ l = \mathbf{15\ ml}$$

Jetzt noch ein Beispiel für eine Gleichung mit verschiedenen Koeffizienten (gleich ein ganz komplizierter Fall):

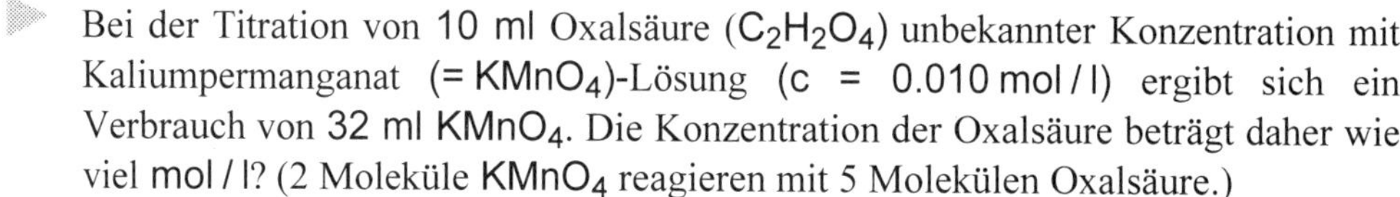

Bei der Titration von 10 ml Oxalsäure ($C_2H_2O_4$) unbekannter Konzentration mit Kaliumpermanganat (= $KMnO_4$)-Lösung (c = 0.010 mol / l) ergibt sich ein Verbrauch von 32 ml $KMnO_4$. Die Konzentration der Oxalsäure beträgt daher wie viel mol / l? (2 Moleküle $KMnO_4$ reagieren mit 5 Molekülen Oxalsäure.)

Wir wissen also, dass die Reaktionsgleichung etwa lauten müsste:

$$2\ KMnO_4 + 5\ \text{Oxalsäure} = \ldots$$

Was genau daraus wird, muss uns hier nicht interessieren. Die korrekte Gleichung wäre:

$$2\ KMnO_4 + 6\ H^+ + 5\ C_2H_2O_4 \rightleftharpoons 2\ Mn^{2+} + 2\ K^+ + 10\ CO_2 + 8\ H_2O$$

Man könnte auch sehen, dass jedes $KMnO_4$ 5 Elektronen abgibt, jedes Oxalsäure-Molekül 2 Elektronen aufnimmt.

Wir setzen also unsere Gleichung an: $KMnO_4$ ist „1", Oxalsäure ist „2". *Kontrolle: $KMnO_4$ ist das stärkere, hat daher auch den höheren Faktor auf seiner Seite.*

$$5 \times c_1 \times v_1 = 2 \times c_2 \times v_2$$

Nicht vergessen, wenn wir ALLE Konzentrationen in mol / l haben und ALLE Volumina in ml, brauchen wir nichts umzurechnen.

Das erkennt man auch, wenn man die Einheiten in die Gleichung aufnimmt, es kürzen sich alle Einheiten, bis auf die, in der wir am Ende unser Resultat angeben.

$$5 \times 0.010\ mol\ /\ l \times 32\ ml = 2 \times c_2 \times 10\ ml$$

$$c_2 = \frac{5 \times 0.010\ mol\ /\ l \times 32\ ml}{2 \times 10\ ml}$$

$$c_2 = \frac{5 \times 0.010 \times 32 \times mol\ /\ l \times \cancel{ml}}{2 \times 10 \times \cancel{ml}}$$

Unser Ergebnis hat daher automatisch die selbe Einheit wie die Konzentration der $KMnO_4$-Lösung, nämlich mol / l:

$$c_2 = \mathbf{0.080\ mol\ /\ l}$$

Übungen zu Kapitel 8

80. Bei der Titration von 10 ml Salpetersäure unbekannter Konzentration werden 24 ml NaOH (c = 0.20 mol / l) verbraucht. Die Konzentration der Säure ist daher?

    c = 0.48 mol / l

81. Für die Titration von 5.0 ml Schwefelsäure (H_2SO_4) werden 22 ml NaOH (c = 0.20 mol / l) verbraucht. Welche Konzentration besitzt die Schwefelsäure?

    c = 0.44 mol / l

82. Wie viel mg NaOH sind zur Neutralisation von 25 ml HCl (c = 0.20 mol / l) nötig?

    200 mg

83. Wie viele ml NaOH (c = 0.50 mol / l) sind zur Neutralisation von 25 ml einer Salzsäure (c = 0.20 mol / l) nötig?

    10 ml

84. Wie viele Liter HCl (0.10 mol / l) benötigt man zur Neutralisation von 2.0 g NaOH (M_r NaOH = 40)?

    0.5 l

85. Wie viele ml NaOH (c = 0.50 mol / l) benötigt man zur Neutralisation von 50 ml H_2SO_4 (c = 0.10 mol / l)?

    20 ml

86. Bei der Titration von 10 ml einer Ca^{2+}-Lösung unbekannter Konzentration werden genau 16 ml EDTA der Konzentration c = 0.050 mol / l verbraucht. Wie groß ist die Konzentration an Ca^{2+}-Ionen in der Lösung?

    $$Ca^{2+} + EDTA \rightleftharpoons Ca^{2+}\text{-}EDTA$$

    c = 0.080 mol / l

87. Zur Bestimmung von Cl^--Ionen werden 0.20 ml Harn mit $Hg(NO_3)_2$-Lösung (c = 0.0050 mol / l) titriert und davon 4.2 ml verbraucht. Wie groß ist die Konzentration der Cl^--Ionen? ($Hg^{2+} + 2\,Cl^- \rightleftharpoons HgCl_2$)

    c = 0.21 mol / l

88. Wie viele ml einer $KMnO_4$-Lösung (c = 0.050 mol / l) werden zur vollständigen Oxidation von 10 ml Oxalsäurelösung (c = 0.10 mol / l) benötigt? (2 Moleküle $KMnO_4$ reagieren mit 5 Molekülen Oxalsäure.)

    8 ml

89. Bei der Titration von 15 ml einer 2-protonigen starken Säure werden 12 ml NaOH (c = 0.10 mol / l) verbraucht. Wie groß ist die Konzentration der Säure?

    c = 0.040 mol / l

VI Potenzen, Teil 2

Wir haben im Kapitel I einige Rechenregeln für Potenzen kennengelernt:

Multiplikation	$a \times 10^b$	$\times$	$c \times 10^d$	$=$	$a \times c$	$\times$	10^{b+d}
Division	$a \times 10^b$	$:$	$c \times 10^d$	$=$	a / c	$\times$	10^{b-d}
Addition	$a \times 10^b$	$+$	$c \times 10^b$	$=$	$(a + c)$	$\times$	10^b
Subtraktion	$a \times 10^b$	$-$	$c \times 10^b$	$=$	$(a - c)$	$\times$	10^b

Im Grunde ist alles sehr einfach, mit den Zahlenfolgen wird die entsprechende Rechenoperation durchgeführt, mit den Hochzahlen der Zehnerpotenz die entsprechende nächstniedrigere Rechenoperation. Wenn wir daher von einer Zahl in der Exponentialschreibweise das Quadrat (oder die dritte Potenz) bilden wollen, müssen wir eben die Zahlenfolge hoch 2 (oder hoch 3) rechnen, und die Hochzahl mit 2 (oder 3) multiplizieren:

$(5 \times 10^4)^2 = 5^2 \times 10^{2 \times 4} = 25 \times 10^8$ $\qquad$ $(5 \times 10^4)^3 = 5^3 \times 10^{3 \times 4} = 125 \times 10^{12}$

allgemein: $(a \times 10^b)^c = a^c \times 10^{c \times b}$

Um eine Wurzel zu ziehen, verfährt man analog. Also von der Zahlenfolge die Wurzel ziehen und die Hochzahl entsprechend dividieren:

$$\sqrt[c]{a \times 10^b} = \sqrt[c]{a} \times 10^{b/c}$$

daher:

$$\sqrt[2]{5 \times 10^4} = \sqrt[2]{5} \times 10^{4/2} = 2.24 \times 10^2$$

$$\sqrt[3]{5 \times 10^6} = \sqrt[3]{5} \times 10^{6/3} = 1.71 \times 10^2$$

oder:

$$\sqrt[2]{4 \times 10^5} = \sqrt[2]{4} \times 10^{5/2} = 2.00 \times 10^{2.5}$$

$$\sqrt[3]{8 \times 10^4} = \sqrt[3]{8} \times 10^{4/3} = 2.00 \times 10^{1.33}$$

In den letzten Zeilen haben wir ein Problem: wer kann schon mit Zahlen wie $10^{2.5}$ oder $10^{1.33}$ etwas anfangen (obwohl sie mathematisch korrekt sind!). Offensichtlich ist es viel günstiger, wenn die Hochzahl vor dem Ziehen der Wurzel ein ganzzahliges Vielfaches des Wurzelexponenten darstellt (also 2, 4, 6, −2, −4, −6 usw. bei einer Quadratwurzel). Das können wir aber leicht erreichen, wissen wir doch (aus Kapitel I), dass wir die Hochzahl beliebig variieren können. Also:

$$\sqrt[2]{4 \times 10^5} = \sqrt[2]{40 \times 10^4} = \sqrt[2]{40} \times 10^{4/2} = 6.32 \times 10^2$$

$$\sqrt[3]{8 \times 10^4} = \sqrt[3]{80 \times 10^3} = \sqrt[3]{80} \times 10^{3/3} = 4.31 \times 10 = 43.1$$

Das sieht schon sehr viel vernünftiger aus. *(Nochmals: die andere Darstellung ist rein mathematisch richtig,* $2 \times 10^{2.5}$ *ist wirklich soviel wie* 6.32×10^2*, aber das erkennt man ohne Taschenrechner nicht.)*

In der Folge finden Sie noch ein paar sehr einfache Rechenübungen. (Bitte ohne Taschenrechner lösen, zur Sicherheit können Sie ja alles mit Ihrem Rechner nachkontrollieren um zu sehen, ob der das auch kann – technisch / wissenschaftliche Rechner können selbsttätig beim Wurzelziehen die Hochzahlen entsprechend umwandeln.) *Die Ergebnisse finden Sie auf der nächsten Seite.*

Übung VI

a) Quadrieren sie die folgenden Zahlen:

7×10^5 ____________

5×10^{-5} ____________

2×10^{-9} ____________

b) Bestimmen Sie die Quadratwurzel:

4×10^{-12} ____________

3.6×10^{11} ____________

3.6×10^{-11} ____________

1.6×10^{-9} ____________

c) Bestimmen Sie die Kubikwurzel:

0.27×10^{-7} ____________

Ergebnisse aus diesem Abschnitt

Übung **VIa**	49×10^{10} oder 4.9×10^{11}	
	25×10^{-10} oder 2.5×10^{-9}	
	4×10^{-18}	
Übung **VIb**	2×10^{-6}	
	(aus 36×10^{10})	6×10^{5}
	(aus 36×10^{-12})	6×10^{-6}
	(aus 16×10^{-10})	4×10^{-5}
Übung **VIc**	(aus 27×10^{-9})	3×10^{-3}

9 Rechnungen zum Massenwirkungsgesetz

Alle chemischen Reaktionen sind **Gleichgewichtsreaktionen**. Wenn also A und B miteinander reagieren und C dabei entsteht, so könnte genauso C in A und B zerfallen. Lässt man also C eine Weile stehen, so beginnen sich A und B zu bilden; lässt man es lange genug stehen, so kommt die Reaktion zum Stillstand; A und B werden nicht weiter mehr, und C wird auch nicht weiter weniger. Die Reaktion hat Ihr Gleichgewicht erreicht. Genau dasselbe Gleichgewicht wäre auch entstanden, wenn wir A mit B vermischt hätten, dann wäre mit der Zeit mehr und mehr C entstanden, so lange bis wieder genau dieses Gleichgewicht erreicht worden wäre. Und man kann aus den im Gleichgewicht vorhandenen Stoffen nicht mehr erkennen, von welcher Seite man begonnen hat.

$$A + B \rightleftharpoons C$$

Wie rasch sich das Gleichgewicht einstellt, ist von Reaktion zu Reaktion verschieden. Und ebenso die Mengenverhältnisse im Gleichgewicht. Grundsätzlich könnten im Gleichgewicht gleiche Mengen von A, B und C vorliegen – oder es steht vielleicht nur je ein Molekül A und B mit einem Meer von C im Gleichgewicht *(die Reaktion wäre dann „beinahe vollständig", aber eben nur beinahe).*

Was passiert, wenn man im Gleichgewicht weiteres A zusetzt? Dann reagiert dieses mit etwas B wieder zu C, solange bis das Gleichgewicht wieder stimmt. Und dieses Gleichgewicht wird festgelegt durch das Verhältnis der Konzentration (in mol / l) der Stoffe auf der einen Gleichungsseite zur Konzentration der Stoffe auf der anderen Gleichungsseite. Hat man auf einer Seite mehrere Stoffe, so muss man deren Konzentrationen miteinander multiplizieren. In unserem Beispiel steht also das Produkt der Konzentrationen (mol / l) von A und B in einem konstanten Verhältnis (= K) zu der Konzentration von C.

$$K = \frac{[C]}{[A] \times [B]}$$

Diese Gesetzmäßigkeit heißt **Massenwirkungsgesetz**. Man kann es natürlich auf jede beliebige Reaktion anwenden, also auch wenn mehr als nur drei Stoffe im Gleichgewicht stehen. Die Regeln dafür sind einfach: Man definiert eine **Gleichgewichtskonstante** K, welche durch die Gleichgewichtskonzentrationen der an der Reaktion beteiligten Stoffe definiert ist. Alle **Endprodukte** *(stehen in der Reaktionsgleichung rechts)* kommen in den Zähler und werden dort miteinander multipliziert, alle **Ausgangsstoffe** *(in der Reaktionsgleichung links)* kommen in den Nenner. Reagieren von einem Stoff mehrere Moleküle, so muss man diesen Stoff auch entsprechend mehrfach anschreiben *(das führt dazu, dass die Koeffizienten der Gleichung zu Hochzahlen im Massenwirkungsgesetz werden).*

$$A + B \rightleftharpoons C + D + E \quad \text{wird zu} \quad K = \frac{[C] \times [D] \times [E]}{[A] \times [B]}$$

$$A + 3\,B \rightleftharpoons C + 2\,D + E \quad \text{wird zu} \quad K = \frac{[C] \times [D] \times [D] \times [E]}{[A] \times [B] \times [B] \times [B]} = \frac{[C] \times [D]^2 \times [E]}{[A] \times [B]^3}$$

Die Ausdrücke in eckigen Klammern bedeuten immer die Konzentration des betreffenden Stoffes in mol / l. *Da es sich bei allen Reaktionen um Gleichgewichte handelt und es gleichgültig ist, von welchen Ausgangsstoffen aus (A + B oder C + D + E) dieses Gleichgewicht erhalten wurde, ist die Einteilung in Ausgangsstoffe und Endprodukte willkürlich. Um das Massenwirkungsgesetz einer Reaktion anschreiben zu können, muss also immer die Reaktionsgleichung mit angegeben werden. Prinzipiell kann man die Reaktion auch umgekehrt anschreiben, dann bekommt man den Kehrwert der ursprünglichen Konstante als neues K´, also gilt* $1 / K = K'$.

Bei allen folgenden Übungsbeispielen dreht es sich nur darum, das Massenwirkungsgesetz richtig anzuschreiben und dann entweder K oder die Konzentration eines Reaktionspartners zu berechnen.

Die Reaktion $2\,A + B \rightleftharpoons 2\,C$ befindet sich im Gleichgewicht. Wie groß ist die Massenwirkungskonstante dieser Reaktion, wenn die Gleichgewichtskonzentration für A = 0.5 mol / l, B = 4 mol / l, C = 2 mol / l beträgt?

Es geht ganz leicht. Zuerst muss man die Gleichung nach dem Massenwirkungsgesetz anschreiben, ...

$$K = \frac{[C]^2}{[A]^2 \times [B]}$$

... dann einsetzen ...

$$K = \frac{2^2}{0.5^2 \times 4}$$

... und ausrechnen.

$$\mathbf{K} = \frac{4}{0.25 \times 4} = \mathbf{4}$$

Konsequenterweise müsste man die Einheiten auch aufschreiben, man bekäme $(mol/l)^2 / (mol/l)^3$ *und als Ergebnis 4 l/mol. Es ist aber üblich, die Massenwirkungskonstante als unbenannte Zahl zu schreiben und die zugehörigen Einheiten wegzulassen. Daher verzichten wir auch beim Einsetzen der Konzentrationen sofort auf die Einheit – VORAUSGESETZT, dass alle Konzentrationen in mol / l angegeben sind.*

Die Reaktion $2A + 2B \rightleftharpoons 2C + D$ befindet sich im Gleichgewicht. Die Massenwirkungskonstante $K = 4$. Die Reaktionsteilnehmer liegen in folgenden Konzentrationen vor: A = 0.5 mol / l, B = 2 mol / l, D = 1 mol / l. Wie groß ist die Gleichgewichtskonzentration von C?

Immer noch leicht. Zuerst wieder das Massenwirkungsgesetz aufschreiben, ...

$$K = \frac{[C]^2 \times [D]}{[A]^2 \times [B]^2}$$

... dann einsetzen, ...

... umformen nach der Unbekannten (C) ...

$$4 = \frac{[C]^2 \times 1}{0.5^2 \times 2^2}$$

... und ausrechnen. *Da alle Angaben in mol / l sind, muss auch unser Ergebnis diese Einheit haben.*

$$[C]^2 = \frac{4 \times 0.5^2 \times 2^2}{1} = 4$$

$$\mathbf{[C]} = \sqrt{4} = \mathbf{2\ mol / l}$$

Übungen zu Kapitel 9

90. Die Reaktion $2A \rightleftharpoons B$ befindet sich im Gleichgewicht. Wie groß ist die Massenwirkungskonstante dieser Reaktion, wenn die Gleichgewichtskonzentration für A = 0.5 mol / l und für B = 1 mol / l beträgt?

K = 4

91. Bei einer Reaktion $A + B \rightleftharpoons 2C + D$ liegen im Gleichgewicht alle Komponenten mit einer Konzentration von c = 1 mol / l vor. Die Massenwirkungskonstante ist daher?

K = 1

92. Die Reaktion $A + B \rightleftharpoons 2C$ hat eine Massenwirkungskonstante K = 5. Im Reaktionsgleichgewicht ist die Konzentration von A = 1 mol / l und von B = 0.2 mol / l. Wie groß ist dann die Gleichgewichtskonzentration von C in mol / l?

c = 1 mol / l

93. Die Reaktion $2A + B \rightleftharpoons 3C$ befindet sich im Gleichgewicht. Die dabei beobachteten Gleichgewichtskonzentrationen sind für A = 1 mol / l, für B = 0.2 mol / l und die Massenwirkungskonstante K = 40. Wie groß muss daher die Konzentration von C sein?

2 mol / l

94. Die Reaktion $A + B \rightleftharpoons C + D$ befindet sich im Gleichgewicht. Die Reaktionsteilnehmer liegen in folgender Konzentration vor: A = 0.25 mol / l, B = 0.1 mol / l, C = 0.75 mol / l, D = 0.3 mol / l. Welchen Wert hat daher die Gleichgewichtskonstante der Reaktion?

K = 9

Überlegen Sie: liegt das Gleichgewicht der Reaktion daher auf der Seite der Ausgangsprodukte oder der Endprodukte?

Endprodukte

95. Die chemische Reaktion $A + B \rightleftharpoons C + 2D$ befindet sich im Gleichgewicht. Die Reaktionsteilnehmer liegen in folgenden Konzentrationen vor: B = 0.1 mol / l, C = 4.5 mol / l, D = 0.3 mol / l. Welche Konzentration hat A, wenn die Gleichgewichtskonstante K = 9 ist?

A = 0.45 mol / l

10 DAS LÖSLICHKEITSPRODUKT

Wir geben etwas Salz in Wasser, rühren um und warten *(dazwischen rühren wir immer wieder um)*. Nach einiger Zeit hat sich ein Gleichgewicht eingestellt: ein Teil des Salzes liegt ungelöst am Boden des Gefäßes, der andere Teil hat sich gelöst und ist dabei in seine Ionen zerfallen. Im einfachsten Fall dissoziiert das Salz (AB) in die Ionen (A^+ und B^-). Man kann auf diese Reaktion das Massenwirkungsgesetz anwenden, und die Konstante als K_L (= **Löslichkeitsprodukt**) bezeichnen, wobei allerdings die Konzentration des undissoziierten Salzes (AB) nicht berücksichtigt wird. *Das undissoziierte Salz ist fest und daher beteiligt es sich nicht an der Gleichgewichtseinstellung, solange nur ETWAS Salz vorliegt. Man könnte auch sagen, dessen wirksame Konzentration ist 1, oder man könnte sagen, der [konstante] Wert für das Salz ist in der Gleichgewichtskonstanten bereits enthalten.*

$$AB \rightleftharpoons A^+ + B^- \quad \text{wird zu} \quad K = \frac{[A^+] \times [B^-]}{[AB]} \quad \text{und zu} \quad K_L = [A^+] \times [B^-]$$

$$AB_3 \rightleftharpoons A^{3+} + 3\,B^- \quad \text{wird zu} \quad K = \frac{[A^{3+}] \times [B^-]^3}{[AB]} \quad \text{und zu} \quad K_L = [A^{3+}] \times [B^-]^3$$

Es gelten daher die gleichen Regeln wie beim Massenwirkungsgesetz: alle Konzentrationen werden in mol / l angegeben, mehrfach auftretende Teilchen erscheinen im Löslichkeitsprodukt mit der entsprechenden Hochzahl, usw. *Die Dissoziation wird IMMER von links nach rechts angenommen, daher braucht man nicht die Reaktionsgleichung der Dissoziation aufschreiben, es genügt, wenn man die Formel des Salzes kennt!*

Das Löslichkeitsprodukt von MeX ist 1.6×10^{-11}. Wie groß ist die Me^+-Konzentration in einer gesättigten Lösung in mmol / l?

Das ist irgendein Salz, Me bedeutet Metall, X das Übrige. In den späteren Übungsrechnungen kommen nur Salze vom Typ AB (oder MeX) vor, Sie brauchen also im Löslichkeitsprodukt KEINE Hochzahlen. Der Grund: wer nicht gerade anorganischer Chemiker ist, wird solche Rechnungen nie wirklich brauchen. Es geht uns nur darum, das Prinzip zu verstehen, und dafür sind die einfachen Beispiele ausreichend. Für ganz Gründliche: am Ende dieses Abschnittes zeigen wir der Vollständigkeit halber eine Rechnung mit einem komplizierten Salz.

Zuallererst das Löslichkeitsprodukt aufschreiben, ...

$$K_L = [Me^+] \times [X^-]$$

... dann einsetzen.

$$1.6 \times 10^{-11} = [Me^+] \times [X^-]$$

Scheinbar bleiben uns zwei Unbekannte. Es ist aber klar, dass GENAU soviel $[Me^+]$ wie $[X^-]$ entstehen muss, daher kann man für $[X^-]$ nochmals $[Me^+]$ einsetzen.

Wie man auch ohne Taschenrechner so eine Wurzel ziehen kann, haben wir gelernt: so umformen, dass die Hochzahl durch 2 teilbar ist.

Da alle Angaben in mol / l sind, muss auch $[Me^+]$ diese Einheit haben.

$$[Me^+] = [X^-]$$

$$1.6 \times 10^{-11} = [Me^+] \times [Me^+] = [Me^+]^2$$

$$[Me^+]^2 = 1.6 \times 10^{-11}$$

$$[Me^+] = \sqrt{16 \times 10^{-12}} = 4 \times 10^{-6}\ \text{mol / l}$$

Vorsicht, das ist noch nicht das Ergebnis. Es sind mmol / l verlangt! *(So etwas zu übersehen ist ein häufiger Fehler bei diesen Rechnungen).*

Also umrechnen. *Das sicherste Verfahren dafür ist, das Ergebnis so umzuformen, dass die der gewünschten Vorsilbe (milli) entsprechende Zehnerpotenz (10^{-3}) vorkommt, dann dafür „milli" einsetzen.* Es geht selbstverständlich auch im Kopf:

$$[Me^+] = 4 \times 10^{-3} \times 10^{-3} \times \text{mol / l}$$

$$\mathbf{[Me^+]} = 4 \times 10^{-3}\ \text{mmol / l} = \mathbf{0.004\ mmol / l}$$

Es ist natürlich klar, dass jeder „bessere" Taschenrechner die Wurzel aus 1.6×10^{-11} direkt ziehen kann. Kontrollieren Sie das Ergebnis ruhig mit dem Rechner – aber vergewissern Sie sich, dass Sie die Rechnung auch selbst beherrschen. Die meisten falschen Ergebnisse kommen durch Tippfehler am Taschenrechner zustande, die nicht auffallen, wenn man dem Rechner blind vertraut.

▶ Die gesättigte Lösung des Bariumsalzes einer zweiprotonigen Säure hat eine Konzentration von c = 0.6 µmol / l. Das Löslichkeitsprodukt des Salzes ist gefragt.

Das kann z.B. Bariumcarbonat ($BaCO_3$) oder Bariumsulfat ($BaSO_4$) sein – gleichgültig, es ist auf jeden Fall der Typ AB, also Ba^{2+} und noch etwas, also sagen wir BaX.

Zuerst wieder das Löslichkeitsprodukt aufschreiben ...

$$K_L = [Ba^{2+}] \times [X^{2-}]$$

... und dann einsetzen. Die Konzentration 0.6 µmol / l bedeutet, dass 0.6 µmol / l Salz in der Lösung sind, also 0.6 µmol / l Ba^{2+} und 0.6 µmol / l X^{2-}. *Wir bleiben natürlich bei unserer Regel, für die Silbe „mikro" sofort die entsprechende Zehnerpotenz einzusetzen, also 10^{-6}.*

$$K_L = 0.6 \times 10^{-6}\ \text{mol/l} \times 0.6 \times 10^{-6}\ \text{mol/l}$$

Und ausrechnen:

$$K_L = 0.6 \times 0.6 \times 10^{-6} \times 10^{-6} \times \text{mol/l} \times \text{mol/l}$$

Wir bekommen als Ergebnis 0.36×10^{-12}. *Eigentlich würde man als Einheit mol^2/l^2 erhalten, doch auch hier gilt dasselbe wie beim Massenwirkungsgesetz: man gibt die Einheiten der Konstanten üblicherweise nicht an.*

$$K_L = 0.36 \times 10^{-12} = \mathbf{3.6 \times 10^{-13}}$$

Es gibt noch eine weitere Variante solcher Rechnungen, nämlich dann, wenn ein Zusatz von „gleichen Ionen" vorliegt. Zum Beispiel ist in einer gesättigten Lösung von Silberchlorid sehr wenig Silber und sehr wenig Chlorid gelöst. Ich kann mir aber eine Lösung bereiten, die zusätzlich noch einen der beiden Komponenten des Salzes in wesentlich höherer Konzentration enthält, z.B. eine Lösung von Salzsäure (HCl) oder Kochsalz (NaCl). In diesem Fall muss trotzdem die Gleichung für das Löslichkeitsprodukt von Silberchlorid erfüllt sein – wir können dann die Konzentration der Chlorid-Ionen als konstant annehmen *(entspricht der Konzentration des Kochsalzes, der Beitrag des Silberchlorids ist viel zu gering, um eine Rolle zu spielen)* und die Silber-Konzentration entsprechend berechnen. *Das klingt zwar kompliziert, ist aber einfacher als die Beispiele oben. Ein ähnliches Prinzip wird in der Praxis verwendet, um Silber aus verdünnten Lösungen (z.B. Fotochemikalien) möglichst vollständig wiederzugewinnen.*

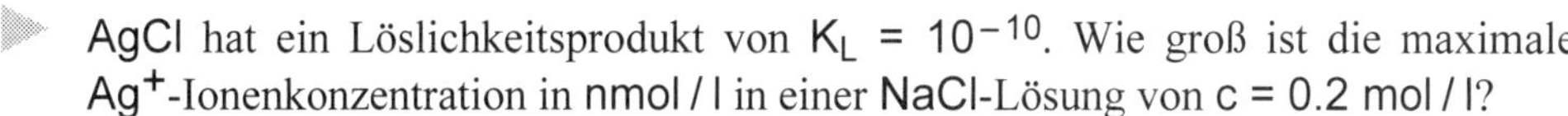

AgCl hat ein Löslichkeitsprodukt von $K_L = 10^{-10}$. Wie groß ist die maximale Ag^+-Ionenkonzentration in nmol / l in einer NaCl-Lösung von c = 0.2 mol / l?

Wie schon gewohnt, zuerst wieder das Löslichkeitsprodukt aufschreiben ...

$$K_L = [Ag^+] \times [Cl^-]$$

... und dann einsetzen. *Für $[Cl^-]$ nimmt man die Konzentration an NaCl.*

$$10^{-10} = [Ag^+] \times 0.2$$

Die Konzentration immer in mol / l einsetzen und beachten, dass als Ergebnis ebenfalls mol / l herauskommt.

$$[Ag^+] = \frac{10^{-10}}{0.2} = 5 \times 10^{-10}\ \text{mol/l}$$

Ist etwas anderes gefragt (wie hier), muss man umrechnen („nano“ bedeutet 10^{-9}).

$[Ag^+] = 0.5 \times 10^{-9}$ mol / l

$[Ag^+]$ = 0.5 nmol / l

Hier ist es zum Vergleich natürlich interessant auszurechnen, wie groß die Silberionen-Konzentration ohne Zusatz von NaCl gewesen wäre. Wenn Sie das tun, kommen Sie auf einen Wert von 10^{-5} mol / l oder 10 000 nmol / l. Der Zusatz von Chlorid-Ionen verringert die Löslichkeit also dramatisch!

Kupferhydroxid $Cu(OH)_2$ hat ein Löslichkeitsprodukt von 1.6×10^{-19}. Wie groß ist die Kupferkonzentration in einer gesättigten Lösung?

Das ist jetzt die vorhin angekündigte Rechnung mit einem komplizierteren Salz – also nur etwas für Neugierige, die alles ganz genau wissen wollen.

Zuerst wieder ganz normal das Löslichkeitsprodukt aufschreiben. Die Konzentration von OH^- wird zum Quadrat genommen.

$$K_L = [Cu^{2+}] \times [OH^-]^2$$

Dann einsetzen ...

$$1.6 \times 10^{-19} = [Cu^{2+}] \times [OH^-]^2$$

Wir setzen wieder die Konzentrationen von Anionen und Kationen gleich, um eine Unbekannte zu eliminieren. Jetzt muss man aber bedenken, dass für jedes Kupfer-Ion zwei OH^--Ionen entstehen. Wir müssen also die Konzentration der Kupfer-Ionen mit zwei multiplizieren, um die Konzentration der OH^--Ionen zu erhalten. *Das ist das erste Problem dabei – wenn man schlampig denkt, schreibt man den Zweier leicht auf die falsche Seite!*

$$2\,[Cu^{2+}] = [OH^-]$$

Wir haben also die zwei OH-Gruppen im Salz DOPPELT zu berücksichtigen, einmal als Hochzahl im Löslichkeitsprodukt, das andere mal bei der Gleichsetzung der Konzentrationen. *Viele wollen das nicht einsehen und vergessen darauf – das ist das zweite Problem.*

Und zu guter Letzt darf man nicht übersehen, dass beim Quadrieren aus 2 $[Cu^{2+}]$ schließlich 4 $[Cu^{2+}]^2$ werden.

$$[OH^-] = 2\,[Cu^{2+}]$$

$$[OH^-]^2 = (2\,[Cu^{2+}])^2 = 4\,[Cu^{2+}]^2$$

Der Rest ist Routine.

$$1.6 \times 10^{-19} = [Cu^{2+}] \times 4\,[Cu^{2+}]^2$$

$$1.6 \times 10^{-19} = 4\,[Cu^{2+}]^3$$

Nicht vergessen, wir ziehen die dritte Wurzel, also die Hochzahl auf einen Wert bringen, der durch drei teilbar ist.

$$[Cu^{2+}]^3 = \frac{1.6 \times 10^{-19}}{4} = 0.4 \times 10^{-19}$$

$$[Cu^{2+}]^3 = 40 \times 10^{-21}$$

$$\mathbf{[Cu^{2+}] = 3.4 \times 10^{-7}\ mol/l}$$

Na ja, sooo schwierig war das auch wieder nicht. Man kann sich aber leicht dabei irren. Wenn man kontrollieren will, ob das Ergebnis auch wirklich stimmt, braucht man nur die gefundenen Konzentrationen in die Formel für das Löslichkeitsprodukt einzusetzen. Aber Achtung, die Konzentration der OH^--Ionen ist (immer noch) doppelt so hoch wie die der Kupfer-Ionen.

Kontrolle:

$$[Cu^{2+}] = 3.4 \times 10^{-7}\ mol/l$$

$$[OH^-] = 6.8 \times 10^{-7}\ mol/l$$

$$K_L = [Cu^{2+}] \times [OH^-]^2$$

$$K_L = 3.4 \times 10^{-7} \times (6.8 \times 10^{-7})^2$$

$$K_L = 3.4 \times 10^{-7} \times 46.2 \times 10^{-14}$$

$$K_L = 157 \times 10^{-21} = 1.57 \times 10^{-19}$$

$$\mathbf{K_L = \sim 1.6 \times 10^{-19}}$$

Übungen zu Kapitel 10

100. Das Löslichkeitsprodukt von $BaSO_4$ ist 1×10^{-10}. Wie groß ist die Ba^{2+}-Ionenkonzentration im gesättigten Überstand in mmol / l?

    0.01 mmol / l

101. Das Löslichkeitsprodukt von PbS ist 1×10^{-28}. Wie groß ist die Pb^{2+}-Ionenkonzentration im gesättigten Überstand in mmol / l?

    1×10^{-11} mmol / l

102. Die gesättigte Lösung eines schwer löslichen Salzes MeX hat eine Konzentration von c = 0.005 mol / l. Wie groß ist das Löslichkeitsprodukt des Salzes?

$K_L = 2.5 \times 10^{-5}$

103. Eine gesättigten Lösung von MeX besitzt die Konzentration c = 0.12 mmol / l. Wie groß ist das Löslichkeitsprodukt?

$K_L = 1.44 \times 10^{-8}$

104. Ein schwer lösliches Salz MeX besitzt ein Löslichkeitsprodukt von $K_L = 10^{-8}$. Wie groß ist die Konzentration von Me^+ in der gesättigten Lösung?

10^{-4} mol / l

105. $PbSO_4$ hat ein Löslichkeitsprodukt von $K_L = 10^{-8}$. Der gesättigten Lösung werden 0.01 mol / l H_2SO_4 zugesetzt. Wie groß ist die Pb^{2+}-Ionenkonzentration nach der Zugabe?

Um welchen Faktor hat sich die Pb^{2+}-Ionenkonzentration gegenüber der Ausgangslösung verändert?

$[Pb^{2+}] =$
$= 10^{-6}$ mol / l

$[Pb^{2+}]$ sinkt um den Faktor 100

106. AgCl hat ein Löslichkeitsprodukt von $K_L = 10^{-10}$. Der gesättigten Lösung werden 0.1 mol / l HCl zugesetzt. Wie groß ist die Ag^+-Ionenkonzentration nach der Zugabe.

Um welchen Faktor hat sich daher die Ag^+-Ionenkonzentration gegenüber der Ausgangslösung verändert?

$[Ag^+] =$
$= 10^{-9}$ mol / l)

$[Ag^+]$ sinkt um den Faktor 10 000

107. Das Salz MeX mit dem $K_L = 10^{-8}$ wird in einer Lösung, die das Salzanion X^- in einer Konzentration c = 0.1 mol / l enthält, gelöst. Wie groß ist die Konzentration an Me^+ in dieser Lösung?

1×10^{-7} mol / l

108. Das Salz MeX mit dem $K_L = 10^{-8}$ wird in einer Lösung, die X^- in einer Konzentration c = 0.2 mol / l enthält, gelöst. Wie groß ist die Konzentration an Me^+ in dieser Lösung?

0.5×10^{-7} mol / l

VII Denken, Teil 1

Es gibt Rechenaufgaben, die man mit genügend mathematischem Aufwand (alles lässt sich in eine einzige Gleichung pressen) ohne weiteres ausrechnen kann, die aber mit etwas Nachdenken wesentlich einfacher zu lösen sind. *Wie viel sind eineinhalb Drittel von Hundert? Das kann man mit einem Taschenrechner auf viele Dezimalstellen genau rechnen, aber es sollte doch viel schneller gehen, wenn man zwei Sekunden nachdenkt ...* Die Aufgaben aus dem nachfolgenden Abschnitt 11 sind Beispiele dafür.

Stellen Sie sich vor, sie haben zwei Flüssigkeiten, die sich miteinander nicht mischen (*wie z.B. Öl und Wasser*) im gleichen Gefäß. Jetzt geben Sie noch einen Stoff dazu, der in beiden Flüssigkeiten – wenn auch verschieden gut – löslich ist. Wenn die beiden Flüssigkeiten miteinander in Berührung stehen, können Moleküle dieses Stoffes von einer Flüssigkeit in die andere übertreten – und auch wieder zurück. Mit der Zeit wird sich ein Gleichgewicht einstellen, ganz analog zu einem chemischen Gleichgewicht, bei dem sich natürlich mehr Moleküle des Stoffes in derjenigen Flüssigkeit befinden, in der er sich lieber löst.

Der **Nernstsche Verteilungssatz** ist eine ganz simple Proportion, die besagt, dass für einen gegebenen Stoff das Konzentrationsverhältnis in zwei verschiedenen, miteinander nicht mischbaren Lösungsmitteln konstant ist, wenn die beiden Lösungen miteinander im Gleichgewicht stehen *(was man durch heftiges Schütteln, das sogenannte „Extrahieren", erreichen kann)*.

$$K = \frac{c_1}{c_2} \quad \text{oder besser} \quad \frac{K}{1} = \frac{c_1}{c_2}$$

Die zweite Schreibweise der Formel sieht zwar unnötig kompliziert aus, aber dafür hat sie jetzt offensichtlich den Charakter einer Proportion angenommen. Und genau das ist der Nernstsche Verteilungssatz: eine einfache Proportion. Wenn wir also angegeben haben, dass sich ein Stoff 15-mal besser in einem Lösungsmittel löst als in einem anderen, dann müssen wir in die linke Seite unserer Proportion eben den Ausdruck 15 / 1 einsetzen (oder 1 / 15, je nachdem welches Lösungsmittel wir mit „1" und welches mit „2" bezeichnen).

Nun will man aber selten die Konzentration wissen, sondern meist die Menge an Stoff, die in einer der beiden Lösungsmittelphasen vorhanden ist. Dann brauchen wir aber auch das Volumen der Lösung, also können wir die Konzentration durch Menge / Volumen ersetzen.

$$\frac{c_1}{c_2} = \frac{m_1 / v_1}{m_2 / v_2} = \frac{m_1}{m_2} \times \frac{v_2}{v_1} \quad \Rightarrow \quad \frac{\mathbf{m_1}}{\mathbf{m_2}} = \frac{\mathbf{c_1}}{\mathbf{c_2}} \times \frac{\mathbf{v_1}}{\mathbf{v_2}}$$

Jetzt wird es kurzzeitig kompliziert – aber keine Sorge: man kann eine Menge Beispiele erfinden, bei denen man mit verschiedenen Konzentrationsverhältnissen und verschiedenen Volumina die eine oder andere Menge ausrechnen soll, und dann muss man eben in die oben angegebene Formel einsetzen. So etwas braucht man aber selten, meist rechnet man mit gleichen Volumina der beiden Lösungsmittel. Wir haben auch einige Beispiele, bei denen die Gleichgewichts-Konzentrationen gleich sind – das ist zwar unüblich, aber es hilft, das Prinzip des Verteilungsgleichgewichtes besser zu verstehen. *Wieder haben wir den Fall, dass Sie hier eine Rechnung durchführen, die Ihnen im späteren Leben wahrscheinlich nie wieder begegnen wird. Der Grund, warum Sie solche Übungsaufgaben trotzdem lösen sollen, ist, das Prinzip der Nernstschen Verteilung verstehen zu lernen, und das geht viel besser, wenn man es sich an Hand einer Rechnung durchüberlegt hat. Dafür sind aber auch die einfachsten Beispiele gut genug – nämlich solche, in denen das Konzentrationsverhältnis 1 (genauer 1 / 1) ist und solche, bei denen die Volumina der beteiligten Lösungen gleich sind (also Beispiele, in denen das Verhältnis der Volumina 1 / 1 ist).* In beiden Fällen reduziert sich unser Problem zu einer simplen Aufgabe, die man ohne viel Mathematik, fast mit Kopfrechnen lösen kann.

Betrachten wir den ersten Fall (Konzentrationsverhältnis 1 / 1), dann wird aus unserem Gleichungssystem:

$$\frac{m_1}{m_2} = \frac{c_1}{c_2} \times \frac{v_1}{v_2} = \frac{m_1}{m_2} = \frac{1}{1} \times \frac{v_1}{v_2} \Rightarrow \frac{m_1}{m_2} = \frac{v_1}{v_2}$$

Das heißt, die Mengen verhalten sich wie die Volumina *(klar, wenn die Konzentrationen gleich sind, dann ist im großen Topf entsprechend mehr drin als im kleinen).*

Im zweiten Fall (die Volumina sind gleich) kürzt sich einfach der Volumensteil aus unseren Gleichungen heraus:

$$\frac{m_1}{m_2} = \frac{c_1}{c_2} \times \frac{v_1}{v_2} = \frac{m_1}{m_2} = \frac{c_1}{c_2} \times \frac{1}{1} \Rightarrow \frac{m_1}{m_2} = \frac{c_1}{c_2}$$

Die Mengen verhalten sich also hier, wo die Volumina gleich sind, wie die Konzentrationen. *Wenn die Töpfe gleich groß sind, dann enthält der mit der höheren Konzentration auch entsprechend mehr an Menge.* Es gilt also immer zuerst zu entscheiden, welche Art von Problem vorliegt, der Rest der Berechnung ist dann offenkundig.

11 Rechnungen zur Nernstschen Verteilung

Sie haben eine Mischung von Stoffen in einem Lösungsmittel, z.B. Wasser. Sie wollen einen dieser Stoffe isolieren und wissen, dass dieser sich in z.B. Äther viel besser löst. Also schütten Sie Äther zu Ihrer Lösung und schütteln das Ganze kräftig *(vorher alle Zigaretten ausdämpfen)*. Danach lassen Sie alles eine Weile ruhig stehen, bis sich Äther und Wasser voneinander getrennt haben. Wenn Sie jetzt den Äther vorsichtig abgießen, haben Sie Ihren kostbaren Stoff im Äther und so von den anderen Stoffen getrennt. *Sie werden es nicht glauben, aber so funktioniert es und man macht das auch tatsächlich oft noch so!*

Der Haken dabei ist, dass nicht alles von Ihrem Stoff in der Ätherphase gelandet ist. *Die beiden Lösungsmittel Wasser und Äther werden in diesem Zusammenhang häufig als* ***Phasen*** *bezeichnet.* In der Chemie ist nichts vollkommen, es bleibt also ein wenig von Ihrem Stoff in der wässrigen Phase zurück. Sie können natürlich die abgetrennte wässrige Phase nochmals mit frischem Äther behandeln, um auch diesen Rest noch zu kriegen – oder sie berechnen, ob sich der Aufwand überhaupt lohnt. Und dafür brauchen Sie den Nernstschen Verteilungssatz. Der sagt Ihnen nämlich, wie das Konzentrationsverhältnis zwischen Wasser- und Äther-Phase aussieht, sodass Sie ausrechnen können, wie viel des Stoffes im Wasser zurückgeblieben ist.

$$K = \frac{c_1}{c_2} \quad \text{oder auch} \quad \frac{K}{1} = \frac{c_{Äther}}{c_{Wasser}}$$

Passen Sie bei den Rechnungen auf: Meist wird die Gesamtmenge angegeben, die sich zwischen den beiden Phasen verteilt. Das ist die Summe von Menge 1 und Menge 2. Wäre K zum Beispiel 15, so hätten wir 15 Teile im Lösungsmittel 1 und 1 Teil im Lösungsmittel 2, insgesamt also 16 Teile. Wenn also gefragt wird, wie sich z.B. 3.2 mmol Substanz in den beiden Phasen verteilt, so muss man zuerst bestimmen, wie viel ein Teil ist. *Könnte man mit einer Schlussrechnung lösen: 16 Teile entsprechen 3.2 mmol, also entspricht 1 Teil ... Es sollte aber in diesem Fall offensichtlich sein, dass ein Teil 0.2 mmol ist.*

Oft ist von mehrmaligem **Ausschütteln** die Rede. Das bedeutet, man trennt die beiden Phasen *(= die beiden nicht-mischbaren Lösungsmittel)* und arbeitet die Phase, die WENIGER Substanz enthält, mit einer gleichen Menge des anderen Lösungsmittels (frisches Lösungsmittel, ohne Substanz) nochmals auf. Im obigen Beispiel haben wir also nach der ersten **Extraktion** (= nach dem ersten Ausschütteln) 15 Teile, also 3 mmol in Phase 1 und 1 Teil, das sind 0.2 mmol, in der Phase 2. Wir versetzen jetzt allein die Phase 2 nochmals mit dem gleichen Volumen an Lösungsmittel und schütteln. *Die alte Phase 1 haben wir aufgehoben, im Moment interessiert sie uns nicht.* Dann wird sich der Rest von 0.2 mmol wieder im Verhältnis 15/1 in den beiden Phasen verteilen, also sind 16 neue Teile jetzt 0.2 mmol, in die Phase 2 geht ein Teil davon (= 1 / 16), also 0.0125 mmol, der Rest (0.1875 mmol) ist in der zweiten (neuen) Phase 1. *War das zu kompliziert? Überlegen wir es mit Hilfe der folgenden Tabelle noch einmal:*

Vorher:	Gesamtmenge	16 Teile	3.2 mmol	
1. Extraktion	Phase 1	15 Teile	3.0 mmol	(bleibt)
	Phase 2	1 Teil	0.2 mmol	(für 2. Extraktion)
2. Extraktion	Phase $1_{(neu)}$	15 $\text{Teile}_{(neu)}$	0.1875 mmol	
	Phase 2	1 $\text{Teil}_{(neu)}$	0.0125 mmol	

Wenn wir den Inhalt aller drei Phasen addieren *(also Phase 1 der 1. Extraktion plus Phase 1 der 2. Extraktion plus Phase 2 der 2. Extraktion)*, kommt die ursprüngliche Gesamtmenge von 3.2 mmol heraus *(was beruhigend ist, wir haben keine Materie vernichtet!)*. Natürlich könnten wir jetzt noch in gleicher Weise eine dritte, vierte, fünfte Extraktion anhängen. Wir sehen dann, dass die verbleibende Menge in Phase 2 relativ rasch abnimmt, sie wird aber nie Null erreichen. *Etwas bleibt immer in der Phase 2 übrig, es sei denn, wir schütteln unendlich oft aus – und das wäre dann doch sehr mühsam. Wir sehen daraus, dass man eine hundertprozentige Abtrennung nicht erreichen kann, in der Chemie ist NICHTS hundertprozentig!*

Übrigens, hätten wir uns das zweimalige Extrahieren erspart und gleich mit der doppelten Menge Lösungsmittel 1 gearbeitet, wäre unsere Abtrennung wesentlich schlechter gewesen (etwa 0.1 mmol wären in der Phase 2 verblieben). Der Aufwand der mehrfachen Extraktion lohnt sich also!

40 mg einer Substanz sind in 10 ml Wasser gelöst und werden aus der Wasserphase 3 x mit je 10 ml Äther extrahiert. Die Substanz löst sich 9 x besser in Äther als in Wasser (verteilt sich im Verhältnis 9 : 1; oder der Verteilungskoeffizient VK Äther / Wasser = 9 / 1). Nach dreimaligem Ausschütteln befinden sich wie viele mg Stoff in der Wasserphase?

Wir haben von beiden Phasen immer jeweils 10 ml. Da sich der Stoff im Verhältnis 9 : 1 verteilt, müssen nach unseren bisherigen Überlegungen immer 9 Teile im Äther und 1 Teil im Wasser sein. Wir fangen also insgesamt mit 10 Teilen an.	10 Teile sind 40 mg 1 Teil ist 4 mg
Von diesen 10 Teilen sind nach der 1. Extraktion 9 Teile (36 mg) im Äther und 1 Teil (4 mg) im Wasser.	Äther : 36 mg Wasser : 4 mg

Bei der zweiten Extraktion gehen wir von den 4 mg im Wasser aus. Diese werden mit frischem Äther (= $Äther_2$) wieder ausgeschüttelt. Also ist die $Gesamtmasse_2$ 4 mg, welche sich wieder auf 10 $Teile_2$ aufteilt. Wir haben daher nach der Extraktion 9 $Teile_2$ (3.6 mg) im $Äther_2$ und nur mehr 1 $Teil_2$ (0.4 mg) im Wasser.

10 $Teile_2$	sind	4.0 mg
1 $Teil_2$	ist	0.4 mg

$Äther_2$: 3.6 mg Wasser : 0.4 mg

Bei der dritten Extraktion gehen wir von diesen 0.4 mg im Wasser aus. Wieder wird mit frischem Äther (= $Äther_3$) ausgeschüttelt. Also ist die $Gesamtmasse_3$ 0.4 mg, welche sich abermals auf 10 $Teile_3$ aufteilt. Wir haben nach der $Extraktion_3$ 9 $Teile_3$ (0.36) mg im $Äther_3$, und 1 $Teil_3$ (0.04mg) verbleibt im Wasser.

10 $Teile_3$	sind	0.40 mg
1 $Teil_3$	ist	0.04 mg

$Äther_3$: 0.36 mg Wasser : 0.04 mg

Nach dreimaligem Ausschütteln befinden sich 0.04 mg Stoff in der Wasserphase.

0.04 mg

Man kann natürlich auch andere Fragen stellen:

▶ Wie viele mg des Stoffes (bei ansonsten gleichen Angaben wie zuvor) befinden sich nach dreimaligem Ausschütteln in der Ätherphase?

Vorsicht: es gibt nur eine Wasser-, aber insgesamt 3 Ätherphasen. Hier wird jetzt stillschweigend angenommen, dass alle drei Ätherphasen zusammengeschüttet werden und „die Ätherphase“ ergeben. Wir müssen also zusammenrechnen:

$Äther_1$	36.00 mg
$Äther_2$	3.60 mg
$Äther_3$	0.36 mg
	39.96 mg

▶ Wie viel % des Stoffes aus dem vorigen Beispiel befinden sich nach einmaligem Ausschütteln in der Wasserphase?

Die Gesamtmasse war 40 mg, das sind 100 %, in der Wasserphase waren nach dem ersten Mal 4 mg, also ... *(Schlussrechnung, wer es nicht im Kopf kann!)*

40 mg . . . . 100 %

4 mg . . . . **X**

X = 100% x 4 mg / 40 mg = **10%**

Wie viel % des Stoffes befinden sich nach dreimaligem Ausschütteln in der Ätherphase?

Die Frage könnte auch heißen: wie viel % des Stoffes wurden nach dreimaligem Ausschütteln aus der Wasserphase entfernt?

40.00 mg . . . . 100 %
39.96 mg . . . . **X**

u.s.w. **X = 99.9 %**

Man kann die letzte Frage auch einfacher beantworten: Nach der ersten Extraktion sind 90 % der Substanz im Äther und 10 % im Wasser, nach der nächsten Extraktion sind von den verbleibenden 10 % nur noch 10 % im Wasser (10 % von 10 % sind 1 %), also 99 % im Äther, usw.

	Äther	Wasser
1. Extraktion	90.0 %	10.0 %
2. Extraktion	99.0 %	1.0 %
3. Extraktion	99.9 %	0.1 %
u.s.w.		

Ein Stoff verteilt sich zwischen Phase A und B gleich gut (K = 1 / 1). 15 mg des Stoffes verteilen sich in 20 ml Phase A und in 40 ml Phase B. Nach einmaligem Ausschütteln befinden sich wie viele mg in Phase A bzw. in Phase B?

Das Gegenstück zum letzten Beispiel. Wir haben eine Verteilung von 1 : 1, dafür aber verschiedene Volumina. Jetzt verhalten sich die Massen *(wenn es mmol wären, wären es Mengen, der Unterschied ist aber für diese Rechnung bedeutungslos)* wie die Volumina. Das Verhältnis von 20 / 40 können wir natürlich kürzen.

$$\frac{\text{Volumen A}}{\text{Volumen B}} \quad \frac{20\text{ ml}}{40\text{ ml}} = \frac{1}{2}$$

Also ist ein Teil in Phase A und 2 Teile in Phase B, insgesamt sind das 3 Teile. Diese 3 Teile entsprechen 15 mg, daher ist 1 Teil 5 mg.

1 Teil + 2 Teile = 3 Teile . . .15 mg
1 Teil . . . . . . **X**

X = 5 mg

Das Ergebnis: es befinden sich in Phase A 1 Teil (5 mg) und in Phase B 2 Teile (10 mg).

Phase A : 1 x 5 mg = **5 mg**
Phase B : 2 x 5 mg = **10 mg**

Jetzt wollen wir der Vollständigkeit halber noch einige Beispiele probieren, bei denen Volumen UND *Konzentration verschieden sind.*

> 35 mmol eines Stoffes verteilen sich zwischen zwei miteinander nicht mischbaren Phasen so, dass in der Wasserphase (1 Liter) 10 mmol gelöst sind und in der Chloroformphase (50 ml) 25 mmol gelöst sind. Wie groß ist der Verteilungskoeffizient des Stoffes (Wasser / Chloroform)?

Das ist ein eher ungewöhnliches Beispiel und kommt im „chemischen Leben" selten bis gar nicht vor. Es ist aber relativ interessant und lange nicht so schwierig, wie es aussieht. Wir müssen zuerst die Konzentrationen in den beiden Phasen berechnen, und danach einfach das Verhältnis der beiden Konzentrationen bestimmen.

Wasser: 10 mmol in einem Liter, also 10 mmol / l;

Chloroform: 25 mmol in 50 ml (= 0.05 Liter), daher ist die Konzentration (c = m / v) 500 mmol / l.

Wasser : 10 mmol / l

Chloroform :

$$\frac{25 \text{ mmol}}{50 \text{ ml}} = \frac{25 \text{ mmol}}{0.05 \text{ l}} = 500 \text{ mmol / l}$$

Das Verhältnis ist also 10 / 500, gekürzt 1 / 50, das gibt in Dezimalzahlen 0.02

$$\frac{10 \text{ mmol}}{500 \text{ mmol}} = \frac{10}{500} = \frac{1}{50} = \mathbf{0.02}$$

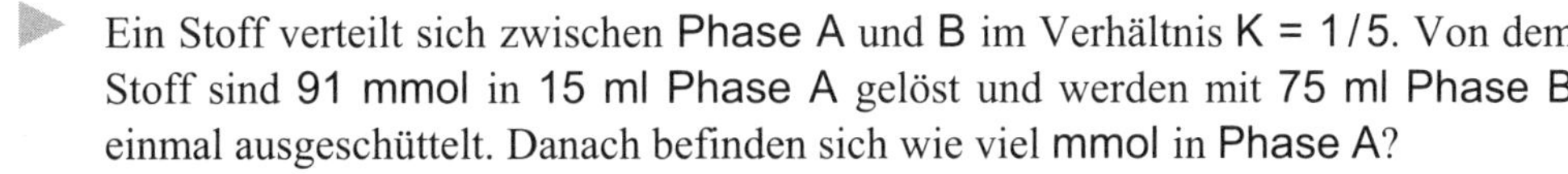

> Ein Stoff verteilt sich zwischen Phase A und B im Verhältnis K = 1 / 5. Von dem Stoff sind 91 mmol in 15 ml Phase A gelöst und werden mit 75 ml Phase B einmal ausgeschüttelt. Danach befinden sich wie viel mmol in Phase A?

Jetzt bleibt uns leider nichts anderes übrig, als auf die Formel von Kapitel VII zurückzugreifen:

$$\frac{m_1}{m_2} = \frac{c_1}{c_2} \times \frac{v_1}{v_2}$$

Das Verhältnis c_1 / c_2 kennen wir aus der Angabe:

$$\frac{m_1}{m_2} = \frac{1}{5} \times \frac{v_1}{v_2}$$

Und jetzt können wir unsere übrigen Angaben einsetzen *(A ist 1, B ist 2)*. Die 91 mmol Ausgangsstoff sind natürlich $m_1 + m_2$.

Also ist das Mengenverhältnis 1 / 25.

$$\frac{m_1}{m_2} = \frac{1}{5} \times \frac{15 \text{ ml}}{75 \text{ ml}}$$

$$\frac{m_1}{m_2} = \frac{15}{375} \times \frac{\not{\text{ml}}}{\not{\text{ml}}} = \frac{1}{25}$$

Wir haben also 1 Teil der Gesamtmenge in A und 25 Teile in B, insgesamt sind es 26 Teile.

Diese 26 Teile entsprechen 91 mmol. Daher ist 1 Teil 3.5 mmol.

In Phase A sind also 3.5 mmol.

26 Teile . . . . 91 mmol
1 Teil . . . . **X**

$$\mathbf{X} = \frac{1 \times 91 \text{ mmol}}{26} = \mathbf{3.5\ mmol}$$

Übungen zu Kapitel 11

110. 9 g eines Stoffes verteilen sich zwischen 10 ml Phase A und 10 ml Phase B im Verhältnis 5 : 1. Nach einmaligem Ausschütteln befinden sich wie viel Gramm des Stoffes in Phase A? — 7.5 g

Und wie viel Gramm des Stoffes befinden sich in Phase B? — 1.5 g

111. 8 g eines Stoffes verteilen sich zwischen 10 ml Phase A und 10 ml Phase B im Verhältnis 3 : 1. Nach zweimaligem Ausschütteln befinden sich wie viel Gramm des Stoffes in Phase A? — 7.5 g

Und wie viel Gramm des Stoffes befinden sich in Phase B? — 0.5 g

112. Der Verteilungskoeffizient eines Medikamentes $c_{(Äther)}$ / $c_{(Wasser)}$ ist 4. Nach zweimaliger Extraktion von 50 ml Harn mit je 50 ml Äther sind noch wie viel % des Medikamentes im Harn enthalten? — 4 %

113. Ein Stoff verteilt sich zwischen Phase A und B gleich gut. 90 mmol des Stoffes sind in 15 ml Phase A gelöst und werden mit 75 ml Phase B einmal ausgeschüttelt. Nach der einmaligen Extraktion befinden sich wie viele mmol in Phase A? — 15 mmol

Und in Phase B? — 75 mmol

114. 36 mg eines Stoffes verteilen sich zwischen der Ätherphase und der Wasserphase im Verhältnis 5 : 1. Wie viel % bzw. mg des Stoffes sind nach zweimaliger Extraktion in der Ätherphase?

97.2 % = 35 mg

Wie viel % bzw. mg sind in der Wasserphase vorhanden?

2.8 % = 1 mg

115. 50 mg einer Substanz verteilen sich gleich gut zwischen 40 ml Äther und 10 ml H_2O. Nach einmaliger Extraktion befinden sich wie viel mg in der Ätherphase?

40 mg

Nach einmaliger Extraktion befinden sich wie viel mg in der Wasserphase?

10 mg

Nach zweimaliger Extraktion befinden sich wie viel mg in der Ätherphase?

48 mg

Nach zweimaliger Extraktion befinden sich wie viel mg in der Wasserphase ?

2 mg

116. 0.06 mmol Iod verteilen sich zwischen 20 ml Wasser und 2 ml Chloroform so, dass im gesamten Wasservolumen 0.01 mmol und im gesamten Chloroform-Volumen 0.05 mmol Iod gelöst sind. Wie groß ist der Verteilungskoeffizient $c_{Wasser} / c_{Chloroform}$?

VK = 0.02

VIII Logarithmen

Wir haben uns ganz am Anfang mit Potenzen beschäftigt und festgestellt, dass man eine Zahl wie z.B. 100 auch als Potenz 10^2 schreiben kann. Für viele Berechnungen ist es praktischer, auf das immer wiederkehrende Anschreiben der kompletten Zehnerpotenz zu verzichten und einfach mit der Hochzahl (dem Exponenten) allein weiterzuarbeiten. Und diese Hochzahl ist der **Logarithmus**.

$$a = 10^{\log a} \quad \text{z. B.} \quad 100 = 10^2 = 10^{\log 100} \quad \text{folgt} \quad \log 100 = 2$$

Man muss gleich wieder einschränken, dass die Gleichungen oben nur für Logarithmen gelten, welche die Basis 10 haben. Das sind die sogenannten ***dekadischen Logarithmen****, abgekürzt* ***log****. Es gibt auch andere Möglichkeiten: natürliche Logarithmen (ln) haben als Basis die Zahl e, man kann Logarithmen auf jeder beliebigen Basis entwickeln, auf 2, 3, 12, auf Ihrem Geburtsdatum usw. Jedem Menschen sein persönlicher Logarithmus. In diesem Buch beschäftigen wir uns aber nur mit dekadischen Logarithmen. Also verwechseln sie auf Ihrem Taschenrechner bitte nicht die Tasten* [log] *und* [ln].

Gestützt auf unsere Kenntnis der Zehnerpotenzen können wir jetzt sofort eine Tabelle von dekadischen Logarithmen zusammenstellen.

$$\begin{aligned} 1\,000\,000 &= 10^6 & \log 1\,000\,000 &= 6 \\ 100\,000 &= 10^5 & \log 100\,000 &= 5 \\ 10\,000 &= 10^4 & \log 10\,000 &= 4 \\ 1000 &= 10^3 & \log 1\,000 &= 3 \\ 100 &= 10^2 & \log 100 &= 2 \\ 10 &= 10^1 & \log 10 &= 1 \end{aligned}$$

Jetzt wird es spannend. Wir erinnern uns, dass JEDE Zahl hoch null eins ist! JEDER Logarithmus von 1 (auch der mit der Basis Ihres Geburtsdatums) ist daher null!

$$1 = 10^0 \qquad \log 1 = 0$$

Das Schwierigste haben wir bereits hinter uns, also konsequent weiter:

$$\begin{aligned} 0.1 &= 10^{-1} & \log 0.1 &= -1 \\ 0.01 &= 10^{-2} & \log 0.01 &= -2 \\ 0.001 &= 10^{-3} & \log 0.001 &= -3 \end{aligned}$$

und so weiter

Wenn wir die Reihe unendlich fortführen könnten, würden wir bei Null landen, der log von Null ist dann minus unendlich (der log von unendlich ist natürlich plus unendlich). Was passiert aber mit den Logarithmen negativer Zahlen, wo wir doch jetzt schon alle Logarithmen zwischen minus unendlich und plus unendlich verbraucht haben? DIE GIBT ES NICHT!

Logarithmen sind NUR für positive Zahlen definiert, es kommt aber vor (vor allem in der Chemie), dass man von negativen Logarithmen spricht. Das ist dann aber nicht der Logarithmus einer negativen Zahl, sondern der Logarithmus selbst ändert das Vorzeichen (er wird dabei zum Logarithmus des Kehrwertes der ursprünglichen Zahl).

$$-\log a = -(\log a) = \log (1/a) \quad \text{NICHT} = \log(-a)$$

Sie sind verwirrt? Gut, machen wir das Ganze eben nochmals mit einem Zahlenbeispiel. Der log von 0.01 ist –2 (siehe Tabelle). Wenn wir jetzt diesen log negativ nehmen, dann erhalten wir den negativen Logarithmus von 0.01

$$\log 0.01 = -2$$

$$-\log 0.01 = -(-2)$$

und da minus mal minus plus ergibt $\quad -\log 0.01 = +2$

Wir sehen in unserer Tabelle nach, welche Zahl zu einem Logarithmus von 2 gehört und finden die Zahl 100. Hundert ist aber der Kehrwert unserer ursprünglichen Zahl 0.01

$$-\log 0.01 = -(-2) = +2 = \log 100 = \log (1/0.01)$$

Wir können, wenn wir wollen, das gleiche Spiel mit der umständlicheren Schreibweise der Zehnerpotenzen spielen, es ist mathematisch genau dasselbe:

$$0.01 = 10^{-2}$$

$$0.01^{-1} = (10^{-2})^{-1} = 10^{(-2)(-1)} = 10^{+2} = 100 = 1/0.01$$

Wenn wir also den Logarithmus negativ nehmen ist das dasselbe, wie wenn wir die ursprüngliche Zahl hoch (–1) rechnen (also das Vorzeichen der Hochzahl tauschen), und das ergibt ja bekanntlich den Kehrwert.

Ein Vorteil von Logarithmen ist, dass sie als Exponenten natürlich den Rechenregeln für Exponenten folgen. Ich kann also multiplizieren, indem ich die entsprechenden Logarithmen addiere, ich kann dividieren, indem ich die Logarithmen subtrahiere, und quadrieren, indem ich die Logarithmen multipliziere. *Besonders beim Wurzelziehen, das ohne Taschenrechner eine Heidenarbeit ist, empfehlen sich Logarithmen – man muss eben den Logarithmus durch den Wurzelexponenten (2 bei Quadrat-, 3 bei Kubikwurzeln usw.) teilen.*

$$a = 10^{\log a}$$
$$a \times b = 10^{\log (a \times b)}$$
$$a \times b = 10^{\log a} \times 10^{\log b} = 10^{\log a + \log b} = 10^{\log (a \times b)}$$ und daher

$$\log (a \times b) = \log a + \log b$$ und ebenso
$$\log (a / b) = \log a - \log b$$
$$\log a^b = (\log a) \times b$$

Sie wollen wieder ein Zahlenbeispiel? Bitte, hier ist es: $1000 \times 0.1 = ?$ *Der log* 1000 *ist* 3, *der log* 0.1 *ist* –1. *Wir addieren die Logarithmen:* $3 + (-1) = 3 - 1 = 2$ *und erhalten als Ergebnis den Logarithmus =* 2, *die zugehörige Zahl (auch Numerus genannt) ist das gesuchte Ergebnis* 100. *(Rechnen Sie nach, es stimmt!)*

Oder die Quadratwurzel von einer Million: der log 1 000 000 *ist* 6, *für die Quadratwurzel müssen wir durch* 2 *dividieren und erhalten den Logarithmus* 3, *die zugehörige Zahl ist* 1000.

Passen Sie auf die Schreibweise auf! log a bedeutet den Logarithmus **von** a und log 3 bedeutet den Logarithmus **von** 3. Wenn ich, wie im Beispiel oben, als Ergebnis einer Rechnung mit Logarithmen einen neuen Logarithmus, nämlich 3 erhalte, darf ich nicht log 3 schreiben, sondern muss schreiben: der Logarithmus **ist** 3 oder log = 3

Sie werden sich (oder mich) jetzt vielleicht fragen, was denn das Ganze eigentlich soll! Denn um 1000×0.1 *oder* 10×10 *zu rechnen, benötigen Sie den ganzen Zauber doch nicht, das schaffen Sie sogar ohne Taschenrechner im Kopf. Solange man nur Zehnerpotenzen und nicht beliebige Zahlen wie* 2 *oder* 5 *oder* 2768 *als Logarithmen ausdrücken kann, ist das alles doch wertlos. Nun, man kann jede beliebige positive Zahl als Logarithmus ausdrücken, nur sind diese Logarithmen nicht ganzzahlig, sondern haben Dezimalstellen.*

Da log 1 = 0 und log 10 = 1 ist, muss eine Zahl die zwischen 1 und 10 liegt (zum Beispiel 2) einen Logarithmus haben, der zwischen 0 und 1 liegt. Den log 2 sollte man sich merken, er ist ziemlich genau 0.3 (genau 0.30103, aber für unsere Zwecke reicht 0.3).

Da 3×3 ein bisschen weniger als 10 ist *(streiten wir nicht, 9 ist doch weniger als 10!)*, muss der log 3 weniger als 0.5 sein (wegen $3 \times 3 < 10$, daher $\log 3 + \log 3 < \log 10$ oder auch $2 \times \log 3 < \log 10$, und log 10 ist ja bekanntlich 1), genau ist log 3 = 0.477, aber wir sind nicht penibel und merken uns, log 3 ist ungefähr 0.5!

Weitere Logarithmen können wir selbst berechnen, da $2 \times 2 = 4$ ist, muss das Doppelte des log 2 den log 4 ergeben (log 2 + log 2 = log 4), daher gilt log 4 = 0.6.

Nun können wir das Ergebnis unserer Bemühungen in einer kurze Tabelle zusammenfassen. Da fehlt aber noch allerhand! Macht nichts, Sie wissen ja jetzt wie es geht und können die Lücken selbst füllen:

n	log
1	0
2	0.3
3	0.5
4	0.6
10	1.0

Übung VIII

a) *Lösen Sie diese Beispiele gleich bevor Sie weiter lesen. Die Ergebnisse finden Sie auf der nächsten Seite und nochmals, wie gewohnt, am Ende des Abschnittes.*

Wir haben log 4 errechnet,
berechnen Sie auf die gleiche Weise log 8 = __________

Berechnen Sie auf die (fast) gleiche Weise log 6 = __________

Berechnen Sie auf ähnliche Weise log 5 = __________

Wenn wir aber die Logarithmen der Zahlen zwischen 1 und 10 wissen, können wir ganz leicht die Logarithmen ALLER positiven Zahlen bilden. Wir wollen z.B. den Logarithmus von 300 wissen, dann müssen wir uns nur überlegen, dass 300 soviel ist wie 3 x 100, also ist log 300 soviel wie log 3 + log 100.

Noch klarer wird es natürlich, wenn wir die Zahl 300 in Zehnerpotenzen schreiben, dann wird nämlich 3×10^2 daraus. Ganz offensichtlich ist der $\log(3 \times 10^2)$ soviel wie $\log 3 + \log 10^2$:

$$\begin{aligned} 300 &= 3 \times 100 \\ \log 300 &= \log(3 \times 100) \\ \log 300 &= \log 3 + \log 100 \\ \log 300 &= 0.5 + 2 \\ \log 300 &= \mathbf{2.5} \end{aligned}$$

$$\begin{aligned} 300 &= 3 \times 10^2 \\ \log 300 &= \log(3 \times 10^2) \\ \log 300 &= \log 3 + \log 10^2 \\ \log 300 &= 0.5 + 2 \\ \log 300 &= \mathbf{2.5} \end{aligned}$$

An diesem Beispiel sehen Sie, dass man sich einen dekadischen Logarithmus aus zwei Teilen bestehend vorstellen kann, der Teil vor dem Komma gibt den Stellenwert (die Zehnerpotenz), der Teil nach dem Komma die Folge der Ziffern. Man wird also den Logarithmus von 3 000 000 oder 3×10^6 aus dem log 3 und dem $\log 10^6$ (= 6) bilden, den Logarithmus von 0.000 5 oder 5×10^{-4} aus dem log 5 und dem $\log 10^{-4}$ (= –4).

$$\log 3\,000\,000 = \log(3 \times 10^6) = \log 3 + \log 10^6 = (\log 3) + 6 = 0.5 + 6 = \mathbf{6.5}$$

$$\log 0.000\,5 = \log(5 \times 10^{-4}) = \log 5 + \log 10^{-4} = (\log 5) + (-4) = 0.7 - 4 = \mathbf{-3.3}$$

Oft taucht das gegenteilige Problem auf, man hat einen Logarithmus und will die zugehörige Zahl (den Numerus) wissen. In den Tabellen (nicht nur in unserer Minitabelle, sondern auch in ganzen Tabellenbüchern) sind nur die Logarithmen von 0 bis 1 angegeben, wenn wir einen Logarithmus außerhalb dieses Bereiches zurückverwandeln wollen, müssen wir ihn in eine ganze Zahl (die den Stellenwert bzw. die Zehnerpotenz ergibt) und in eine Dezimalzahl zwischen 0 und 1 (also positiv!) zerlegen.

Ergebnisse von Übung VIIIa *(die brauchen wir nämlich schon hier)*:

log 8 = **0.9** (wegen $2 \times 2 \times 2 = 8$ oder $4 \times 2 = 8$, also log 4 + log 2 = log 8)

log 6 = **0.8** (wegen $2 \times 3 = 6$, also log 2 + log 3 = log 6)

log 5 = **0.7** (schwieriger! $2 \times 5 = 10$, also 10 / 2 = 5, also log 10 – log 2 = log 5)

Damit können wir jetzt unsere Tabelle ergänzen. Die immer noch fehlenden Werte werden interpoliert (wir nehmen einfach die Mitte der benachbarten Werte). Zwar sind diese Logarithmen etwas ungenau, doch **genauer brauchen Sie bei keiner Rechnung in diesem Buch zu sein!** *Es ist aber ungemein hilfreich, wenn man zumindest die Logarithmen von 1, 2, 3, 5 und 10 auswendig weiß.*

n	log
1	**0**
1.3	0.1
1.6	0.2
2	**0.3**
3	**0.5**
4	0.6
5	**0.7**
6	0.8
7	0.85
8	0.9
9	0.95
10	**1**

Aufgabe: nehmen Sie ein Stück Karton und schreiben Sie diese Tabelle schön leserlich auf *(oder kopieren die Tabelle drauf).* Diesen Karton können Sie als Lesezeichen für dieses Buch verwenden und haben damit die benötigten Logarithmen immer vor der Nase. *Am einfachsten, Sie verwenden die Rückseite der Molekulargewichts-Tabelle, die Sie ja schon beim Durcharbeiten von Kapitel 2 angefertigt haben?!*

Wenn wir also einen Logarithmus log = 3.3 haben, und die zugehörige Zahl suchen, müssen wir unseren Logarithmus wie besprochen zerlegen in 3 + 0.3. Also sind die beiden zugehörigen Zahlen 10^3 und 2, wir müssen die beiden miteinander multiplizieren und erhalten 2×10^3 oder 2 000.

$$\log n = 3.3 \qquad 3.3 = 3 + 0.3 \qquad \log 10^3 = 3 \qquad \log 2 = 0.3$$

$$n = 2 \times 10^3 = 2\,000$$

Das war einfach. Etwas komplizierter wird es, wenn der Logarithmus eine **negative** Zahl ist. Denn da wir eine ganze Zahl (Vorzeichen beliebig) und eine **positive** Dezimalzahl brauchen, ist das Zerteilen nicht so einfach. Das macht man, indem man die nächstgrößere negative ganze Zahl nimmt, und als Dezimalzahl die (positive) Differenz. An einem Zahlenbeispiel wird das klarer:

$\log n = -3.3$ nicht $-3.3 = -3 - 0.3$ (das hilft nicht weiter)

und schon gar nicht $-3.3 = -3 + 0.3$ (das ist nämlich falsch!)

sondern $\mathbf{-3.3 = -4 + 0.7}$

und damit können wir wie gewohnt weiter arbeiten:

$$\log 10^{-4} = -4 \qquad \log 5 = 0.7$$

$$n = 5 \times 10^{-4} = 0.000\,5$$

Haben Sie es bemerkt: unser Ergebnis 0.000 5 ist natürlich der Kehrwert des vorhergehenden Ergebnisses 2 000. Das stimmt mit der bereits erwähnten Regel überein, nach der wir nur das Vorzeichen der Hochzahl (des Logarithmus) tauschen müssen, um den Kehrwert zu erhalten. Wir hätten es uns also viel einfacher machen können, indem wir einfach vom ersten Ergebnis den Kehrwert genommen hätten – aber im nachhinein ist man ja bekanntlich immer klüger.

Ein ganz wichtiger Tipp: immer, wenn Sie es mit negativen Zahlen als Logarithmen oder mit negativen Logarithmen zu tun haben, kontrollieren Sie Ihr Ergebnis mit der folgenden Überlegung (man irrt sich mit den negativen Zahlen nämlich sehr leicht):

Der log = –3.3, liegt also zwischen –3 und –4, daher MUSS die zugehörige Zahl zwischen 10^{-3} und 10^{-4} liegen. Und 5×10^{-4} liegt dazwischen, es stimmt also.

Apropos: **negativer Logarithmus**. Der fehlt uns bisher noch bei unseren Zahlenspielereien. Also was ist der negative Logarithmus von 4×10^{-8}?

$$-\log 4 \times 10^{-8} = ?$$

$$-\log 4 \times 10^{-8} = -[\log 4 + \log 10^{-8}] = -[0.6 + (-8)] = -[-7.4] = \mathbf{7.4}$$

Vergessen Sie wieder nicht auf die Kontrolle (Vertrauen ist gut – Misstrauen ist immer besser!): 4×10^{-8} liegt zwischen 10^{-7} und 10^{-8}, der log muss zwischen -7 und -8 liegen, beim negativen log drehen sich die Vorzeichen um, also muss der negative Logarithmus zwischen 7 und 8 liegen. Stimmt auffällig.

Umgekehrt ist es schwieriger, da gibt es aber zwei Möglichkeiten, je nachdem, ob man sofort den log negativ nimmt (rascher, aber man irrt sich leichter) oder am Ende den Kehrwert berechnet. Welche Zahl gehört zum negativen Logarithmus 3.7?

$$-\log n = 3.7 = 3 + 0.7$$
$$\log n = -3.7 = -4 + 0.3$$
$$n = 10^{-4} \times 2 = \mathbf{2 \times 10^{-4}}$$

$$\log n = 3.7 = 3 + 0.7$$
$$n = 10^3 \times 5 = 5 \times 10^3$$

negativ (Kehrwert):

$$1/(5 \times 10^3) = 0.2 \times 10^{-3} = \mathbf{2 \times 10^{-4}}$$

3.7 liegt zwischen 3 und 4; negativ zwischen -3 und -4, also muss die gesuchte Zahl zwischen 10^{-3} und 10^{-4} liegen.

Es ist schon klar, dass man die Umwandlungen in und von Logarithmen von jedem besseren Taschenrechner erwarten kann. Sie dürfen und sollen den Taschenrechner selbstverständlich verwenden!

NUR: Sie sollten dieses Kapitel mindestens soweit verstanden und parat haben, dass Sie abschätzen können, ob das Resultat Ihres Rechners stimmen kann. Nur allzu oft zeigt der Taschenrechner nämlich Blödsinn. (Er kann nichts dafür, SIE haben sich vertippt!) Daher: selbst wenn Sie den Logarithmus mit dem Taschenrechner bestimmt haben, machen Sie die Kontrolle ... die Zahl liegt zwischen ... also muss der Logarithmus zwischen ... liegen.

UND: machen Sie sich mit dem Gebrauch des Rechners vertraut, den Sie bei Übungen, Prüfungen etc. verwenden wollen. Die Art der Ein- und Ausgabe von Logarithmen (vor allem wenn sie negativ sind!) kann bei unterschiedlichen Rechnern durchaus verschieden sein. Es ist schon mehrfach passiert, dass Leute bei Prüfungen mit dem großartigen Rechner nicht zurecht kamen, den Sie sich eigens für diesen Anlass von einem Bekannten ausgeborgt hatten. Und wir haben auch schon erlebt, dass sich Studenten beschwert haben, dass es dieses Rechenbeispiel ja gar nicht geben darf, weil der Rechner „nach der Eingabe des Logarithmus immer nur **Error** *blinkt“.*

Es ist natürlich Ehrensache, zumindest jetzt die folgenden Übungsbeispiele OHNE Taschenrechner zu lösen *(Ergebnisse gleich anschließend, am Ende des Abschnittes)*:

Übung VIII

b) Bestimmen Sie den Logarithmus

log 6 000	=	______
log 0.04	=	______
log 6×10^{-3}	=	______

c) Bestimmen Sie die Zahl, die zu diesem Logarithmus gehört

log = 2.5	n =	______
log = −7.1	n =	______
log = −4.2	n =	______

d) Bestimmen Sie den negativen Logarithmus

−log 25	=	______
−log 6 000	=	______
−log 5×10^{-3}	=	______

e) Bestimmen Sie die Zahl, die zum negativen Logarithmus gehört

− log = 2.5	n =	______
− log = −4.3	n =	______
− log = 0.5	n =	______

Ergebnisse aus diesem Abschnitt

Übung VIIIb	Übung VIIIc	Übung VIIId	Übung VIIIe
3.8	3×10^{2}	− 1.4	3×10^{-3}
− 1.4	8×10^{-8}	− 3.8	2×10^{4}
− 2.2	6×10^{-5}	2.3	0.3

Übung VIIIa *(noch einmal)*

log 8 = 0.9 (wegen 2 x 2 x 2 = 8 oder 4 x 2 = 8, also log 4 + log 2 = log 8)

log 6 = 0.8 (wegen 2 x 3 = 6, also log 2 + log 3 = log 6)

log 5 = 0.7 (schwieriger! 2 x 5 = 10, also 10 / 2 = 5, also log 10 – log 2 = log 5)

12 Photometrie, Teil 1 Transmission und Extinktion

Sie haben eine Lösung eines Stoffes. Da der Stoff eine bestimmte Farbe hat, ist auch die Lösung entsprechend gefärbt. Natürlich wird die Intensität dieser Färbung umso stärker sein, je höher die Konzentration des Stoffes ist. Das kann man mit den Augen abschätzen – aber schlecht. Deutlich genauer wird es, wenn man eine geeignete Messvorrichtung benutzt. Sie arrangieren also eine Lampe und eine Fotozelle (oder etwas ähnliches) so, dass das Licht auf die Fotozelle fällt. Ein Messgerät, das mit der Fotozelle verbunden ist, zeigt Ihnen dann an, wie viel Strom aus der Fotozelle kommt, also wie viel Licht auf die Zelle auftrifft. Wenn Sie jetzt Ihre Probe dazwischen halten, wird ein Teil des Lichtes von der Probe aufgefangen und daher die Anzeige am Messgerät geringer sein. Natürlich wird mehr Licht von der Probe aufgefangen, wenn diese konzentrierter ist. Sie können also von dem, was Ihr Messgerät anzeigt, auf die Konzentration der Probe zurückrechnen. Diese Methode der Konzentrationsbestimmung nennt man **Photometrie** *(die nach der neuen Rechtschreibung auch „Fotometrie" heißen kann, was sich aber nur schwer durchsetzt).*

Nehmen Sie den vorhergehenden Satz wörtlich. Sie wollen die KONZENTRATION wissen. Was und wie viel Licht durchgeht, ist nur als Zwischenergebnis interessant. Wenn man sich theoretisch mit Photometrie beschäftigt – so wie wir hier – vergisst man das nur zu leicht und lässt sich von neuen Begriffen wie Extinktion, Transmission usw. so weit hypnotisieren, dass man das eigentliche Ziel aus den Augen verliert.

Eine Feinheit sei noch ergänzt. Wenn Ihre Probe in einer hübschen Farbe erscheint, so deshalb, weil Licht bestimmter Wellenlänge (= Farbe) von ihr absorbiert wird. Da also nicht jede Wellenlänge mit jeder Probe gleich reagiert, ist es schlau, für die Messung eine Wellenlänge zu verwenden, die besonders gut absorbiert wird. Daher kann man sich diese Wellenlänge bei teureren Geräten aussuchen. *Man muss dann allerdings aufpassen, dass man die richtige Wellenlänge VOR der Messung entsprechend am Gerät einstellt.*

Bei der Photometrie fällt Licht durch eine Probe, dabei wird ein Teil des Lichtes von der Probe aufgefangen, das restliche Licht dahinter wird gemessen. Die Intensität des ursprünglich eingestrahlten Lichtes wird mit $\mathbf{I_0}$ bezeichnet, die des verbleibenden Lichtes als **I**. Das Verhältnis $\mathbf{I / I_0}$ wird **Transmission T** (~ Durchlässigkeit) genannt. *Streng genommen ist die Transmission das Verhältnis I / I_0, drückt man diesen Wert in % aus, erhält man die Durchlässigkeit.*

Wichtiger als die Transmission ist deren negativer Logarithmus, die **Extinktion E**. *Die Extinktion ist nämlich proportional der Konzentration, und da wir normalerweise Photometrie betreiben, um die Konzentration eines Stoffes zu bestimmen – wie viel Licht dabei von* *wo wohin geht, ist uns ziemlich egal – ist die Extinktion „praktischer“.* Der negative Logarithmus ist aber soviel wie der Logarithmus des Kehrwertes.

$$T = I / I_0 \quad \text{und} \quad E = -\log T = \log(1/T) = \log(I_0 / I)$$

Um ein Gefühl für diese Zusammenhänge zu erhalten, studieren Sie die nachfolgende Tabelle. *Damit kann man nämlich durch Abschätzen kontrollieren, ob die Ergebnisse der nachfolgenden Berechnungen stimmen können.*

	Transmission	**Durchlässigkeit**	**Extinktion**	**Bedeutung**
$I = I_0$	T = 1	100 %	E = 0	Das gesamte Licht geht durch.
$I = ½ I_0$	T = 0.5	50 %	E = 0.3	Die Hälfte des Lichtes wird absorbiert, die Hälfte durchgelassen.
	T = 0.1	10 %	E = 1	Nur 1 / 10 des Lichtes wird durchgelassen.
	T = 0.01	1 %	E = 2	Nur 1 / 100 des Lichtes wird durchgelassen.
I = 0	T = 0	0 %	E = unendlich	Das gesamte Licht wird absorbiert.

Beachten Sie, dass die Transmission Werte zwischen 1 und 0 annehmen kann, die Extinktion Werte zwischen 0 und unendlich.

Wie hoch ist die Extinktion einer Lösung, wenn deren Durchlässigkeit 40 % beträgt?

Mit den Angaben in Prozent ist schlecht zu rechnen. Also umrechnen (durch 100 dividieren); *wenn Sie unsicher sind, machen Sie eine Schlussrechnung: 100 % ..... T = 1, daher ist bei 40 % ..... T = X*

$$T = \frac{40\ \%}{100\ \%} = 0.4$$

Jetzt entweder den negativen Logarithmus von T = 0.4 oder den Logarithmus von 1 / T = 1 / 0.4

$$E = -\log T = -\log 0.4 = -(\log 4 \times 10^{-1})$$

$$E = -(0.6 - 1) = -(-0.4) = \mathbf{0.4}$$

Taschenrechner ist unnötig, dafür genügt unsere Logarithmentabelle aus Kapitel VIII. *Es sei denn, Sie brauchen den Rechner, um 1/0.4 auszurechnen?*

Das könnte man sich übrigens merken: Ist T = 0.4, so ist E ebenfalls 0.4. Das gilt aber (leider) nur für dieses eine Wertepaar.

oder einfacher:

$$\mathbf{E} = \log(1/T) = \log(1/0.4) = \log 2.5 = \mathbf{0.4}$$

Zur Kontrolle vergleichen Sie das erhaltene Ergebnis mit den Werten unserer Tabelle oben: T = 0.4 liegt zwischen T = 0.5 und T = 0.1 (näher bei 0.5), E = 0.4 liegt zwischen E = 0.3 und E = 1 (näher bei 0.3). Es kann also stimmen.

Die Extinktion einer Lösung ist E = 1.3. Wie viel % des Lichtes werden durchgelassen? Wie viel % des Lichtes werden absorbiert? Die Transmission ist wie groß?

Der umgekehrte Fall. Wir berechnen also zuerst einmal die Transmission:

In unserer Tabelle steht, dass ein Logarithmus von 0.3 einer Zahl von 2 entspricht, also entspricht 1.3 dem zehnfachen, nämlich 20.

Von 20 brauchen wir den Kehrwert und erhalten unser T = 0.05.

Die andere Möglichkeit: mit dem Taschenrechner 1.3 entlogarithmieren, ergibt 19.952623. Den Kehrwert nehmen und runden.

$$E = -\log T = \log 1/T$$
$$1.3 = 0.3 + 1 = \log 1/T$$
$$2 \times 10^1 = 20 = 1/T$$
$$T = 1/20$$
$$T = \mathbf{0.05}$$

Wie viel % des Lichtes werden durchgelassen?

Wenn T = 0.05 ist, so werden 5 % des Lichtes durchgelassen. (Einfach mit 100 multiplizieren, um auf die Prozent zu kommen, oder man macht eine Schlussrechnung.)

T = 1 . . . . 100 %
T = 0.05 . . . . **X**

$$\mathbf{X} = \frac{100\,\% \times 0.05}{1} = \mathbf{5\,\%}$$

Wie viel % des Lichtes werden absorbiert?

Der Rest auf 100 %. Nachdem 5 % durchgelassen werden, werden die übrigen 95 % absorbiert.

Die Gefahr bei so einem Beispiel besteht vor allem darin, dass man absorbiertes und durchgelassenes Licht durcheinander bringt und die falsche Antwort gibt. Aus der Transmission kann ich direkt nur das durchgelassene Licht errechnen – will ich das absorbierte Licht wissen, muss ich von 100 % abziehen.

100 % – 5 % = **95 %**

 Das Verhältnis I / I_0 = 0.125. Die Extinktion dieser Lösung ist dann?

Die gleiche Rechnung wie im ersten Beispiel, obwohl sie anders aussieht. T ist also 0.125.

Taschenrechner: 0.125 eintippen, den log davon, und dann noch die [+/–] *Taste. Und nicht vergessen zu kontrollieren: 0.125 ist ein wenig mehr als 0,1 also muss die Extinktion ein wenig kleiner als 1 sein ...*

$I/I_0 = 0.125 = T$

$E = -\log T = \log(1/T) =$

$= \log(1/0.125)$

$1/0.125 = 8 \qquad E = \log 8$

$\mathbf{E = 0.9}$

Übungen zu Kapitel 12

120. Die Extinktion einer Lösung E = 0.7. Wie viel % des Lichtes werden durchgelassen?

     Wie viel % Licht werden absorbiert?

     Die Transmission (T) ist?

     > 20 %
     > 80 %
     > 0.2

121. Wie hoch ist die Extinktion einer Lösung, wenn die Transmission 33 % beträgt?

     > E = log 3 = 0.5 gerundet

122. Die Transmission einer Lösung beträgt 20 %. Wie groß ist die Extinktion dieser Lösung?

     > 0.7

123. Das Verhältnis $I / I_0 = 0.001$. Die Extinktion dieser Lösung ist dann?

E = 3

124. Bei einer photometrischen Bestimmung verhält sich I / I_0 wie 1 / 4. Wie groß ist die Extinktion der Lösung?

E = 0.6

125. Die Extinktion einer Lösung hat den Wert E = 0.2. Wie viel % des Lichtes werden durchgelassen?

60 %

Wie viel % des Lichtes werden absorbiert?

40 %

126. Wenn die Extinktion E = 1.5 ist, so beträgt die Durchlässigkeit in %?

3 %

127. Wenn die Extinktion E = 1.7 ist, so werden wie viel % des Lichtes durchgelassen?

2 %

13 Photometrie, Teil 2 Lambert-Beersches Gesetz

Das Lambert-Beersche Gesetz stellt den Zusammenhang zwischen der Extinktion und der Konzentration einer Lösung (in mol/l) her. Nun absorbiert natürlich nicht jeder gelöste Stoff gleich stark – im Gegenteil. Wir brauchen also für jeden Stoff einen eigenen Umrechnungsfaktor. Diesen Umrechnungsfaktor nennen wir den **molaren Extinktionskoeffizienten**, mit der Abkürzung **ε.** *Dieses ε ist eine Stoffkonstante, gilt also für alle Lösungen dieses Stoffes – vorausgesetzt die Wellenlänge bleibt dieselbe.* Zusätzlich spielt die **Schichtdicke** der Probe eine Rolle, das ist jene Schicht, durch die das Licht beim Durchtritt durch die Probe durch muss. *Also die Dicke der Probe. Die Schichtdicke wird ausnahmsweise in cm angegeben, da 1 cm dabei der übliche Standard ist. Die SI-Einheit Meter wäre dafür immer viel zu groß.*

Wir müssen die Extinktion einer Lösung mit den Werten Konzentration, Schichtdicke und molarem Extinktionskoeffizient in eine Beziehung setzen. *Das haben wir bereits getan (siehe Kapitel V und später Kapitel X).*

$$E = \varepsilon \times c \times d$$

wobei E = Extinktion ε = Extinktionskoeffizient
c = Konzentration (mol / l) d = Schichtdicke (cm)

Bei allen folgenden Übungsbeispielen geht es nur darum, einen dieser vier Werte aus den anderen dreien zu berechnen (Einsetzen in die Formel – ausrechnen): Sollte die Schichtdicke nicht extra angegeben sein *(was häufig auch in der Praxis vorkommt)*, so ist sie 1 cm. *Die Konzentration kann auch in einer anderen Einheit als mol/l angegeben oder verlangt werden – also aufpassen, dass man dabei nichts übersieht. Im Lambert-Beerschen Gesetz immer mit mol/l rechnen, da die Stoffkonstante ε über mol definiert ist!*

▶ Wie groß ist die Konzentration c einer Lösung in mikromol/l, wenn E = 0.55, d = 1.0 cm und $\varepsilon = 2.2 \times 10^6\ l \times mol^{-1} \times cm^{-1}$?

Einsetzen in die Formel ... Sie können ja im Kapitel V nachsehen, wie man das Lambert-Beersche Gesetz am einfachsten so umformt, dass c alleine auf einer Seite steht. Wir verzichten darauf, die Einheiten mit aufzu-

$$c = \frac{E}{\varepsilon \times d} = \frac{0.55}{2.2 \times 10^6 \times 1.0}$$

schreiben, da wir wissen, dass die Konzentration immer mol/l sein muss. *Und lassen Sie die Zehnerpotenz 10^6 in Ruhe, also nicht umrechnen!*

Ausrechnen ... *Die Zehnerpotenz bekommt ein negatives Vorzeichen, da sie vom Nenner in den Zähler gewechselt hat.*

$$c = 0.25 \times 10^{-6} \text{ mol/l}$$

Nachdem wir mikromol pro Liter wollen, müssen wir umrechnen. Da 10^{-6} ohnehin schon da steht, können wir diesen Ausdruck gegen die Vorsilbe „mikro" tauschen.

$$\mathbf{c = 0.25\ \mu mol/l}$$

Wie groß ist die Schichtdicke (in cm) einer Küvette, wenn eine Lösung mit der Konzentration c = 0.2 mmol/l und einem molaren Extinktionskoeffizienten von 0.7×10^3 l/(mol x cm) eine Extinktion von 0.28 ergibt?

Einsetzen in die Formel ... *(aufpassen, nicht vergessen die Konzentration auf mol/l umzurechnen)*

$$d = \frac{E}{\varepsilon \times c} = \frac{0.28}{0.7 \times 10^3 \times 0.2 \times 10^{-3}}$$

Ausrechnen ....

$$d = \frac{0.28}{0.7 \times 0.2 \times 10^3 \times 10^{-3}}$$

Das Ergebnis muss die Einheit cm haben.

$$\mathbf{d = 2\ cm}$$

Wie groß ist die Extinktion einer Lösung, wenn c = 1.05 g/l (M_r = 350) ist und der molare Extinktionskoeffizient ε = 500 l/(mol x cm) beträgt?

Einsetzen in die Formel ... Aufpassen, gemeinerweise ist die Angabe in g/l, also muss man zuerst auf mol/l umrechnen! Wenn 350 g also 1 mol sind, so sind 350 g/l natürlich 1 mol/l.

$$E = \varepsilon \times c \times d$$

350 g/l . . . . 1 mol/l
1.05 g/l X

$$X = \frac{1.05 \text{ g/l} \times 1 \text{ mol/l}}{350 \text{ g/l}} = 0.0030 \text{ mol/l}$$

Das ergibt 0.0030 mol/l.

Ausrechnen ... (Da die Schichtdicke nicht angegeben ist, dürfen wir sie mit 1 annehmen. Wir brauchen sie so gesehen eigentlich gar nicht in die Formel hineinschreiben.

$$E = \varepsilon \times c \times d = 500 \times 0.003 \times 1$$

$$\mathbf{E = 1.5}$$

Die Extinktion einer Lösung beträgt E = 0.4, die Konzentration c = 300 mg / l (M_r = 750) und die Schichtdicke ist d = 0.5 cm. Welchen molaren Extinktionskoeffizienten besitzt der gelöste Stoff?

Einsetzen in die Formel ... Aufpassen, die Angabe ist gemeinerweise schon wieder in g / l, also auf mol / l umrechnen!

750 g / l . . . . .1 mol / l
300×10^{-3} g / l X

$$X = \frac{300 \times 10^{-3} \text{ g/l} \times 1 \text{ mol/l}}{750 \text{ g/l}}$$

$$X = 0.4 \times 10^{-3} \text{ mol/l}$$

Ausrechnen ...

$$\varepsilon = \frac{E}{c \times d} = \frac{0.4}{0.4 \times 10^{-3} \times 0.5}$$

$$\boldsymbol{\varepsilon = 2 \times 10^3 \text{ l} \times \text{mol}^{-1} \times \text{cm}^{-1}}$$

Übungen zu Kapitel 13

130. Wie groß ist die Konzentration einer Lösung in mmol / l, wenn die Extinktion E = 0.8 und der Extinktionskoeffizient $\varepsilon = 4.0 \times 10^3$ l / (mol x cm) sind?

0.2 mmol / l

131. Wie groß war die Schichtdicke (in cm) einer Küvette, wenn eine Lösung mit der Konzentration von 2.5 mmol / l und einem ε von 360 l / (mol x cm) eine Extinktion von 0.45 ergibt?

d = 0.50

132. Wie groß ist die Extinktion einer Lösung, wenn c = 0.3 g / l (M_r : 600), d = 1 cm und der molare Extinktionskoeffizient ε = 100 l / (mol x cm) sind?

E = 0.05

133. Eine Lösung mit der Konzentration c = 55 mmol / l zeigt eine Extinktion E = 0.220 (Schichtdicke d = 0.50 cm). Der molare Extinktionskoeffizient der gelösten Substanz ist daher?

8.0 l / (mol x cm)

134. Wie groß ist die Konzentration in mmol / l, wenn der Extinktionskoeffizient ε = 1.4 x 10^5 l / (mol x cm), die Extinktion E = 2.8 und die Schichtdicke d = 1.0 cm sind?

c = 0.020 mmol / l

135. Wie groß ist die Extinktion einer Lösung, wenn die Konzentration c = 0.125 mmol / l, d = 1.00 cm und der Extinktionskoeffizient ε = 6000 l / (mol x cm) sind?

E = 0.750

136. Bei einer photometrischen Bestimmung hat der molare Extinktionskoeffizient der gelösten Substanz den Wert 100, die Lösung enthält 0.4 g / l (M_r = 400), die Schichtdicke beträgt d = 1 cm. Wie groß wird die gemessene Extinktion sein?

E = 0.1

137. Die Extinktion einer Probe beträgt E = 0.6, der molare Extinktionskoeffizient ist 15 l / (mol x cm), die Schichtdicke d = 1 cm. Wie groß ist die Konzentration?

c = 0.04 mol / l

138. Die Extinktion einer Probe ist E = 0.9, die Konzentration beträgt c = 150 mmol / l, die Schichtdicke ist d = 1 cm. Wie groß ist der molare Extinktionskoeffizient?

6 l / (mol x cm)

139. Die Extinktion einer Lösung ist E = 0.4, der Extinktionskoeffizient der gelösten Substanz ist 800 l / (mol x cm). Wie groß ist die Konzentration der Substanz in mmol / l in der Lösung?

0.5 mmol / l

14 Photometrie, Teil 3 Verdünnungen

Eine Kupfersulfat-Lösung zeigt die Extinktion E = 0.30, die Schichtdicke d = 1.0 cm, der molare Extinktionskoeffizient $\varepsilon = 7.5$ l/(mol x cm). Von dieser Lösung werden 6 ml mit 4 ml Wasser verdünnt. Wie groß ist die Extinktion der verdünnten Lösung?

Man kann dieses Problem sehr umständlich behandeln.

Zuerst rechnet man, wie im vorigen Kapitel beschrieben, die Konzentration der Lösung aus.

$$c_1 = \frac{E}{\varepsilon \times d} = \frac{0.30}{7.5 \times 1.0} = 0.04 \text{ mol/l}$$

Danach berechnet man, wie sich die Konzentration durch die Verdünnung ändert. Nicht vergessen, die verdünnte Lösung hat das Volumen 10 ml (ursprüngliche Lösung plus Wasser).

$$c_1 \times V_1 = c_2 \times V_2$$

$$c_2 = \frac{c_1 \times v_1}{v_2} = \frac{0.04 \text{ mol/l} \times 6 \text{ ml}}{10 \text{ ml}}$$

$$c_2 = 0.024 \text{ mol/l}$$

Danach rechnet man mit der neuen Konzentration aus, welche Extinktion die verdünnte Lösung haben muss.

$$E = \varepsilon \times c \times d = 7.5 \times 0.024 \times 1$$

$$\mathbf{E = 0.18}$$

Korrekt, aber umständlich! Überlegen wir doch einmal: Wir haben gesagt, dass der Sinn der Extinktion darin liegt, dass sie der Konzentration proportional ist. Also ist das Verhältnis zweier Extinktionen gleich dem Verhältnis der entsprechenden Konzentrationen.

$$\frac{E_1}{E_2} = \frac{c_1}{c_2}$$

Dann kann man aber in unserer Gleichung für die Berechnung von Verdünnungen auf BEIDEN Seiten die Konzentration durch die Extinktion ersetzen:

Aus $c_1 \times v_1 = c_2 \times v_2$ wird dann $E_1 \times v_1 = E_2 \times v_2$

Das heißt also, wir können die Verdünnungsgleichung verwenden, um direkt die Extinktion der verdünnten Lösung (und umgekehrt) zu berechnen – ohne den mühseligen Umweg über die Konzentration.

Mit diesen neuen Erkenntnissen bewaffnet, versuchen wir uns noch mal an obigem Beispiel. Also setzen wir in unsere neue Formel ein:	$E_1 \times v_1 = E_2 \times v_2$ $0.30 \times 6\ \text{ml} = E_2 \times 10\ \text{ml}$
Umformen ... ausrechnen ... fertig!	$\mathbf{E_2} = \frac{0.30 \times 6\ \text{ml}}{10\ \text{ml}} = \mathbf{0.18}$

Und so weiter ... viel mehr Möglichkeiten gibt es nicht. Rechnen wir noch ein Beispiel, weil es so schön schnell geht:

> 2 ml einer Lösung mit der Extinktion $E_1 = 0.6$ werden mit wie viel Wasser verdünnt, damit nachher die Extinktion $E_2 = 0.15$ beträgt?

Einsetzen ...	$E_1 \times v_1 = E_2 \times v_2$ $0.6 \times 2\ \text{ml} = 0.15 \times v_2$
umformen ... ausrechnen ...	$v_2 = \frac{0.6 \times 2\ \text{ml}}{0.15} = \mathbf{8\ ml}$
Halt! Wir wollten wissen, wie viel Wasser man zuschütten muss. Also die Differenz zwischen dem Volumen der verdünnten und der ursprünglichen Lösung:	$8\ \text{ml} - 2\ \text{ml} = \mathbf{6\ ml}$

Übungen zu Kapitel 14

140. 3 ml einer Lösung mit der Extinktion E = 0.75 werden mit 1.5 ml Wasser verdünnt. Wie groß ist die Extinktion der verdünnten Lösung?

E = 0.5

141. Mit wie viel ml Wasser müssen 2 ml einer Lösung mit der Extinktion E_1 = 0.9 verdünnt werden, damit nach der Verdünnung die Extinktion der Lösung E_2 = 0.3 beträgt?

4 ml

142. Eine Kupfersulfatlösung zeigt eine Extinktion von E = 0.70. Davon werden 30 ml mit 40 ml Wasser verdünnt und die Extinktion gemessen. Sie beträgt jetzt?

E = 0.30

143. 5 ml einer $CuSO_4$-Lösung mit E = 0.80 werden mit 20 ml Wasser verdünnt. Wie groß ist die Extinktion der verdünnten Lösung?

E = 0.16

144. 2 ml einer Lösung mit der Extinktion E_1 = 0.9 werden verdünnt. Die Extinktion der verdünnten Lösung beträgt danach E_2 = 0.15. Wie viel Wasser wurde zugesetzt?

10 ml

15 Photometrie, Teil 4 Analysenbeispiele

Wir betreiben Photometrie um die Konzentration einer Lösung zu bestimmen. Dafür gibt es drei Verfahren:

1. mit Hilfe des molaren Extinktionskoeffizienten: Damit kann man aus der Extinktion die Konzentration berechnen (das haben wir im vorigen Kapitel getan).
2. mit Hilfe einer Standardgeraden (= Eichgeraden): Man bestimmt die Extinktionen einiger Lösungen mit jeweils bekannter Konzentration, trägt die Werte in ein Diagramm ein, und kann dann aus der erhaltenen Kurve zu jeder weiteren Extinktion direkt die zugehörige Konzentration ablesen. *Das ist die häufigste Methode, da man sich dabei aber jede Rechnung erspart, können wir hier auf Beispiele verzichten.*
3. mit Hilfe eines Standards: man misst die Extinktion einer Lösung bekannter Konzentration und vergleicht mit der Extinktion einer unbekannten Lösung. Da sich die Extinktionen wie die Konzentrationen verhalten, kann man die Proportion aufstellen:

$$\frac{E_1}{E_2} = \frac{c_1}{c_2}$$

Bei einer photometrischen Bestimmung misst man folgende Werte:

$E_{Analyse} = 0.700$

$E_{Standard} = 0.450$

$c_{Standard} = 9.0\ mg/ml$

Wie groß ist die Konzentration der Analysenlösung?

Wir haben eine Proportion und brauchen nur einsetzen ... Sie erinnern sich: Die Konzentrationen können beliebige Einheiten haben, es muss nur oben und unten jeweils die gleiche sein!

$$\frac{E_1}{E_2} = \frac{c_1}{c_2}$$

$$\frac{E_{Analyse}}{E_{Standard}} = \frac{c_{Analyse}}{c_{Standard}}$$

$$\frac{0.700}{0.450} = \frac{c_{Analyse}}{9.0\ mg/ml}$$

... und ausrechnen ... Sie bekommen natürlich im Ergebnis dieselbe Einheit, die Sie in der Angabe eingesetzt haben.

$$c_{Analyse} = \frac{0.700 \times 9.0\ mg/ml}{0.450}$$

$$\mathbf{c_{Analyse} = 14\ mg/ml}$$

Wie groß muss die Extinktion der Analysenlösung ein, wenn die Konzentration der Analyse $c_A = 12\ mmol/l$ beträgt? $c_{St} = 15\ mmol/l$, $E_{St} = 0.750$

Wir haben eine Proportion und brauchen nur einzusetzen ... *einfach*

$$\frac{E_1}{E_2} = \frac{c_1}{c_2} \quad \text{daher}$$

$$\frac{E_{Analyse}}{E_{Standard}} = \frac{c_{Analyse}}{c_{Standard}}$$

$$\frac{E_{Analyse}}{0.750} = \frac{12\ mmol/l}{15\ mmol/l}$$

und ausrechnen ...

$$E_{Analyse} = \frac{12\ mmol/l \times 0.750}{15\ mmol/l}$$

$$\mathbf{E_{Analyse} = 0.60}$$

Bevor Sie mit Ihrem Photometer zu messen beginnen, müssen Sie dem Gerät mitteilen, wie groß $\mathbf{I_0}$ ist. Grundsätzlich sieht das Photometer ja nur das Licht, welches durch die Probe durchgegangen ist, sieht also nur **I**. *Es gibt Zweistrahl-Photometer, die beides gleichzeitig messen, aber die sind teuer und so etwas können wir uns nicht leisten.* Sie füllen also Wasser in Ihre Küvette (das ist das Gefäß, welches die zu messende Lösung enthalten soll) und messen. Da alles Licht durch Wasser durchgeht, ist vor und nach der Probe $\mathbf{I_0 = I}$. Jetzt drehen Sie an einem Knopf irgendwo am Gerät *(bitte am richtigen!)* so lange herum, bis Ihr Photometer eine Extinktion von null anzeigt (bei $\mathbf{I_0 = I}$ ist die Extinktion ja bekanntlich null). Damit haben Sie Ihrem Photometer mitgeteilt, dass das Licht jetzt so stark wie $\mathbf{I_0}$ ist, Sie haben es **eingeeicht** und das Photometer merkt sich diesen Wert für die Zeit Ihrer Messung. (Oder so lange Sie nicht die Wellenlänge wechseln. Die Lampe im Photometer gibt bei verschiedenen Wellenlängen verschieden viel Licht her, schalten Sie auf eine andere Wellenlänge um, müssen Sie neu eichen.)

Bevor Sie jetzt darauf los messen müssen Sie noch bedenken, dass unter Umständen auch andere Stoffe in Ihren Proben eine Extinktion zeigen, welche aber mit Ihrer zu messenden Substanz nichts zu tun haben. Die Extinktion dieser anderen Stoffe müssen Sie irgendwie berücksichtigen. Am einfachsten, indem Sie noch eine Probe messen, die die gesuchte Substanz gar nicht enthält, sondern nur alle anderen, störenden, Stoffe. Den dabei erhaltenen Wert, den sogenannten **Leerwert** ziehen Sie nachher von Ihrem Messergebnis ab.

Grundsätzlich gibt es dabei zwei verschiedene Arten von Leerwerten. Es kann sein, dass die verwendeten Reagentien selbst eine Eigenfarbe besitzen, sodass eine geringe Extinktion vorhanden ist, selbst wenn die Probe nichts von der gesuchten Substanz enthält. Man spricht dann von einem **Reagentien-Leerwert**. Diesen Leerwert muss man getrennt bestimmen und von ALLEN gemessenen Proben abziehen – oder man stellt das Photometer gleich mit diesem Reagentien-Leerwert auf Null, das hat den gleichen Effekt und man erspart sich die Rechnung. *Wenn man allerdings bei der Bereitung dieses Leerwertes gepfuscht hat, dann stellt man das Photometer falsch ein. Misst man dagegen den Leerwert extra, so fällt es einem normalerweise auf, wenn dieser eine ungewöhnliche Extinktion zeigt.*

Häufig verwendet man in der Photometrie Eichkurven. Man bestimmt einige Lösungen mit bekannter Konzentration, darunter auch eine mit der Konzentration null. Letztere gibt dann den Reagentien-Leerwert. Trägt man nun alle Punkte in die Eichkurve ein, so erhält man eine Gerade, welche die Ordinate an der Stelle schneidet, die dem Reagentien-Leerwert entspricht. Sie können natürlich auch mit dem Reagentien-Leerwert das Photometer auf null eichen. Dann liegen alle Punkte um einen bestimmten Wert tiefer und Sie erhalten eine Gerade, die durch den Nullpunkt Ihres Eichdiagrammes geht. Wenn Sie das machen, müssen Sie natürlich auch Ihre Probe gleich mitmessen – oder, wenn Sie diese später messen, wieder mit einem Leerwert auf null stellen. (Also nicht nächsten Tag die Proben ohne Leerwert messen und mit der alten Eichkurve vergleichen – das ergibt meistens Blödsinn.) Grundsätzlich gilt immer: alle Proben unter gleichen Bedingungen messen, die Werte Ihrer Eichkurve ebenso wie die unbekannten Proben.

Die zweite Art ist der **Proben-Leerwert** (auch Analysen-Leerwert). Dieser gilt nur für die Probe und darf von der Standardlösung nicht abgezogen werden (*also darf auch das Photometer damit nicht auf null gestellt werden*). Ein Beispiel dafür ist die Bestimmung von Phenolrot im Harn. Harn kann oft eine Eigenfarbe besitzen, man bestimmt also die Extinktion der Harnprobe ohne Phenolrot, dieser Harn-Leerwert darf aber nur vom Harn abgezogen werden, da der Standard ja eine reine Lösung von Phenolrot ohne jeden Harnanteil ist.

Welche Art von Leerwert Sie berücksichtigen müssen, geht meist aus der Arbeitsvorschrift hervor – oder bei Rechenaufgaben aus der Angabe.

▶ Vor einer Proteinbestimmung wird die Extinktion des Leerwertes (alle Reagentien ohne Protein) mit 0.021 bestimmt. Die Ablesung für die Extinktion des Standards (c = 60 g/l) ergibt E = 0.521. Die zu untersuchende Probe hat einen Extinktionswert von 0.638. Wie groß ist die Proteinkonzentration (g/l) in dieser Lösung?

Bei der üblichen Proteinbestimmung handelt es sich um einen Reagentien-Leerwert. Daher müssen wir BEIDE Extinktionen, die der Analyse (= Probe) und die des Standards, um den Leerwert vermindern. *Das geht aus der Angabe nicht immer so ohne weiteres hervor, man muss eine Ahnung haben, wie die Proteinbestimmung funktioniert.*

$$E_A - LW = E_A - 0.021$$

$$E_{St} - LW = E_{St} - 0.021$$

Dann gilt wieder: die Extinktionen verhalten sich wie die Konzentrationen, also ...

$$\frac{E_1}{E_2} = \frac{c_1}{c_2}$$

Und wenn 1 die Probe ist und 2 der Standard ...

$$\frac{E_A - 0.021}{E_{St} - 0.021} = \frac{c_1}{60}$$

$$c_1 = \frac{(E_A - 0.021) \times 60}{E_{St} - 0.021}$$

$$c_1 = \frac{(0.638 - 0.021) \times 60}{0.521 - 0.021}$$

Das Ergebnis hat die gleiche Einheit wie der Standard, also 74 g/l.

$$\mathbf{c_1} = \frac{0.617 \times 60}{0.500} = \mathbf{74\ g/l}$$

Wie groß ist die Phenolrot-Konzentration einer unbekannten Harnprobe? Folgende Messergebnisse wurden erhalten:

$E_{Harnleerwert} = 0.07$
$E_{Analyse} = 0.31$
$E_{Standard} = 0.32$
$c_{Standard} = 20\ mg/l$

Wir haben es bereits erwähnt, es handelt sich hier um einen Proben-Leerwert. Also dürfen wir ihn nur von der Extinktion der Harnprobe ($E_{Analyse}$) abziehen.

$$E_A - LW = E_A - 0.07$$

$$E_{St} = E_{St}$$

Wieder gilt ...

$$\frac{E_1}{E_2} = \frac{c_1}{c_2}$$

Und wenn 1 die Probe ist und 2 der Standard ...

$$\frac{E_A - 0.07}{E_{St}} = \frac{c_1}{20}$$

$$c_1 = \frac{(E_A - 0.07) \times 20}{E_{St}}$$

$$c_1 = \frac{(0.31 - 0.07) \times 20}{0.32}$$

$$c_1 = \frac{0.24 \times 20}{0.32} = \frac{4.8}{0.32}$$

$$c_1 = \mathbf{15\ mg/l}$$

Übungen zu Kapitel 15

150. Wie groß ist die Konzentration an Phenolrot in einer unbekannten Probe? Folgende Messergebnisse wurden erhalten:

$E_{Analyse} = 0.29$
$E_{Standard} = 0.18$
$c_{Standard} = 20\ mg/l$

$c_A = 32\ mg/l$

151. Wie groß ist die Phenolrot-Konzentration einer unbekannten Harnprobe? Folgende Messergebnisse wurden erhalten:

$E_{Leerwert} = 0.02$
$E_{Analyse} = 0.29$
$E_{Standard} = 0.18$
$c_{Standard} = 20\ mg/l$

$c_A = 30\ mg/l$

152. Wie groß ist die Extinktion der Lösung, wenn die Konzentration der Analyse $c_A = 40\ g/l$, die Konzentration des Standards $c_{St} = 25\ g/l$ und die Extinktion $E_{St} = 0.20$ sind?

$E_A = 0.32$

153. Bei einer Proteinbestimmung wurden folgende Daten erhalten:

Extinktion des Leerwertes	E_{LW}	=	0.030
Extinktion der Analyse	E_A	=	0.300
Extinktion des Standards	E_{St}	=	0.270
Konzentration des Standards	c_{St}	=	60 g/l

Wie groß ist die Konzentration der analysierten Lösung?

$c_A = 67.5$ g/l

154. Vor einer Proteinbestimmung wird die Extinktion des Leerwertes mit 0.021 bestimmt. Die Ablesung für die Extinktion des Standards ($c = 60$ g/l) ergibt $E = 0.721$. Die zu untersuchende Probe hat einen Extinktionswert von 0.651. Wie groß ist die Proteinkonzentration (g/l) in dieser Lösung?

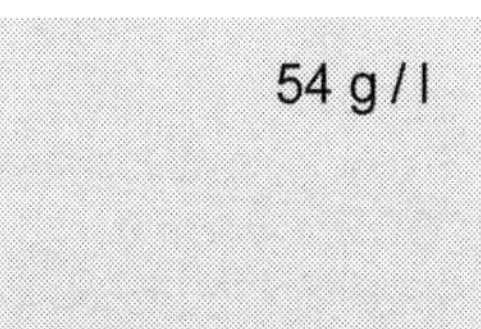

155. Vor einer Proteinbestimmung wird mit Wasser auf $E = 0$ gestellt. Der Reagentien-Leerwert ist 0.05, der Standard mit 10 g/l hat die Extinktion $E = 0.42$ und die Probenlösung zeigt eine Extinktion von $E = 0.34$. Die Proteinkonzentration der Probe ist daher?

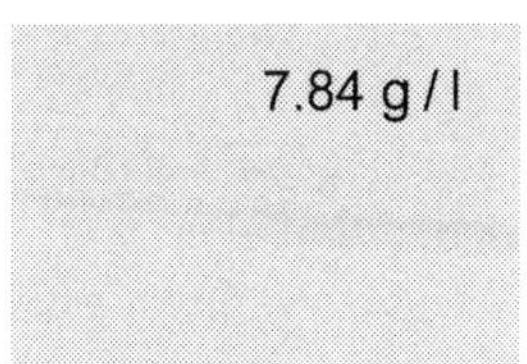

156. Bei einer photometrischen Bestimmung von Kreatinin im Serum erhält man folgende Extinktionswerte:

$$E_{Analyse} = 0.185$$
$$E_{Standard} = 0.220$$
$$c_{Standard} = 0.177 \text{ mmol/l}$$

Wie groß ist die Konzentration des Kreatinins in der Analysenprobe?

0.149 mmol/l

16 Säuren und Basen, Teil 1 pH-Wert

Eine **Säure** ist ein Stoff, der in wässriger Lösung H^+-Ionen abdissoziiert, eine **Base** ein Stoff, der in wässriger H^+-Lösung Ionen aufnimmt.

$$\text{Säure} \rightleftharpoons \,?\, + H^+ \qquad\qquad \text{Base} + H^+ \rightleftharpoons \,?$$

Wenn man die oberen Gleichungen genauer durchdenkt, so erkennt man, dass die zweite Gleichung einfach die Umkehrung der ersten ist. Dann wird aber auch klar, was man an Stelle der Fragezeichen schreiben muss.

$$\text{Säure} \rightleftharpoons \text{Base} + H^+ \qquad\qquad \text{Base} + H^+ \rightleftharpoons \text{Säure}$$

Die Begriffe von Säure und Base sind also untrennbar miteinander verbunden und das eine kann ohne dem anderen nicht existieren. *Diejenige Base, die derart mit einer Säure verbunden ist, nennt man auch die* ***korrespondierende*** *Base, und umgekehrt. Man nennt auch beide ein korrespondierendes Säure-Base-Paar.* Eine saure Lösung – im täglichen Sprachgebrauch – ist daher eine Lösung, die viele H^+-Ionen enthält. Umgekehrt sind in einer basischen Lösung wenig H^+-Ionen enthalten. *Nicht gar keine, sondern wenige!* Man kann also die Konzentration an H^+-Ionen in einer wässrigen Lösung als Maß für deren Azidität (= Säurestärke) oder Basizität angeben. Allerdings nicht direkt in Mol pro Liter, sondern als negativen Logarithmus der Konzentration. *Das ist jetzt keine perverse Vorliebe der Chemiker für negative Logarithmen. Es ist einfach so, dass die Konzentration der H^+-Ionen fast immer so gering ist, dass man sie als Zehnerpotenz mit einer negativen Hochzahl angeben muss. Aus purer Bequemlichkeit – so etwas gibt es – nimmt man dann eben alleine die Hochzahl ohne das negative Vorzeichen als Kenngröße, und das entspricht dem negativen Logarithmus.* Die so erhaltene Kenngröße wird als **pH** oder auch **pH-Wert** bezeichnet.

Jetzt müssen wir uns nur noch überlegen, welche Zahlenwerte dieser pH-Wert annehmen kann. Wir definieren ganz reines Wasser als neutral (weder sauer noch basisch). In diesem Wasser gibt es aber ebenfalls H^+-Ionen, weil Wasser selbst in seine Ionen zerfällt.

$$H_2O \rightleftharpoons H^+ + OH^-$$

Wir haben also auch in reinem Wasser ein Gleichgewicht zwischen Wasser und seinen Ionen, und können dafür wie gewohnt das Massenwirkungsgesetz anwenden (siehe auch Kapitel 9):

$$K = \frac{[H^+] \times [OH^-]}{H_2O}$$

Wir wollen uns aber hier über den Wert der Konstanten keine Gedanken machen, sondern formen um, sodass Wasser und Konstante auf einer Seite stehen:

$$K \times [H_2O] = [H^+] \times [OH^-]$$

Erfreulicherweise gibt das Produkt $K \times [H_2O]$ eine schöne runde Zahl, die man sich leicht merken kann, nämlich 10^{-14}:

$$[H^+] \times [OH^-] = 10^{-14}$$

Diese einfache Beziehung nennt man das **Ionenprodukt des Wassers.** Sie gilt für alle wässrigen Lösungen. Haben wir also eine saure Lösung mit vielen H^+-Ionen, müssen entsprechend wenig OH^--Ionen vorhanden sein, damit das Ionenprodukt seinen Wert von 10^{-14} erreichen kann – und umgekehrt.

Nun sind in reinem Wasser nur die Ionen vorhanden, die aus der Eigendissoziation des Wassers kommen, und das müssen gleich viele H^+- und OH^--Ionen sein. Jetzt ist es kein Kunststück auszurechnen, wie viele H^+ (und OH^-) in reinem Wasser sind, damit das Produkt 10^{-14} ergibt.

$10^{-7} \times 10^{-7} = 10^{-14}$ daraus folgt $[H^+] = 10^{-7}$ und $[OH^-] = 10^{-7}$

Reines – neutrales – Wasser hat daher einen pH-Wert von 7, in einer sauren Lösung ist der pH-Wert kleiner als 7, und in einer basischen Lösung größer. *Aufpassen: ein kleinerer pH-Wert bedeutet, dass die negative Hochzahl der Konzentration kleiner ist, daher ist die Konzentration selbst größer. Eine Konzentration von 10^{-3} mol/l ist GRÖSSER als eine Konzentration von 10^{-7} mol/l.*

Der **pH-Wert** ist der negative dekadische Logarithmus der Wasserstoff-Ionen-Konzentration (in mol/l). *Analog wäre der **pOH-Wert** der negative dekadische Logarithmus der OH^--Ionen-Konzentration.*

$$\mathbf{pH = -\log [H^+]} \quad \text{ferner} \quad \mathbf{pOH = -\log [OH^-]}$$

und da $[H^+] \times [OH^-] = 10^{-14}$ gilt $pH + pOH = 14$

Grundsätzlich gibt man immer nur den pH-Wert an, der pOH kommt nur in Zwischenergebnissen vor und kann als Rechengröße manchmal sehr praktisch sein.

Bei den üblichen Beispielen geht es darum, den pH einer bestimmten Lösung auszurechnen, oder vom pH auf die Konzentration zurückzurechnen. Ist die Säure (oder Base) stark, so kann man mit gutem Gewissen annehmen, dass ALLE vorhandenen H (oder OH) als

Ionen abdissoziieren. *Eigentlich ist OH^- die Base; $NaOH$ ist also selbst keine Base sondern ein „basisches Hydroxid", das immer vollständig in Na^+ und OH^- dissoziiert.*

▶ Welchen pH-Wert hat eine Salzsäure der Konzentration c = 0.15 mol / l?

Salzsäure dissoziiert praktisch vollständig und kann ein H^+ abgeben. Daher ist die Konzentration der H^+-Ionen identisch mit der Konzentration an Salzsäure.	$HCl \rightleftharpoons H^+ + Cl^-$ $[H^+] = 0.15\ mol/l$
Der negative Logarithmus der Konzentration an $[H^+]$-Ionen gibt den pH.	$pH = -\log [H^+]$
Weil es unser erstes pH-Beispiel ist, machen wir es noch einmal ganz langsam. Wir probieren 3 Möglichkeiten aus, den pH auszurechnen:	
a) direkte Methode als negativen Logarithmus *Unsere Tabelle aus Kapitel VIII zeigt für log 1.6 den Wert 0.2. Nun ist aber 1.6 nahe genug an 1.5, sodass man den Wert direkt nehmen kann! Nur nichts zu kompliziert machen!*	$pH = -\log [H^+] = -\log 0.15$ $= -\log (1.5 \times 10^{-1})$ $= -[\log 1.5 + \log 10^{-1}]$ $= -[0.2 + (-1)] = -[-0.8] =$ $\mathbf{pH = 0.8}$
b) mit dem Kehrwert anstelle des negativen Logarithmus: *Unsere Tabelle zeigt für log 6 = 0.8, für log 7 = 0.85, also würden wir ca. 0.82 erwarten, wir runden und schreiben 0.8.*	$pH = -\log [H^+] = \log (1 / [H^+]) =$ $= \log 1 / 0.15$ $1 / 0.15 = 6.67 \quad pH = \log 6.67$ $\mathbf{pH = 0.8}$
c) mit dem Taschenrechner: *Der Logarithmus von 0.15 ist –0.8239087. Wir runden auf –0.8 und nehmen den Wert negativ.*	$pH = -\log [H^+] = -\log 0.15$ $\log 0.15 = -0.8239087 \sim -0.8$ $-\log 0.15 = +\mathbf{0.8}$

Wichtig: schätzen Sie ab, ob es stimmen kann: Eine Konzentration von 0.15 mol / l liegt dicht bei 0.1 mol / l, ein bisschen in Richtung 1.0 mol / l. Nun entsprechen 0.1 mol / l einem pH von 1, 1 mol / l einem pH von 0. Unser Ergebnis muss also dicht bei 1 liegen, ein bisschen in Richtung 0.

Konzentration

. . . **0.01** . . . . **0.1** .⇓. . . . . . . **1.0** . . **mol / l**

. . . . **2** . . . . **1** .⇓. . . . . . . **0** . . .

pH-Wert

 Welche Konzentration besitzt eine HCl-Lösung mit pH = 2.4?

Die umgekehrte Rechnung. Noch einmal spielen wir mehrere Varianten durch, um vom negativen Logarithmus (– log n) zum Numerus (= die ursprüngliche Zahl n) zu kommen.

a) direkte Methode:

$$-\log n = 2.4$$

$$\log n = -2.4 = -3 + 0.6$$

$$\mathbf{n} = 10^{-3} \times 4 = \mathbf{4 \times 10^{-3}\ mol / l}$$

b) Verwendung des Kehrwertes:

wir rechnen zuerst – log n um, das gibt 1 / n, und nehmen dann davon den Kehrwert.

$$-\log n = \log (1 / n) = 2.4 = 2 + 0.4$$

$$1 / n = 10^2 \times 2.5 = 2.5 \times 10^2$$

$$n = \frac{1}{2.5 \times 10^2} = 0.4 \times 10^{-2}$$

$$\mathbf{n = 4 \times 10^{-3}\ mol / l}$$

c) Verwendung des Taschenrechners:

– 2.4, davon [inv] [log] *gibt 0.003981, runden auf 0.004.*

$$-\log = 2.4$$

$$n = 0.003981 = 0.004$$

$$n = \mathbf{4 \times 10^{-3}\ mol / l}$$

Kontrolle: pH = 2.4 liegt etwa in der Mitte zwischen pH = 2 und pH = 3. Also muss das Resultat in der Mitte zwischen 10^{-2} mol / l und 10^{-3} mol / l liegen.

Konzentration

. . **10⁻³**. ⇑. . . **10⁻²**. . . . . .**10⁻¹**. . . . . .**1**. . mol / l

. . . **3** . . ⇓. . . . **2** . . . . **1**. . . . . . . **0** . . .

pH-Wert

10 ml einer verdünnten Schwefelsäure-Lösung enthalten 4.9 mg H_2SO_4. Wie groß ist die Konzentration der Lösung? Wie groß ist die H^+-Konzentration der Lösung? Wie groß ist der pH-Wert der Lösung?

Wie groß ist die Konzentration der Lösung?

Der erste Teil ist einfach die Berechnung einer Konzentration. Zuerst brauchen wir die M_r von Schwefelsäure:

H	2 x 1	=	2
S	32	=	32
O	4 x 16	=	64
			98

Danach bestimmen wir, wie viel mol 4.9 mg sind ...

$$98\text{ g} \;\ldots\ldots\; 1\text{ mol}$$
$$4.9 \times 10^{-3}\text{ g} \;\ldots\ldots\; X$$

$$X = \frac{4.9 \times 10^{-3}\text{ g} \times 1\text{ mol}}{98\text{ g}}$$

$$\mathbf{X} = 0.050 \times 10^{-3}\text{ mol}$$

... und berechnen die Konzentration ...

$$c = m/v = \frac{0.050 \times 10^{-3}\text{ mol}}{10 \times 10^{-3}\text{ l}}$$

$$\mathbf{c = 0.0050\ mol/l = 5\ mmol/l}$$

Wie groß ist die H^+-Konzentration der Lösung?

Da Schwefelsäure zwei H^+ abdissoziiert, ist die Konzentration der H^+-Ionen doppelt so groß wie die Konzentration der Schwefelsäure.

$$[H^+] = 2 \times c = 2 \times 5\text{ mmol/l}$$

$$\mathbf{[H^+] = 10\ mmol/l = 0.010\ mol/l}$$

Wie groß ist der pH-Wert der Lösung?

Die eigentliche pH-Berechnung. Der negative Logarithmus von 0.01 ...

$$\mathbf{pH} = -\log 0.010 = -\log 10^{-2} = \mathbf{2}$$

▶ Wie viele g NaOH benötigt man, um 1 l Lösung mit pH = 12.3 herzustellen?

Bei solchen Rechnungen immer Mol verwenden. Fangen wir damit an, auszurechnen wie viel mol NaOH man benötigt. Wieder gibt es zwei Möglichkeiten:

a) Wir rechnen die H^+-Ionen-Konzentration aus ...

$$-\log = 12.3 \quad \ldots \quad \log = -12.3$$

$$n = [H^+] = 5 \times 10^{-13} \text{ mol/l}$$

... und danach berechnen wir die OH^--Ionen-Konzentration :

$$[H^+] \times [OH^-] = 10^{-14}$$

$$[OH^-] = \frac{10^{-14}}{5 \times 10^{-13} \text{ mol/l}} = 0.2 \times 10^{-1}$$

$$[OH^-] = \mathbf{0.02 \text{ mol/l}}$$

Da 1 mol NaOH auch 1 mol OH^- entspricht, brauchen wir eine NaOH-Lösung mit c = 0.02 mol / l.

b) Wir verwenden als Zwischengröße den pOH:

$$pH + pOH = 14$$

$$pOH = 14 - 12.3 = 1.7$$

Der pOH ist sehr ähnlich definiert wie der pH: der negative Logarithmus der OH^--Ionen-Konzentration. Damit können wir direkt auf die Konzentration von OH^--Ionen zurückrechnen.

$$-\log n = 1.7 \quad \ldots \quad \log n = -1.7$$

$$\mathbf{n} = [OH^-] = \mathbf{0.02 \text{ mol/l}}$$

NaOH liegt immer vollständig als Na^+ und OH^- vor. Weiter: für 1 Liter Lösung mit $[OH^-]$ = 0.02 mol / l muss man 0.02 mol NaOH in 1 l lösen.

$$m = c \times v = 0.02 \text{ mol/l} \times 1 \text{ l}$$

$$\mathbf{m = 0.02 \text{ mol}}$$

Wie viele g sind 0.02 mol? Die relative Molekülmasse M_r von Natronlauge ist 40.

$$Na = 23, \; O = 16, \; H = 1$$

$$M_{r\,NaOH} = 40$$

Schlussrechnung ... *fertig.*

1 mol . . . . 40 g
0.02 mol . . . . **X**

Wir benötigen 0.8 g NaOH.

$$\mathbf{X} = \frac{40 \text{ g} \times 0.02 \text{ mol}}{1 \text{ mol}} = \mathbf{0.8 \text{ g}}$$

Beträgt die Konzentration der OH^--Ionen das Hundertfache der H^+-Ionen-Konzentration, so ist der pH-Wert der wässrigen Lösung wie groß?

Klingt schrecklich kompliziert – ist aber in Wahrheit ganz einfach. Man könnte es streng mathematisch ausrechnen, aus zwei Gleichungen mit zwei Unbekannten:

Wenn die Konzentration der OH^--Ionen das Hundertfache der H^+-Ionen-Konzentration ist, so muss man die $[H^+]$ mal 100 nehmen, damit es wieder gleich wird:

$$100 \times [H^+] = [OH^-]$$

... und als zweite Formel das Ionenprodukt des Wassers:

$$[H^+] \times [OH^-] = 10^{-14}$$

$$100 \times [H^+] = [OH^-]$$

und $$[H^+] \times [OH^-] = 10^{-14}$$

$[OH^-]$ in die zweite Gleichung einsetzen

$$[H^+] \times 100 \times [H^+] = 10^{-14}$$

$$[H^+]^2 = 10^{-14} / 100 = 10^{-16}$$

$$[H^+] = 10^{-8}$$

pH = 8

Kein denkender Mensch würde das allerdings so umständlich lösen. Überlegen Sie:

Gehen Sie von einer Lösung mit pH = 7 aus, in der gleichviel $[H^+]$ und $[OH^-]$ vorhanden sind.

Wenn $[H^+]$ um den Faktor 2 steigt, so sinkt $[OH^-]$ um den Faktor 2, dann unterscheiden sich die beiden um den Faktor 4 (d.h. Sie haben 4 mal soviel $[H^+]$ wie $[OH^-]$.

Wenn $[H^+]$ um den Faktor 5 steigt, so sinkt $[OH^-]$ um den Faktor 5, dann unterscheiden sich die beiden um den Faktor 25 (d.h. Sie haben 25 mal soviel $[H^+]$ wie $[OH^-]$.

und so weiter ...

pH = 7 $\quad [H^+] = [OH^-]$

$$[H^+] \neq [OH^-]$$

$$[H^+] \neq [OH^-]$$

Um also 100 mal mehr $[OH^-]$ zu haben wie $[H^+]$, müssen Sie $[H^+]$ um den Faktor 10 senken, dann steigt $[OH^-]$ gleichzeitig um den Faktor 10 und Sie haben 100 mal mehr $[OH^-]$ als $[H^+]$.

Wenn Sie aber $[H^+]$ um den Faktor 10 senken, so steigt der pH um **eins**, sie kommen von pH = 7 auf pH = 8.

Hat man diese Überlegung einmal verstanden, so ist das ganze Beispiel gar keine Rechnung mehr, man kann das Ergebnis sofort hinschreiben.

	$[H^+]$	$[OH^-]$	pH
$[H^+] = [OH^-]$	10^{-7}	10^{-7}	7
$100 \times [H^+] = [OH^-]$	10^{-8}	10^{-6}	8
$10\,000 \times [H^+] = [OH^-]$	10^{-9}	10^{-5}	9
$1\,000\,000 \times [H^+] = [OH^-]$	10^{-10}	10^{-4}	10
:			
$[H^+] = 100 \times [OH^-]$	10^{-6}	10^{-8}	6
$[H^+] = 10\,000 \times [OH^-]$	10^{-5}	10^{-9}	5
$[H^+] = 1\,000\,000 \times [OH^-]$	10^{-4}	10^{-10}	4
:			

und so weiter ...

Übungen zu Kapitel 16

160. 100 ml verdünnte Salzsäurelösung enthalten 18 mg HCl (M_r = 36). Wie groß ist die Konzentration der Lösung? — c = 0.0050 mol / l

     Wie groß ist die H^+-Ionen-Konzentration der Lösung? — c = 0.0050 mol / l

     Wie groß ist der pH-Wert der Lösung? — pH = 2.3

161. 100 ml verdünnte Schwefelsäure enthalten 19.6 mg H_2SO_4. Wie groß ist die Konzentration der Lösung? — c = 0.0020 mol / l

     Wie groß ist die H^+-Ionen-Konzentration der Lösung? — c = 0.0040 mol / l

     Wie groß ist der pH-Wert der Lösung? — pH = 2.4

162. Wie viele g NaOH werden zur Herstellung von 0.5 l einer Lösung mit pH = 11 benötigt? — 0.02 g

163. Eine Salzsäure weist einen pH von 1.3 auf. Welche Konzentration hat die HCl-Lösung? — c = 0.05 mol / l

164. 0.1 g NaOH sind in 500 ml gelöst. Wie groß ist die Konzentration der Lösung? (M_r NaOH = 40) — c = 0.005 mol / l

Welchen pH-Wert besitzt die Lösung? — pH = 11.7

165. Eine verdünnte Schwefelsäure-Lösung hat einen pH = 1.7. Wie groß ist die Konzentration der Schwefelsäure-Lösung? — c = 0.01 mol / l

Wie groß ist die H^+-Ionen-Konzentration der Lösung? — c = 0.02 mol / l

166. Wie viele g H_2SO_4 benötigt man um 3 l einer Lösung von pH = 2 herzustellen? (M_r H_2SO_4 = 98) — 1.47 g

167. Welchen pH-Wert hat eine Schwefelsäurelösung der Konzentration c = 3 mmol / l? * — pH = 2.2 *

168. Welchen pH-Wert hat eine Lösung, die 80 mg NaOH in 100 ml Wasser enthält (M_r NaOH = 40)? — pH = 12.3

169. Beträgt die Konzentration der H^+-Ionen das Hundertfache der OH^--Ionen, so ist der pH-Wert der wässrigen Lösung wie groß? — pH = 6

* **Für ganz Sorgfältige:** eigentlich steckt in unseren Rechnungen mit Schwefelsäure ein Fehler. Bei allen mehrwertigen Säuren ist die Dissoziation der zweiten Stufe deutlich schwächer als die erste Stufe (Der K_S-Wert – siehe Kapitel 18 und 21 – ist etwa um den Faktor 10^{-5} kleiner). das gilt natürlich auch für Schwefelsäure. Das erste H der Schwefelsäure ist demnach zwar immer (nahezu) vollständig abdissoziiert, das zweite aber nicht ganz so vollständig – und wie viel dieses „nicht ganz so“ ausmacht hängt vom pH-Wert und damit von der Konzentration der Schwefelsäure ab.

Grundsätzlich macht man keinen sehr großen Fehler, wenn man bei pH-Werten größer als 2 für Schwefelsäure beide H-Atome als vollständig abdissoziiert annimmt. In unserem Beispiel im Text (c = 0.05 mol / l) würde die Schwefelsäure einen pH-Wert von 2.1 haben (wir haben 2.0 errechnet). Und in allen anderen Rechnungen in diesem Buch ist der Fehler noch kleiner weil die Konzentrationen auch noch kleiner sind. Nur bei konzentrierten Lösungen muss man aufpassen. In Schwefelsäure der Konzentration 1 mol / l ist weniger als 1 % bis zur zweiten Stufe dissoziiert, sodass man die Schwefelsäure in diesem Fall getrost als einwertige Säure behandeln könnte. Aber eine solche Lösung ist für Mediziner, Biologen, Biochemiker, Ökologen usw. ohnehin nicht interessant, weil sich da physiologisch nichts mehr abspielt ...

17 Säuren und Basen, Teil 2 Verdünnungen, Ionenstärke

100 ml einer Lösung von NaOH mit pH = 13 werden mit 1.9 l Wasser verdünnt. Wie groß ist der pH nach der Verdünnung?

Fangen wir mit der umständlichen Methode an. Wir rechnen zuerst die Konzentration der NaOH aus:	pH = 13 $\Rightarrow$ pOH = 1 $\Rightarrow$ – log n = 1 $\Rightarrow$ log n = – 1 n = 0.1 mol / l = c_1
Danach machen wir eine Verdünnungsrechnung: *100 ml = 0.1 l, 0.1 l + 1.9 l = 2 l*	$c_1 \times v_1 = c_2 \times v_2$ 0.1 mol / l x 0.1 l = c_2 x 2 l c_2 = 0.005 mol / l
Und zuletzt rechnen wir den pH der verdünnten Lösung aus:	pOH = – log 0.005 = 2.3 **pH = 11.7**
Es geht einfacher, wenn man sich überlegt: Durch den Zusatz von Wasser wird die Lösung auf das 20-fache verdünnt. Die Konzentration ändert sich daher um das 20-fache. Da der pH proportional dem Logarithmus der Konzentration ist, muss – wenn sich die Konzentration um den Faktor 20 ändert – der pH sich um den Logarithmus von 20 ändern.	log 20 = 1.3

Also ändert sich der pH um den Wert 1.3 – aber in welche Richtung? Arbeiten Sie jetzt nicht mit Vorzeichen, das kann schief gehen. Überlegen Sie: Reines Wasser hat einen pH-Wert von 7.0. Wenn ich also eine beliebige Lösung weiter und weiter verdünne, werde ich mich diesem Wert nähern. Gleichgültig, ob ich im sauren oder im basischen Bereich anfange, ich werde mich immer dem Neutralpunkt (pH = 7) nähern, ohne diesen natürlich jemals überschreiten zu können. Man kann ja eine Säure nicht solange verdünnen, bis sie basisch wird – und umgekehrt.

Durch das Verdünnen wird sich der pH in Richtung Neutralpunkt verschieben, also von pH = 13 in Richtung pH = 7, und zwar um 1.3 (log 20).

13 – 1.3 = **11.7**

Der große Vorteil dieser Methode: wenn man sie einmal verstanden hat, kann man sich dabei kaum mehr irren (oder?).

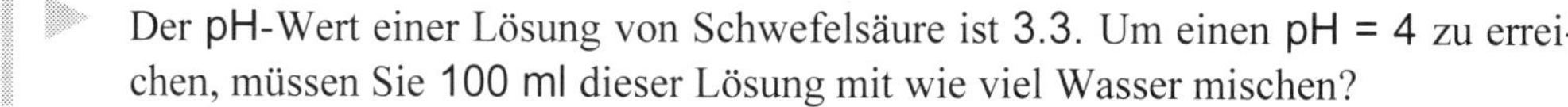

Der pH-Wert einer Lösung von Schwefelsäure ist 3.3. Um einen pH = 4 zu erreichen, müssen Sie 100 ml dieser Lösung mit wie viel Wasser mischen?

Wenn Sie das zweite Verfahren anwenden, brauchen Sie sich nicht darum zu kümmern, wie viele H^+-Ionen Schwefelsäure abdissoziiert.

Wir wollen eine pH-Änderung um 0.7, daher müssen wir um den Faktor 5 verdünnen *(weil log 5 = 0.7)*.

4 – 3.3 = 0.7

log n = 0.7 ... n = 5

Wir müssen unsere 100 ml also auf das 5-fache (= auf 500 ml) verdünnen, also müssen wir 400 ml Wasser zusetzen.

5 x 100 ml = 500 ml

500 ml – 100 ml = **400 ml**

Jetzt noch ganz etwas anderes: die Berechnung der **Ionenstärke**. Man muss die Konzentrationen ALLER Ionen in einer Lösung bestimmen und diese addieren, das ergibt die Gesamtionen-Konzentration (Ionenstärke).

Das ist dann wichtig, wenn man zum Beispiel die elektrische Leitfähigkeit oder das osmotische Verhalten einer Lösung abschätzen will. Bekanntlich richtet sich der osmotische Druck ja nach der Konzentration der Teilchen der Lösung, wenn also gelöste Stoffe dissoziieren, ist nicht die Konzentration des Stoffes, sondern die der Teilchen wesentlich.

Wie groß ist die Gesamtionen-Konzentration in einer $Mg(NO_3)_2$-Lösung mit der Konzentration c = 0.3 mol / l? (Die Dissoziation des Wassers kann vernachlässigt werden.)

Der Satz in Klammer bedeutet, dass die paar Ionen, in die das Wasser selbst dissoziiert, mengenmäßig keine Rolle spielen und daher nicht berücksichtigt werden müssen.

Wir müssen uns als erstes überlegen, wie unser Stoff dissoziiert:	$Mg(NO_3)_2 \rightleftharpoons Mg^{2+} + 2(NO_3^-)_2$
Also gibt 1 mol Magnesiumnitrat 1 mol Mg^{2+} ab. Und da doppelt so viele NO_3^--Teilchen entstehen, gibt es 2 mol davon ab.	1 mol 1 mol 2 mol
Folglich entstehen aus 0.3 mol / l $Mg(NO_3)_2$ auch 0.3 mol / l Mg^{2+} und 2 x 0.3 mol / l NO_3^-.	0.3 mol / l 0.3 mol / l 0.6 mol / l
Die Summe der Konzentration aller Ionen ist	0.3 mol / l 0.6 mol / l
0.3 + 0.6 = 0.9 mol / l	**0.9 mol / l**

Übungen zu Kapitel 17

170. Verdünnt man eine NaOH-Lösung mit pH = 12 auf das 200-fache, so hat die verdünnte Lösung welchen pH?	pH = 9.7
171. Verdünnt man eine HCl mit pH = 3 auf das fünffache, so hat die verdünnte Lösung einen pH von?	pH = 3.7
172. Eine HCl-Lösung zeigt den pH = 1.1. Zu 100 ml dieser Lösung werden 900 ml Wasser zugegeben. Wie groß ist der pH-Wert der verdünnten Lösung?	pH = 2.1
173. Eine HCl-Lösung hat einen pH von 1.4. Um pH = 1.7 zu erreichen, müssen Sie 100 ml dieser Lösung mit wie viel Liter Wasser mischen?	0.1 l
174. 20 ml einer KOH-Lösung mit c = 2 mol / l werden auf 500 ml verdünnt. Wie groß ist die Konzentration der verdünnten Lösung? (M_r KOH = 56)	c = 0.08 mol / l
Wie viele g KOH sind in 100 ml der verdünnten Lösung enthalten?	0.448 g
Welchen pH weist die verdünnte KOH-Lösung auf (gerundet)?	pH = 12.9

175. Um 1 ml einer NaOH-Lösung (pH = 12) auf pH = 11 zu bringen, muss man wie viele ml Wasser zusetzen?

9 ml

176. Eine Schwefelsäurelösung (H_2SO_4) hat einen pH = 2.7. Wie groß ist die Konzentration der Schwefelsäure?

c = 0.001 mol / l

Wie groß ist die H^+-Ionen-Konzentration der Lösung?

c = 0.002 mol / l

Welchen pH-Wert erhält man, wenn man die Lösung auf das Doppelte verdünnt?

pH = 3.0

177. Wie groß ist die Gesamtkonzentration aller Ionen in einer NaCl-Lösung mit c = 1 mol / l (die Dissoziation des Wassers kann vernachlässigt werden)?

2 mol / l

178. Wie groß ist die Gesamtkonzentration aller Ionen in einer Natriumsulfatlösung mit c = 1 mol / l (die Dissoziation des Wassers kann vernachlässigt werden)?

3 mol / l

179. Wie groß ist die Gesamtkonzentration aller Ionen in einer $CaCl_2$-Lösung mit c = 0.2 mol / l?

0.6 mol / l

18 Puffer, Teil 1 Grundlagen

Für viele Zwecke braucht man eine Lösung, die einen bestimmten pH-Wert hat. Und dieser pH-Wert soll sich auch möglichst wenig ändern, wenn zu dieser Lösung eine geringe Menge Säure oder Base zugesetzt wird. *Ein Beispiel dafür ist unser Blut. Es MUSS einen pH-Wert von ziemlich genau pH = 7.4 einhalten, schon Abweichungen um 0.1 wären fatal. Also braucht unser Körper ein Verfahren um zu verhindern, dass der pH-Wert sofort sinkt, wenn wir z.B. ein Glas Zitronensaft – oder sauren Riesling – trinken.* Um den pH-Wert einer Lösung konstant zu halten, benützt man einen sogenannten **Puffer**. Das ist eine sinnreiche Mischung aus Stoffen, die mit den H^+-Ionen der gegebenen Lösung im Gleichgewicht stehen. Werden jetzt zusätzliche H^+-Ionen zugegeben (indem man z.B. Säure dazu schüttet), so fangen diese Stoffe überschüssige H^+-Ionen ab und der pH-Wert bleibt (nahezu) derselbe. Entziehen wir umgekehrt der Lösung H^+-Ionen (durch Zusatz von Base), so setzen die Bestandteile des Puffers die zum Ausgleich notwendigen H^+-Ionen frei.

Klingt ziemlich theoretisch. Spielen wir ein Beispiel durch. Ein beliebter Puffer ist eine Mischung aus Essigsäure und Natriumacetat. Grundsätzlich mischt man einen Puffer häufig aus einer SCHWACHEN Säure und ihrem Salz. *Nicht irgendein Salz, sondern ein Salz dieser Säure. Wir werden gleich sehen warum.*

Essigsäure kann dissoziieren, also in Ionen zerfallen:

$$CH_3COOH \rightleftharpoons CH_3COO^- + H^+$$

Das tut Essigsäure aber nicht sehr gerne. Im Gleichgewicht ist fast alles Essigsäure und nur ein verschwindender Anteil ist in Ionen zerfallen. Da nur ganz wenige H^+-Ionen frei werden, ist die Essigsäure eine **schwache Säure**. *Seien Sie dankbar. Wäre Essigsäure stark, würden sich Ihre Zähne auflösen, sobald Sie Salat essen.* Andererseits, das Salz ist IMMER völlig dissoziiert – Salze sind so! In einer Lösung von Natriumacetat befinden sich nur Na^+ und CH_3COO^--Ionen (Acetat-Ionen). Wir haben also in unserem Puffer eine Mischung aus undissoziierter Essigsäure und Acetat-Ionen, das eine kommt fast vollständig von der zugegebenen Essigsäure, das andere vom zugemischten Salz.

Nun stehen diese beiden Ionen aber miteinander im Gleichgewicht, das ist die oben angegebene Reaktion. Wir haben also im Gleichgewicht (1) eine bestimmte Menge von Essigsäure mit (2) Acetat-Ionen und (3) H^+-Ionen. Und für dieses Gleichgewicht können wir – wie immer – das Massenwirkungsgesetz aufschreiben:

$$CH_3COOH \rightleftharpoons CH_3COO^- + H^+ \qquad K_S = \frac{[CH_3COO^-] \times [H^+]}{[CH_3COOH]}$$

Das ist ja nichts Neues. Die Gleichgewichtskonstante wird hier mit K_S bezeichnet *(das S steht für Säure),* weil sie den Zerfall (die Dissoziation) einer Säure in ihre Ionen beschreibt. Man nennt sie daher die **Dissoziationskonstante** der Säure. Es ist dies wieder eine Stoffkonstante – also ein bestimmter Wert für jede Säure – und beschreibt, wie stark die Säure ist. *Starke Säuren haben eine K_S um eins oder mehr, schwache Säuren eine K_S von 10^{-4} oder noch weniger.*

Wir verlangen von unserem Puffer, dass er die Konzentration an H^+-Ionen konstant hält. Wir formen also unsere Gleichung so um, dass die H^+-Ionen auf einer Seite stehen:

$$K_S = \frac{[CH_3COO^-] \times [H^+]}{[CH_3COOH]} \quad \text{wird zu} \quad [H^+] = K_S \times \frac{[CH_3COOH]}{[CH_3COO^-]}$$

Das bedeutet aber – da K_S eine Konstante ist – dass die Konzentration von H^+ nur von dieser Konstanten und dem VERHÄLTNIS von Säure / Salz abhängig ist. Man kann Puffer auch anders mischen, daher spricht man besser vom Verhältnis H^+-Donator / H^+-Akzeptor. Man kann also durch die Wahl einer bestimmten Mischung die H^+-Konzentration festlegen. Wenn das Verhältnis Donator / Akzeptor gleich 1 / 1 ist, so ist die Konzentration an H^+-Ionen (in mol / l) zahlenmäßig gleich der Dissoziationskonstanten der Säure. Habe ich im Verhältnis mehr Donator (~ mehr Säure), so wird die H^+-Konzentration höher, die Lösung also saurer sein, bei weniger Donator (= mehr Akzeptor, also mehr Base) wird die Lösung basischer. Das kann man nicht unbegrenzt machen, weil beides vorhanden sein muss. Als Faustregel gilt, dass das Verhältnis im Bereich 10 / 1 bis 1 / 10 bleiben soll. Will man einen ganz anderen pH-Wert erreichen, so muss man sich eine andere Säure mit einem günstigeren K_S aussuchen.

Es ist nicht praktisch, die oben erhaltene Gleichung direkt zu verwenden. Statt dessen logarithmiert man die ganze Gleichung und vertauscht noch alle Vorzeichen. Dann wird aus der Konzentration an H^+-Ionen der pH-Wert *(ist ja der negative Logarithmus von $[H^+]$)*, und aus K_S wird der sogenannte **pK_S-Wert** (= der negative Logarithmus von K_S). Die Gleichung, die wir dabei erhalten, ist die **Henderson-Hasselbalchsche Gleichung** (siehe unten).

$$pH = pK_S - \log \frac{\text{Donator}}{\text{Akzeptor}}$$

Was bedeutet diese Gleichung? Wir haben ein Puffersystem, welches aus einem Protonendonator (= eine Säure, und zwar eine schwache) und einem Protonenakzeptor (= die korrespondierende Base) besteht. Der negative Logarithmus der Dissoziationskonstante der Säure ist der pK_S. Der pH-Wert eines Puffers hängt also von zwei Kriterien ab, vom pK_S

(für jedes bestimmte Puffersystem eine Konstante) und vom Logarithmus des Verhältnisses Donator / Akzeptor. Wir können die Puffergleichung umschreiben:

$$pK_S - pH = \log \frac{\text{Donator}}{\text{Akzeptor}}$$

Diese Form ist viel praktischer. Sie besagt nämlich, dass die **Differenz** zwischen pH und pK_S gleich ist dem **Logarithmus des Verhältnisses** Donator / Akzeptor. Und damit kann man sehr gut arbeiten, und man braucht sich nicht einmal um die Vorzeichen zu kümmern – solange man die Bedeutung des Ganzen nicht aus den Augen verliert. Ist der gewünschte pH-Wert z.B. um 0.5 vom pK_S verschieden, haben wir eine Differenz von 0.5 (plus oder minus ist egal!), dann ist $0.5 = \log n$, das gibt ein $n = 3$ *(unsere Tabelle aus Kapitel VIII)*, also ist unser Verhältnis entweder 3 : 1 oder 1 : 3. Wenn der gewünschte pH-Wert saurer ist, brauchen wir mehr Donator (Säure), dann also 3 : 1; ist der gewünschte pH-Wert basischer, brauchen wir mehr Akzeptor (Base), also gilt 1 : 3. *Natürlich könnte man das Problem auch angehen, indem man das Vorzeichen berücksichtigt, umformt, und dann gleich das zum Logarithmus passende Verhältnis errechnet – nur irrt man sich dabei oft. Die Methode des Überlegens, „wovon brauche ich mehr, weil ...“ ist dagegen viel sicherer.*

Es macht keinen Sinn, einen Puffer herzustellen, dessen pH-Wert sich um mehr als 1 vom pK_S unterscheidet – so ein Puffer wäre kaum wirksam. Daher kann auch unser Verhältnis nur zwischen 10 : 1 und 1 : 10 liegen. Und was ist, wenn der pH gleich den pK_S ist? Dann ist die Differenz null, null ist der Logarithmus von 1 und wir haben eine 1 : 1 Mischung, also gleich viel von beiden Komponenten.

Nochmals zum Mitdenken: Wir wollen einen Puffer mit einem bestimmten pH-Wert herstellen. *In der Praxis häufig, viel seltener mischt man irgend etwas und rechnet dann aus, welchen pH das ergibt.* Also brauchen wir unbedingt den pK_S-Wert unseres Puffersystems. *Ist bei Prüfungen immer angegeben. Bei den Übungen hier nicht immer, dann schauen Sie in der folgenden Tabelle nach.*

Donator	Akzeptor	pK_S
Essigsäure	Na-Acetat	4.7
Essigsäure	Essigsäure + NaOH	4.7
Dihydrogenphosphat	Hydrogenphosphat	6.8
Dihydrogenphosphat	Dihydrogenphosphat + NaOH	6.8
TRIS + HCl	TRIS	8.1
Glycin	Glycin + NaOH	9.7

Lassen Sie uns einen Essigsäure-Acetat-Puffer mit pH = 4.3 mischen. Gehen wir dabei die nötigen Schritte nochmals im einzelnen durch:

1. Wenn Sie einen bestimmten Puffer mischen sollen, benötigen Sie zunächst den pK_S-Wert des Puffersystems (siehe Tabelle).

1. Sie sollen einen Essigsäure-Acetat-Puffer mit pH = 4.3 herstellen. Der entsprechende pK_S-Wert ist 4.7.

2. Bestimmen Sie die Differenz zwischen gewünschtem pH-Wert und pK_S-Wert, **ohne** das Vorzeichen zu berücksichtigen.

2. Die Differenz zwischen 4.3 und 4.7 ist 0.4.

$$4.3 - 4.7 \quad = \quad -0.4$$

Das Minus wird nicht berücksichtigt, also 0.4.

3. Der erhaltene Differenzwert ist ein Logarithmus. Suchen Sie in unserer Logarithmentabelle (Kapitel VIII) die Zahl *(Numerus)*, die diesem Logarithmus entspricht. *Nicht interpolieren, Sie können ruhig runden.*

3. In unserer Logarithmen-Tabelle steht neben 0.4 die Zahl 2.5.

4. Schreiben Sie zwei Bruchzahlen auf, wobei Sie die aus der Tabelle erhaltene Zahl einmal in den Zähler und einmal in den Nenner schreiben. *Der verbleibende Zähler / Nenner sei Eins.*

4. Sie können zwei Brüche bilden:

$$\frac{2.5}{1} \quad \text{und} \quad \frac{1}{2.5}$$

5. Sie müssen sich für einen der beiden Brüche entscheiden. Ist der gewünschte pH-Wert Ihres Puffers saurer *(= kleiner)* als der pK_S-Wert, so wählen Sie den Bruch, bei dem die größere Zahl im Zähler steht. *Zähler bedeutet Protonendonator, also mehr Donator als Akzeptor.* Ist der pH-Wert größer *(= basischer)*, so wählen Sie den Bruch mit der größeren Zahl im Nenner *(= also mehr Protonenakzeptor)*.

5. Da der gewünschte pH-Wert saurer ist, brauchen wir mehr Donator (Essigsäure), also ist

$$\frac{2.5}{1} \quad \textit{richtig.}$$

6. Der erhaltene Bruch gibt Ihnen jetzt das Verhältnis Donator / Akzeptor an, und zwar ist er das Verhältnis von Mengen (*also mol*). Da sich die beiden Mengen aber in der gleichen Lösung befinden (also im gleichem Volumen) ist es auch ein Verhältnis der Konzentrationen.	***6.*** *Sie brauchen 2.5 Teile Donator und 1 Teil Akzeptor.*
a) Sollten Sie Mengen benötigen, können Sie direkt im angegebenen Verhältnis mischen.	*Sie mischen also z.B. 2.5 mol Essigsäure mit 1 mol Na-Acetat, oder 2.5 mmol Essigsäure mit 1 mmol Na-Acetat, oder 0.5 mol Essigsäure mit 0.2 mol Na-Acetat.*
b) Sollten Sie Lösungen gleicher Konzentration haben, so können Sie direkt im angegebenen Volumsverhältnis mischen, da ja bei gleicher Konzentration das Verhältnis der Mengen dem Volumsverhältnis entspricht. *Das ist der häufigste Fall, man mischt sich beliebige Puffer aus einem Vorrat von Stammlösungen.*	*Wenn Sie Lösungen gleicher Konzentration von Essigsäure und Natriumacetat haben, so mischen Sie 2.5 l Essigsäure mit 1 l Na-Acetat, oder 50 ml Essigsäure mit 20 ml Na-Acetat.*
c) Haben die Lösungen verschiedene Konzentration, müssen Sie das jetzt berücksichtigen *(also von der doppelt so konzentrierten Lösung nur halb so viel, usw.).*	

Es kann natürlich passieren, dass Sie eine der beiden Komponenten (Donator oder Akzeptor) nicht vorrätig haben und aus anderen Komponenten mischen müssen. Sie können Na-Acetat herstellen, indem Sie gleiche Mengen Essigsäure und Natronlauge mischen, ihr Akzeptor ist dann immer noch Na-Acetat, aber Sie haben 1 Teil Na-Acetat aus 1 Teil Essigsäure UND 1 Teil NaOH hergestellt (siehe Tabelle zwei Seiten vorher).

$$\frac{\text{Donator}}{\text{Akzeptor}} = \frac{\text{2.5 Teile Essigsäure}}{\text{1 Teil Na-Acetat}} \qquad \frac{\text{Donator}}{\text{Akzeptor}} = \frac{\text{2.5 Teile Essigsäure}}{\text{1 Teil Essigsäure + 1 Teil NaOH}}$$

Wenn Sie Essigsäure und Natronlauge haben, so brauchen Sie als Donator 2.5 Teile *Essigsäure, für den Akzeptor* 1 Teil NaOH *UND NOCHMALS* 1 Teil *Essigsäure, insgesamt also* 3.5 Teile *Essigsäure und* 1 Teil NaOH.

Sie finden in der Tabelle drei Seiten zuvor Angaben, die Ihnen vermitteln mit welchen Möglichkeiten Sie rechnen müssen und was bei einem bestimmten Puffersystem als Donator und Akzeptor wirkt.

WICHTIG: Rechnen Sie immer zuerst für einen gewünschten pH-Wert das Verhältnis Donator / Akzeptor aus und überlegen Sie sich nachher, was Sie wie mischen, um das gewünschte Verhältnis zu erfüllen. *Wenn Sie versuchen in die Puffergleichung Essigsäure und Natronlauge direkt einzusetzen, kommt garantiert Blödsinn heraus.* Haben Sie umgekehrt als Angabe ein Gemisch von Lösungen und sollen daraus den pH-Wert errechnen, so müssen Sie wieder ZUERST überlegen, wie viel Donator und Akzeptor das ergibt.

Ein Essigsäure / Acetatpuffer soll einen pH = 5.0 haben. 1 l Essigsäure (c = 0.5 mol / l) muss daher mit wie viel NaOH (c = 0.5 mol / l) gemischt werden? (pK_S Essigsäure = 4.7)

Rechnen Sie immer mit den pK_S-Werten, die in der Angabe stehen! Nicht immer stimmen diese mit den Werten der Tabelle überein. Die pK_S-Werte sind zwar in der Theorie konstant, aber doch noch von einigen Faktoren wie Temperatur, Konzentration, verwendetem Lehrbuch u.a. abhängig, sodass sie in der Praxis etwas schwanken können.

Wir bestimmen die Differenz zwischen pH und pK_S ...	5.0 – 4.7 = 0.3
die log = 0.3 entsprechende Zahl ist 2 ...	log = 0.3 ... n = 2
der gewünschte pH ist alkalischer als der pK_S, also brauchen wir mehr Akzeptor ...	Donator : Akzeptor = 1 : 2
unser Akzeptor besteht aus gleichen Teilen Essigsäure und Natronlauge, der Donator aus Essigsäure ...	Donator = 1 Teil Essigsäure (HAc) Akzeptor = 2 Teile HAc + 2 Teile NaOH insgesamt: 3 Teile HAc + 2 Teile NaOH
Die Konzentration unserer Lösungen ist die gleiche, wir können also mit den Volumina direkt rechnen: gefragt war, wie viel Natronlauge wir für 1 l Essigsäure benötigen, dieser Liter Essigsäure sind unsere 3 Teile, also sind 2 Teile Natronlauge wie viele Liter ...?	3 Teile . . . . 1 l 2 Teile . . . . **X** $X = \frac{2\ \text{Teile} \times 1\ \text{l}}{3\ \text{Teile}} = \mathbf{0.67\ l}$

Wir müssen also 0.67 Liter NaOH zu unserem Liter Essigsäure dazumischen.

▶ 100 ml Glycin-Lösung (c = 0.2 mol / l) werden mit wie viel NaOH (c = 0.2 mol / l) gemischt, um einen Puffer mit pH = 9.7 herzustellen?

Hier ist der pH identisch mit dem pK_S, also gleiche Mengen Donator und Akzeptor.

pH = pKs ... Donator : Akzeptor = 1 : 1

Donator ist Glycin, Akzeptor ist Glycin + NaOH. *Woher man das weiß? Indem man in der Tabelle vier Seiten vorher nachschaut!*

Man könnte natürlich wieder eine Schlussrechnung ansetzen – aber wir glauben, dass es unnötig ist, jetzt nochmals alles wie eine Gebetsmühle zu wiederholen.

Donator: 1 Teil Glycin

Akzeptor: 1 Teil Glycin + 1 Teil NaOH

Insgesamt:

2 Teile Glycin + 1 Teil NaOH

2 Teile Glycin = 100 ml

1 Teil NaOH = **50 ml**

▶ 400 ml TRIS (c = 0.1 mol / l, pK_S = 8.1) werden mit 100 ml HCl (c = 0.1 mol / l) gemischt. Wie groß ist der pH der Pufferlösung?

Die umgekehrte Rechnung. Wir bestimmen das Verhältnis Donator : Akzeptor.

Donator ist TRIS + HCl, für 100 ml HCl brauchen wir gleichviel TRIS.

Donator: 100 ml TRIS + 100 ml HCl :

TRIS: 400 ml (insgesamt)
– 100 ml (Donator)

300 ml (Akzeptor)

Akzeptor ist das TRIS, das uns davon übrig bleibt.

Akzeptor: 300 ml TRIS

Aber 100 Teile TRIS und 100 Teile HCl ergeben erst 100 Teile Donator, daher ist das gesuchte Verhältnis ...

Donator : Akzeptor = 100 : 300 = 1 : 3

Jetzt machen wir die Umkehrung unserer Pufferrechnung: 1 : 3 (und auch 3 : 1) gibt die Zahl 3. *Hätten wir als Verhältnis z.B. 3 : 2 erhalten, müssten wir dividieren, gibt 1.5 : 1, also wäre unsere Zahl 1.5 gewesen.*

Der Logarithmus dieser Zahl sagt uns, wie sehr der pH unserer Mischung vom pK_S abweicht.

log 3 = 0.5

Da der pK_S den Wert 8.1 hat, ist der pH entweder 8.1 + 0.5 = 8.6 oder 8.1 – 0.5 = 7.6. *Da es uns nicht gekümmert hat, ob wir 3 : 1 oder 1 : 3 haben, wissen wir jetzt das Vorzeichen nicht. Wir müssen also überlegen, ob der Puffer saurer oder alkalischer sein wird, als sein pK_S-Wert.*

8.1 + 0.5 = 8.6

8.1 – 0.5 = ~~7.6~~

Wir haben mehr Akzeptor, daher muss der pH höher (der Puffer alkalischer sein) als der pK_S-Wert.

pH = 8.6

Übungen zu Kapitel 18

180. Um einen Puffer mit pH = 3.7 herzustellen, muss man zu 1 l Essigsäure (c = 1.0 mol / l) wie viel Liter Natriumacetatlösung (c = 1 mol / l) zusetzen? (pK_S Essigsäure = 4.7)

0.1 l

181. Aus 1 l TRIS-Lösung (c = 1.0 mol / l; pK_S = 8.1) soll ein Puffer mit pH = 8.1 hergestellt werden. Dazu benötigt man wie viel ml HCl mit der Konzentration c = 1 mol / l?

500 ml

182. 25 ml Glycin-Lösung (c = 0.2 mol / l) werden mit 5 ml NaOH (c = 0.2 mol / l) gemischt (pK_S von Glycin = 9.7). Welchen pH hat die entstandene Lösung?

pH = 9.1

183. 15 ml Essigsäure (c = 0.2 mol / l) werden mit 30 ml Natriumacetat (c = 0.2 mol / l) gemischt (pK_S Essigsäure = 4.7). Welchen pH hat die entstandene Lösung?

pH = 5.0

184. 220 mmol Essigsäure (pK_S = 4.7) werden mit 20 mmol NaOH gemischt. Welchen pH hat die entstandene Lösung?

pH = 3.7

185. 100 ml TRIS (c = 0.2 mol / l) werden mit wie viel ml HCl (c = 0.2 mol / l) gemischt, um einen Puffer mit pH = 7.5 herzustellen? (pK_S TRIS = 8.1)

80 ml

186. Eine Mischung aus 310 ml CH_3COOH (c = 0.15 mol / l) und 120 ml NaOH (c = 0.15 mol / l) ergibt eine Pufferlösung mit welchem pH? (pK_S Essigsäure = 4.7)

pH = 4.5

187. Versetzt man 75 ml einer schwachen Säure (c = 0.1 mol / l; pK_S = 3.8) mit 25 ml NaOH (c = 0.1 mol / l), so hat die Lösung welchen pH?

pH = 3.5

188. 300 ml TRIS (c = 0.1 mol / l; pK_S = 8.1) werden mit 200 ml HCl (c = 0.1 mol / l) gemischt. Wie groß ist der pH der Pufferlösung?

pH = 7.8

189. Ein Essigsäure / Acetatpuffer soll einen pH = 4.4 haben. 1 l Essigsäure (c = 0.5 mol / l) muss daher mit wie viel ml Na-Acetatlösung (c = 0.5 mol / l) gemischt werden? (pK_S Essigsäure = 4.7)

500 ml

19 Puffer, Teil 2
Anders formulierte Beispiele

Man kann Pufferberechnungen auch anders formulieren, im Grunde ist es aber immer die gleiche Rechnung.

Passen Sie speziell beim Phosphatpuffer auf! Donator ist hier primäres Phosphat, also Dihydrogenphosphat (NaH_2PO_4), Akzeptor ist sekundäres Phosphat (heißt auch Hydrogenphosphat Na_2HPO_4). Man könnte auch hier Phosphorsäure und Natronlauge mischen, dann wird die Berechnung aber kompliziert, weil man u.a. für Hydrogenphosphat zwei Teile Natronlauge zu einem Teil Phosphorsäure mischen muss. Natürlich kann man auch Dihydrogenphosphat und Natronlauge 1:1 mischen, um Hydrogenphosphat zu erhalten.

▶ Enthält eine Lösung achtmal soviel Na_2HPO_4 wie NaH_2PO_4, so ist ihr pH wie groß? (pK_S von NaH_2PO_4 = 6.8).

Dihydrogenphosphat (NaH_2PO_4) ist der Donator, Hydrogenphosphat (Na_2HPO_4) der Akzeptor. Also ist das Verhältnis Donator : Akzeptor ...	Donator : Akzeptor = 1 : 8
Die Umkehrung unserer Pufferrechnung: 1 : 8 gibt die Zahl 8. Der Logarithmus dieser Zahl sagt uns, wie sehr der pH unserer Mischung vom pK_S abweicht.	$\log 8 = 0.9$ $pH = pK_S \pm 0.9 = 6.8 \pm 0.9$
Wir haben mehr Akzeptor, also muss der pH höher (alkalischer) sein.	**pH = 7.7**

▶ Für ein äquimolares Gemisch von Essigsäure und Natriumacetat muss man zu 50 ml Essigsäure (c = 0.1 mol / l) wie viel ml NaOH (c = 0.1 mol / l) zugeben?

Äquimolar (oder equimolar) heißt, wir haben gleich viel Essigsäure (HAc) und Natriumacetat (= NaAc) in der Lösung (= gleiche Anzahl an mol).

Also brauchen wir einen Teil Essigsäure und einen Teil Acetat.	1 Teil HAc 1 Teil NaAc = 1 Teil HAc + 1 Teil NaOH

Da wir das Acetat aus gleichen Mengen Essigsäure und NaOH mischen (je ein Teil), brauchen wir insgesamt ...	insgesamt: 2 Teile HAc + 1 Teil NaOH
Da zwei Teile Essigsäure 50 ml sind, so ist ein Teil NaOH ... *(Der pH ist gar nicht gefragt!)*	2 Teile HAc ...... 50 ml 1 Teil **NaOH** ...... **25 ml**

Zu einer Essigsäure-Lösung (pK_S = 4.7) gibt man 50 % äquivalente Menge NaOH. Der pH dieser Lösung beträgt?

Man könnte auch sagen, in der Lösung ist halb so viel NaOH vorhanden wie Essigsäure.

Das ist eigentlich noch immer das Beispiel von vorher, diesmal wollen wir den pH aber doch wissen! Äquivalente Menge heißt gleichviel, 50 % äquivalente Menge heißt halb so viel, also 1 Teil NaOH auf 2 Teile Essigsäure. *Jetzt ist es 50 % äquivalente Menge NaOH, vorhin war es äquivalente Menge Na-Acetat ...* Der Rest ist Routine ...	1 Teil HAc + ½ Teil NaOH Akzeptor: ½ Teil NaOH + ½ Teil HAc (= ½ Teil Na-Acetat) Donator: ½ Teil HAc Donator : Akzeptor = 1 : 1 **pH = pK_s = 4.7**

Zu 1 l Essigsäure (c = 2 mol / l) muss man wie viel mol feste NaOH zusetzen, um einen pH = 4.7 zu erhalten? (pK_S = 4.7)

Hier haben wir ausnahmsweise den Fall, dass wir nicht zwei Lösungen gleicher Konzentration haben, sondern eine Lösung und einen Feststoff. In diesem Fall rechnet man am Besten alles mit Stoffmengen. Es ist ja, wie schon gesagt, durchaus zulässig, das Verhältnis Donator : Akzeptor in mol : mol anzugeben.

Wie viel mol sind also in unserer Essigsäure vorhanden?	m = c x V = 2 mol / l x 1 l = **2 mol**
Welches Verhältnis brauchen wir? Da der gewünschte pH gleich dem pK_S ist, ist das Verhältnis 1 : 1. Also ein Teil Essigsäure und ein Teil Natriumacetat (= Essigsäure + Natronlauge) ...	Donator: 1 Teil HAc Akzeptor: 1 Teil HAc + 1 Teil NaOH

Folglich brauchen wir halb so viel wie wir Essigsäure haben, also 1 mol NaOH.	insgesamt: 2 Teile HAc + 1 Teil NaOH 2 mol HAc + **1 mol NaOH**

Übungen zu Kapitel 19

190. Zu einer Glycin-Lösung ($pK_S = 9.7$) gibt man 50 % äquivalente Menge an NaOH. Wie groß ist daher der pH-Wert des Glycin-Puffers?	pH = 9.7
191. 220 ml NaH_2PO_4 (c = 0.2 mol / l) werden mit 20 ml NaOH (c = 0.2 mol / l) gemischt. Die entstandene Lösung hat welchen pH? (pK_S NaH_2PO_4 = 6.8)	pH = 5.8
192. Enthält eine Lösung 3-mal so viel $H_2PO_4^-$ als HPO_4^{2-}, so ist ihr pH wie groß? (pK_S $H_2PO_4^-$ = 6.8)	pH = 6.3
193. 1 l NaH_2PO_4 (c = 0.1 mol / l) wird mit wie viel mol NaOH gemischt, um einen Puffer von pH = 7 herzustellen? (pK_S der Puffersäure = 6.8)	0.06 mol
194. Aus 5 ml NaH_2PO_4-Lösung (c = 0.1 mol / l, pK_S = 6.8) soll mit Hilfe einer Na_2HPO_4-Lösung (c = 0.1 mol / l) ein Puffer mit pH = 6.8 hergestellt werden. Man benötigt dazu wie viel ml der Na_2HPO_4-Lösung?	5 ml
195. Wie viel mmol NaH_2PO_4 (pK_S = 6.8) muss man zu 10 ml einer Na_2HPO_4-Lösung (c = 0.5 mol / l) geben, wenn ein Puffer mit pH = 6 hergestellt werden soll?	30 mmol
196. Wie viel mol HCl muss man zugeben, wenn eine TRIS-Lösung, die 1.1 mol TRIS enthält, einen pH-Wert von 9.1 aufweisen soll? (pK_S = 8.1)	0.1 mol
197. Welchen pH-Wert hat ein Acetatpuffer, wenn man 2 mol Essigsäure mit 1.8 mol NaOH versetzt? (pK_S Essigsäure = 4.7)	pH = 5.65
198. Es soll ein Phosphatpuffer mit pH = 7.4 hergestellt werden. Wie muss das molare Verhältnis NaH_2PO_4 / Na_2HPO_4 sein? (pK_S NaH_2PO_4 = 6.8)	1 / 4
199. Enthält ein Phosphatpuffer doppelt so viel Na_2HPO_4 wie NaH_2PO_4 (pK_S = 6.8), so ist sein pH ...?	pH = 7.1

20 Puffer, Teil 3 Pufferkonzentrationen

In den Kapiteln 18 und 19 haben wir uns ausgiebig mit Puffern befasst. Wir haben aber immer *(auf dem Papier)* Puffer aus Lösungen gemischt, deren Konzentration gleich war, sodass das Verhältnis Donator / Akzeptor sofort auf das Verhältnis der beiden zu mischenden Lösungen übertragen werden konnte. Leider kommt es in der Praxis aber immer wieder vor, dass man nur ungleich konzentrierte Lösungen zur Hand hat: die Zeit drängt, man will oder kann keine neuen Lösungen herstellen, also muss man die etwas kompliziertere Rechnung durchführen. *Noch schwieriger wird es, wenn man dann noch dazu eine bestimmte Konzentration dieses Puffers herstellen soll, sodass also zur Puffer-Rechnung noch eine Verdünnungs-Rechnung kommt. Gerade so etwas braucht man in einem Labor aber häufig.*

▶ Folgende Lösungen stehen zur Verfügung: 0.1 mol / l Essigsäure (pK_S = 4.7) und 0.2 mol / l Na-Acetat. Sie sollen 100 ml eines Acetatpuffers mit einem pH von 5.3 herstellen. Wie viel von jeder Lösung müssen Sie verwenden?

Zunächst rechnet man wie immer das Verhältnis Donator / Akzeptor aus:

Wir bestimmen die Differenz zwischen pH und pK_S ...

$$5.3 - 4.7 = 0.6$$

... die log = 0.6 entsprechende Zahl ist 4.

$$\log = 0.6 \; ... \; n = 4$$

Der gewünschte pH ist alkalischer als der pK_S, also brauchen wir mehr Akzeptor.

Donator / Akzeptor = 1 / 4

Unser Donator ist Essigsäure, der Akzeptor ist Acetat.

Donator: 1 Teil Essigsäure
Akzeptor: 4 Teile Acetat

Etwas ähnliches hatten wir schon im Kapitel VII. Da sind wir draufgekommen, dass man statt einem Verhältnis der Mengen auch das Verhältnis (Konzentration mal Volumen) zu (Konzentration mal Volumen) nehmen kann. *Schließlich IST Konzentration mal Volumen ja die Menge.*

Nun ist die Acetat-Lösung doppelt so konzentriert wie die Essigsäure. Wenn man also auf Volumsteile umrechnet, braucht daher nur halb so viele Teile Acetat wie Mengenteile: Mengenteile 4, daher 2 Volumsteile.

Donator: 1 Teil = $v_1 \times c_1$
Akzeptor: 4 Teile = $v_2 \times c_2$

Daher:

Essigsäure 1 Teil = $v_1 \times$ 0.1 mol / l
Acetat 4 Teile = $v_2 \times$ 0.2 mol / l

ODER: wir setzen einfach die beiden Verhältnisse gleich *(Mengen bzw. Volumen x Konzentration)* und formen so um, dass das Verhältnis der Volumina auf einer Seite übrig bleibt.

Also muss ein Volumen Essigsäure mit zwei Volumina Acetat mischen.

$$\frac{1\ \text{Teil}}{4\ \text{Teile}} = \frac{v_1 \times 0.1\ \text{mol/l}}{v_2 \times 0.2\ \text{mol/l}} \qquad \frac{v_1}{v_2} = \frac{1 \times 0.2}{4 \times 0.1}$$

$$\frac{v_1}{v_2} = \frac{0.2}{0.4} = \frac{1}{2}$$

1 Volumen $_{\text{Essigsäure}}$

2 Volumina $_{\text{Acetat}}$

Das sind insgesamt 3 Volumsteile. Insgesamt sollen wir 100 ml Puffer mischen, also (Schlussrechnung) ist ein Volumsteil 33.3 ml.

Wir müssen also 33.3 ml Essigsäure mit 66.7 ml Acetat-Lösung mischen.

100 ml . . . . . 3 Volumina
X . . . . . 1 Volumen

X = 33.3 ml

Donator: 1 Volumen **= 33.3 ml HAc**
Akzeptor: 2 Volumina **= 66.7 ml Acetat**

▶ 10 ml Essigsäure (c = 0.1 mol / l) werden mit 30 ml Natriumacetat (c = 0.2 mol / l) gemischt (pK_S Essigsäure = 4.7). Welchen pH-Wert hat die entstandene Lösung?

Die Umkehrung der vorigen Rechnung. Wir müssen wieder das Donator / Akzeptor-Verhältnis ausrechnen. Wir haben 10 Volumsteile Essigsäure mit 30 Volumsteilen Acetat gemischt. Wenn man die Volumina mit der jeweiligen Konzentration multipliziert erhält man die entsprechenden Mengen.

Also ist das Verhältnis Donator / Akzeptor 1 / 6.

Donator: 10 Volumina Essigsäure
Akzeptor: 30 Volumina Acetat

$$m = c \times v$$

Donator: 10 ml x 0.1 mol / l = 1 mmol
Akzeptor: 30 ml x 0.2 mol / l = 6 mmol

Donator / Akzeptor = **1 / 6**

Der Rest ist *(hoffentlich)* schon Routine: Der Logarithmus von 6 ist 0.8, also ist der pH vom pK_S um 0.8 verschieden: 3.9 oder 5.5.

Da wir mehr Akzeptor haben, muss der pH-Wert alkalischer als der pK_S sein, 5.5 ist also richtig.

$$\log 6 = 0.8$$

$$pH = 4.7 \pm 0.8$$

$$\mathbf{pH = 5.5}$$

Wie viel Liter einer 0.5 molaren Natriumacetat-Lösung muss man zu 3 l einer 0.25 molaren Essigsäure (pK_S Essigsäure = 4.7) zusetzen, um einen Puffer mit pH = 3.7 zu erhalten?

Man rechnet zu Beginn wieder einmal das Verhältnis Donator / Akzeptor aus. *Wird Ihnen das detaillierte Vorrechnen nicht schon langweilig? Versuchen Sie es selbst!*

:
:
:
Donator / Akzeptor = 10 / 1

Wir haben 3 l (= 10 Teile) einer 0.25 mol / l Essigsäure. Akzeptor ist Acetat, also brauchen wir 1 Teil (= 0.3 l) einer 0.25 mol / l Acetat-Lösung.

10 Teile = 3 l Essigsäure (0.25 mol / l)

1 Teil = 0.3 l Acetat (0.25 mol / l)

Da die vorhandene Lösung aber 0.5 mol / l hat (= doppelt so konzentriert), benötigt man nur halb so viel. Wir brauchen also 0.15 l (oder 150 ml).

1 Teil = **0.15 l Acetat (0.5 mol / l)**

ODER: wir rechnen wie oben das Verhältnis der Mengen in Verhältnis der Volumina um:

$$\frac{10 \text{ Teile}}{1 \text{ Teil}} = \frac{3\text{ l} \times 0.25 \text{ mol / l}}{V_2 \times 0.50 \text{ mol / l}}$$

$$V_2 = \frac{3 \times 0.25 \times 1}{10 \times 0.50} = \frac{0.75}{5} = \mathbf{0.15\ l}$$

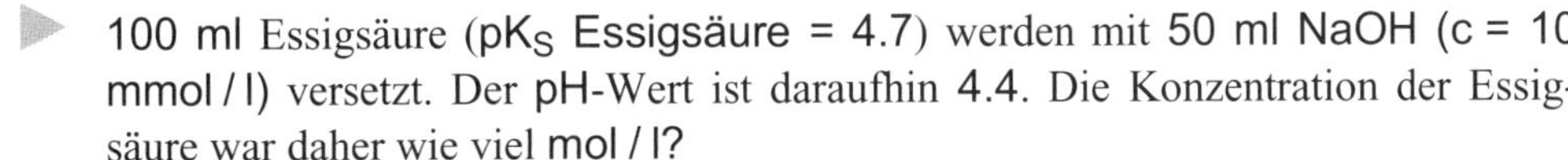

100 ml Essigsäure (pK_S Essigsäure = 4.7) werden mit 50 ml NaOH (c = 10 mmol / l) versetzt. Der pH-Wert ist daraufhin 4.4. Die Konzentration der Essigsäure war daher wie viel mol / l?

Ungewöhnlich, dass man zuerst einen Puffer mischt und erst im Nachhinein die Konzentration der Komponenten berechnet – aber man weiß ja nie, welche Probleme der Alltag in einem Labor mit sich bringt.

Man rechnet natürlich wieder einmal als Erstes das Verhältnis Donator / Akzeptor aus *(usw. usw. usw.)*.

:
:
Donator / Akzeptor = 2 / 1

Donator ist Essigsäure, Akzeptor ist Essigsäure und Natronlauge, wir brauchen 3 Teile Essigsäure und 1 Teil NaOH. Wir brauchen also dreimal soviel Essigsäure wie Natronlauge.	Essigsäure: 2 Teile für Donator 1 Teil für Akzeptor NaOH: 1 Teil für Akzeptor
a) Da wir erst doppelt soviel Volumen Essigsäure haben, muss die Essigsäure noch dazu 1½-mal konzentrierter als die Natronlauge sein (1½-mal 2 gibt das dreifache).	1½ x 10 mmol / l = 15 mmol / l = **0.015 mol / l**
b) Oder auf die langsame Methode: rechnen wir auf mol um. In 50 ml NaOH mit c = 10 mmol / l haben wir 0.5 mmol NaOH. Also brauchen wir das dreifache = 1.5 mmol Essigsäure. Diese 1.5 mmol sollen in 100 ml Essigsäure (unsere Angabe) gelöst sein: Das ergibt (natürlich) wieder 0.015 mol / l.	m = c x v m = 10 mmol / l x 50 ml m = 10 mmol / l x 0.05 l m = 10 x 0.05 mmol = 0.5 mmol NaOH 1.5 mmol Essigsäure in 100 ml c = m / v = 1.5 mmol / 100 ml c = 1.5 / 100 mmol / ml c = 0.015 mmol / ml = **0.015 mol / l**

Sie haben folgende Stammlösungen zur Verfügung: 0.2 mol / l NaH_2PO_4, 0.1 mol / l Na_2HPO_4, 0.2 mol / l Na_3PO_4. Wie viel welcher Lösung müssen Sie nehmen, um 100 ml 0.01 mol / l Phosphatpuffer pH = 6.2 herzustellen? (die pK_S-Werte der Phosphorsäure sind 1.9; 6.8; 11.7).

Bei diesem Beispiel muss man sich überlegen, was eigentlich verlangt wird! Man soll einen Puffer mischen und es ist gefragt, wie viel von welcher Lösung notwendig ist. Keinesfalls ist vorgeschrieben, ALLE Lösungen zu verwenden. Sie sollen sich also die zwei geeigneten Lösungen aussuchen. Wenn Sie einmal in einem Labor stehen, finden Sie dort ja auch immer mehr Chemikalien vor, als nur die zwei, die Sie gerade benötigen.

Als weitere Komplikation gibt es noch dazu drei pK_S-Werte, für die erste, zweite und dritte Dissoziations-Stufe der Phosphorsäure. Der erste pK_S-Wert gilt für die Dissoziation von Phosphorsäure zu primären Phosphat ($H_2PO_4^-$). Sie können damit einen Puffer aus Phosphorsäure und primären Phosphat mischen. Beim zweiten pK_S-Wert ist das primäre Phos-

phat der Donator und das sekundäre Phosphat (HPO_4^{2-}) der Akzeptor, beim dritten pK_S-Wert analog das sekundäre Phosphat der Donator und das tertiäre (PO_4^{3-}) der Akzeptor.

Sie können also drei verschiedene Puffer mischen, deren pH-Werte sich in der Nähe der entsprechenden pK_S-Werte bewegen ($pK_S \pm 1$). Da wir einen Puffer mit pH = 6.2 mischen sollen, kommt nur der zweite pK_S-Wert (6.8) in Frage. Daher ist primäres Phosphat der Donator und sekundäres Phosphat der Akzeptor.

Wir benötigen zunächst wieder das Verhältnis Donator / Akzeptor:

$$pK_S - pH = 6.8 - 6.2 = 0.6$$

$$\text{Donator } (NaH_2PO_4) = 4 \text{ Teile}$$

$$\text{Akzeptor } (Na_2HPO_4) = 1 \text{ Teil}$$

Und da die Lösung mit dem primären Phosphat doppelt so konzentriert ist wie die andere, braucht man wieder nur halb so viele Volumsteile an primären Phosphat:

$$\text{Donator } (NaH_2PO_4) = 2 \text{ Volumina}$$

$$\text{Akzeptor } (Na_2HPO_4) = 1 \text{ Volumen}$$

Unser Problem ist nun: Wenn wir wie angegeben mischen würden (ohne Wasser hinzuzufügen) erhalten wir einen Puffer, der wesentlich konzentrierter ist, als die verlangten 0.01 mol / l *(er hätte die Konzentration 0.167 mol / l)*. Es gibt nun verschiedene (teilweise recht komplizierte) Möglichkeiten weiter zu rechnen. Unser Vorschlag: probieren Sie aus, welche Konzentration herauskommt, wenn Sie relativ wenig von beiden Lösungen im richtigen Verhältnis mischen und mit Wasser auf 100 ml auffüllen. **Die Konzentration eines Puffers ist immer die Summe der Konzentrationen von Donator und Akzeptor**, also müssen wir beides berechnen und dann addieren.

Nehmen wir also 2 ml (2 Volumina) Donator und 1 ml (1 Volumen) Akzeptor *(das oben festgelegte Verhältnis Donator / Akzeptor muss natürlich erhalten bleiben)* und füllen auf 100 ml mit Wasser auf. Dann ist die Konzentration des Donators ...

$$c_1 \times V_1 = c_2 \times V_2$$

$$0.2 \text{ mol / l} \times 2 \text{ ml} = X \times 100 \text{ ml}$$

$$X = \frac{0.2 \text{ mol / l} \times 2 \text{ ml}}{100 \text{ ml}}$$

$$X = \frac{0.2 \times 2}{100} \times \frac{\text{mol / l} \times \cancel{\text{ml}}}{\cancel{\text{ml}}}$$

$$\mathbf{X = 0.004 \text{ mol / l}}$$

... und die des Akzeptors:	$c_1 \times v_1 = c_2 \times v_2$ $0.1\ mol/l \times 1\ ml = X \times 100\ ml$ $X = \frac{0.1\ mol/l \times 1\ ml}{100\ ml}$ $X = \frac{0.1 \times 1}{100} \times \frac{mol/l \times \cancel{ml}}{\cancel{ml}}$ $\mathbf{X = 0.001\ mol/l}$
Daher ist die Konzentration des Puffers die Summe von beiden:	$0.004\ mol/l + 0.001\ mol/l =$ $= \mathbf{0.005\ mol/l}$
Was hätten wir mischen sollen? Genau die doppelte Konzentration war gefragt. Also nimmt man von beiden Lösungen das Doppelte, eben 4 ml Donator und 2 ml Akzeptor. *Wenn wir nicht die doppelte Konzentration, sondern die 1.66-fache oder die halbe oder die 0.35-fache Konzentration benötigt hätten, müssten wir eben beide Volumina mit 1.66 oder mit ½ oder mit 0.35 multiplizieren.*	$\mathbf{2} \times 0.005\ mol/l = 0.01\ mol/l$ $\Rightarrow \mathbf{2} \times 2\ ml$ Donator + $+ \mathbf{2} \times 1\ ml$ Akzeptor Donator (NaH_2PO_4) = **4 ml** Akzeptor (Na_2HPO_4) = **2 ml** der Rest (94 ml) ist Wasser!

***Randbemerkung**: Welche Konzentration des Puffers würde man erhalten, wenn man Lösungen mit GLEICHER Konzentration mischen würde; also z.B. 2 Teile Donator und 1 Teil Akzeptor, OHNE noch Wasser zuzusetzen? (So haben wir es in Kapitel 18 und 19 ja immer gemacht.)*

Sie können es sich ausrechnen. Gleichgültig in welchem Verhältnis man mischt, es kommt für den fertigen Puffer immer die Konzentration heraus, die die beiden Ausgangslösungen hatten! Das gilt aber nur, wenn Sie fertige Lösungen für Donator und Akzeptor haben. Wenn man diese erst zusammensetzen muss – also z.B. Essigsäure mit NaOH mischen, um als Akzeptor Acetat zu erhalten, wird die Konzentration geringer sein.

Für ein äquimolares Gemisch von NaH_2PO_4 und Na_2HPO_4 müssen zu 10 ml NaH_2PO_4 (c = 0.1 mol / l) wie viel ml NaOH (c = 0,2 mol / l) zugesetzt werden? Wie groß ist die Konzentration des fertigen Puffers?

Äquimolar heißt, dass die Lösung dieselbe Konzentration (in mol / l) von beiden Stoffen enthält. Sind äquimolare Mengen von Donator und Akzeptor vorhanden, ist der pH-Wert des Puffers gleich dem pK_S. Hat man Lösungen gleicher Konzentration, gibt eine 1 : 1-Mischung ein äquimolares Gemisch, mischt man aber verschieden konzentrierte Lösungen, so muss von der konzentrierteren Lösung entsprechend weniger verwendet werden.

Bei diesem Beispiel mischen wir aber unsere Stoffe nicht direkt, sondern versetzen NaH_2PO_4 mit NaOH, welches zu Na_2HPO_4 weiterreagiert. Für jedes Molekül zugesetzte Natronlauge nimmt also die Zahl der NaH_2PO_4-Moleküle um eines ab.

Man könnte mit einigem Aufwand ein System aus mehreren Gleichungen aufstellen und dann die Unbekannte korrekt berechnen. Bei so einfachen Zahlenverhältnissen wie hier ist es aber einfacher, das Problem durch Probieren zu lösen.

$$NaH_2PO_4 + NaOH \rightleftharpoons$$
$$\rightleftharpoons Na_2HPO_4 + H_2O$$

Wenn wir gleich viel NaOH zusetzen, wie primäres Phosphat vorhanden ist, dann wird das gesamte NaH_2PO_4 zu Na_2HPO_4, und kein NaH_2PO_4 bleibt übrig.

1 Teil NaH_2PO_4 + 1 Teil NaOH

gibt

0 Teile NaH_2PO_4 + 1 Teil Na_2HPO_4

Also nehmen wir nur halb soviel NaOH. Dann wird logischerweise auch nur die Hälfte des NaH_2PO_4 zu Na_2HPO_4 und wir haben die gewünschte äquimolare Lösung.

1 Teil NaH_2PO_4 + ½ Teil NaOH

gibt

½ Teil NaH_2PO_4 + ½ Teil Na_2HPO_4

1 Teil NaH_2PO_4

0.5 Teile NaOH

Die Natronlauge ist aber doppelt so konzentriert wie die Lösung von primärem Phosphat, also brauchen wir nur halb so viele Volumsteile NaOH.

1 Volumen NaH_2PO_4

0.25 Volumina NaOH

Wir sollen 10 ml (= 1 Volumen) NaH_2PO_4-Lösung verwenden. Wenn 1 Volumsteil 10 ml sind, so sind 0.25 Volumsteile ...

1 Volumen . . . . 10 ml
0.25 Volumen X

X = 2.5 ml

Wir mischen also 2.5 ml NaOH mit 10 ml NaH_2PO_4 und erhalten so die gewünschte äquimolare Lösung von NaH_2PO_4 und Na_2HPO_4.

Aber jetzt sollen wir noch die Konzentration berechnen! Da sich diese aus den Konzentrationen von Donator (NaH_2PO_4) und Akzeptor (Na_2HPO_4) zusammensetzt, könnten wir die Konzentrationen der beiden berechnen und anschließend addieren. Es geht aber viel einfacher: All unser Na_2HPO_4 ist ja aus NaH_2PO_4 entstanden. Es genügt also, wenn wir die ursprüngliche Konzentration von NaH_2PO_4 nehmen und berechnen, wie sehr sie durch die NaOH verdünnt wurde. *Die Natronlauge trägt also zur Konzentration nichts bei, sie verdünnt nur die ursprüngliche Lösung.*

Unsere gewohnte Verdünnungsrechnung (das Gesamtvolumen ist jetzt 12.5 ml) ergibt 0.08 mol / l.

$$c_1 \times v_1 = c_2 \times v_2$$

$$0.1 \text{ mol / l} \times 10 \text{ ml} = c_2 \times 12.5 \text{ ml}$$

$$\mathbf{c_2 = 0.08 \text{ mol / l}}$$

Übungen zu Kapitel 20

200. Sie haben folgende Lösungen zur Verfügung: 0.1 mol / l Essigsäure (pK_S = 4.7) und 0.2 mol / l Na-Acetat. Sie sollen 100 ml eines Acetatpuffers mit einem pH von 5.2 herstellen. Wie viel von jeder Lösung müssen Sie verwenden?	40 ml Essigsäure 60 ml Acetat
201. 20 ml Essigsäure (c = 0.1 mol / l) werden mit 30 ml Natriumacetat (c = 0.2 mol / l) gemischt. (pK_S Essigsäure = 4.7) Die entstandene Lösung hat welchen pH?	5.2
202. 300 ml TRIS (c = 0.2 mol / l; pK_S = 8.1) werden mit 300 ml HCl (c = 0.1 mol / l) gemischt. Der pH der Pufferlösung ist wie groß?	8.1
203. Folgende Stammlösungen stehen zur Verfügung: 0.1 mol / l NaH_2PO_4, 0.2 mol / l Na_2HPO_4, 0.2 mol / l Na_3PO_4. Wie viel welcher Lösungen müssen Sie nehmen, um 100 ml 0.01 mol / l Phosphatpuffer pH = 6,2 herzustellen? (pK_S-Werte der Phosphorsäure: 1.9; 6.8; 11.7)	8 ml NaH_2PO_4, 1 ml Na_2HPO_4 Der Rest ist H_2O
204. Aus 6 ml einer NaH_2PO_4-Lösung (c = 0.1 mol / l, pK_S = 6.8) soll mit Hilfe einer Na_2HPO_4-Lösung (c = 0.2 mol / l) ein Puffer mit pH = 7.3 hergestellt werden. Man benötigt dazu wie viel ml der Na_2HPO_4-Lösung?	9 ml
205. Eine Mischung von 50 ml NaH_2PO_4 (c = 0.02 mol / l; pK_S = 6.8) mit 20 ml Na_2HPO_4 (c = 5 mmol / l) hat welchen pH? Wie groß ist die Konzentration des erhaltenen Puffers?	5.8; ~ 16 mmol / l gerundet
206. Wie viel Liter einer 0.5 molaren Natriumacetat-Lösung muss man zu 3 l einer 0.25 molaren Essigsäure zusetzen, um einen Puffer mit pH = 4.0 zu erhalten? (pK_S Essigsäure = 4.7) Wie groß ist die Konzentration des erhaltenen Puffers?	0.3 Liter; ~ 0.27 mol / l
207. Für ein äquimolares Gemisch von NaH_2PO_4 und Na_2HPO_4 müssen zu 20 ml NaH_2PO_4 (c = 0.2 mol / l) wie viel ml NaOH (c = 0.1 mol / l) zugesetzt werden? Wie groß ist die Konzentration des erhaltenen Puffers?	20 ml; 0.1 mol / l
208. 10 ml Essigsäure (pK_S = 4.7, c = 1 mol / l) werden mit 10 ml NaOH versetzt. Der pH-Wert ist dann 5.3. Die Konzentration der NaOH ist daher wie viel mol / l?	0.8 mol / l

IX Vereinfachen von Gleichungssystemen

Viele chemische Rechenansätze ergeben ein relativ kompliziertes System aus mehreren Gleichungen. Versucht man, diese Systeme mathematisch korrekt zu lösen, entstehen quadratische Gleichungen oder – noch schlimmer – sie erweisen sich als unlösbar, weil die Anzahl der Unbekannten die Anzahl der verfügbaren Gleichungen übersteigt. In solchen Fällen sollte man sich überlegen, ob das Gleichungssystem nicht wesentlich vereinfacht werden kann, indem man eine Unbekannte durch etwas anderes ersetzt oder sie ganz weglässt. Das kann die Rechnung manchmal etwas ungenau machen, aber eine Ungenauigkeit von – sagen wir – weniger als 1 % ist meist vernachlässigbar gegenüber dem Vorteil einer einfacheren Berechnung.

Machen wir uns dieses Prinzip an einem einfachen Beispiel klar:

> Die Dissoziationskonstante von Salzsäure beträgt 10^5. Welchen pH hat eine Salzsäure-Lösung der Konzentration 0.1 mol / l?

Wir haben das bereits in Kapitel 16 berechnet. Allerdings haben wir dabei – an dieser Stelle noch unbewusst – einige Vereinfachungen vorgenommen, die wir uns jetzt genauer ansehen wollen. Die Dissoziationskonstante wurde schon in Kapitel 18 erklärt.

Um den pH-Wert zu berechnen, brauchen wir zunächst die Konzentration an H^+-Ionen. Wenn wir ganz korrekt vorgehen, benötigen wir das Massenwirkungsgesetz für die Dissoziation der Salzsäure, also:

$$HCl \rightleftharpoons H^+ + Cl^- \quad \text{und} \quad K_S = 10^5 = \frac{[H^+] \times [Cl^-]}{[HCl]} \quad \text{(erste Gleichung)}$$

Weiters kennen wir die Konzentration. Allerdings ist ein großer Teil der Salzsäure zu (unter anderem) H^+-Ionen zerfallen, sodass man also nicht [HCl] mit 0.1 mol / l gleichsetzen kann. Die 0.1 mol / l sind die Summe aus undissoziierter Salzsäure und entstandenen Ionen, also jetzt HCl und H^+. (Für jedes Molekül HCl, das dissoziiert, entsteht ein H^+-Teilchen.)

$$[HCl] + [H^+] = 0.1 \text{ mol / l} \quad \text{(zweite Gleichung)}$$

Wir haben also ein Gleichungssystem mit **2 Gleichungen**, in dem sich 2 Konstanten (10^5 und 0.1), aber leider auch **3 Unbekannte** ([HCl], $[H^+]$, $[Cl^-]$) befinden. Da man mit nur zwei Gleichungen die drei Unbekannten natürlich nicht exakt bestimmen kann, muss man einen Weg finden, eine Unbekannte zu eliminieren. Das geht ganz leicht. Wir wissen ja, dass bei der Dissoziation von Salzsäure genau gleich viel $[H^+]$ wie $[Cl^-]$ entsteht. Also kann man jedes $[Cl^-]$ durch $[H^+]$ ersetzen.

$$10^5 = \frac{[H^+] \times [Cl^-]}{[HCl]} \quad \text{und} \quad [HCl] + [H^+] = 0.1 \text{ mol/l}$$

wird mit $[H^+] = [Cl^-]$ zu:

$$10^5 = \frac{[H^+] \times [H^+]}{[HCl]} \quad \text{und} \quad [HCl] + [H^+] = 0.1 \text{ mol/l}$$

Bis jetzt war alles mathematisch völlig korrekt. Jetzt haben wir ein System mit zwei Gleichungen und zwei Unbekannten.

Streng den Regeln folgend – das ist hier nicht genauer ausgeführt, Sie müssen es also glauben oder selbst nachrechnen – kommen wir dann zu der quadratischen Gleichung:

$$[H^+]^2 + 10^5 [H^+] - 0.1 \times 10^5 = 0$$

mit den Lösungen $+0.0999999$ mol/l *und (etwa)* -10^5 mol/l. *Da die zweite Lösung (negative Konzentrationen gibt es nicht) offensichtlich sinnlos ist, muss also die gesuchte Konzentration* 0.0999999 mol/l *sein. Wer jedoch quadratische Gleichungen unsympathisch findet, kann sich mit folgender Vereinfachung behelfen:*

Wir formen die erste Gleichung um:

$$10^5 = \frac{[H^+] \times [H^+]}{[HCl]} \quad \text{gibt} \quad 10^5 \times [HCl] = [H^+]^2 \quad \text{oder} \quad [HCl] = [H^+]^2 \times 10^{-5}$$

Rechnet man das aus, so ergibt sich unter der Annahme, dass $[H^+]$ nahe bei 0.1 mol/l liegt, eine Konzentration für HCl von etwa 10^{-7} mol/l. Nun beschreibt die zweite Gleichung eine Summe zweier Konzentrationen, dabei ist es ziemlich bedeutungslos, ob man die Konzentration von HCl berücksichtigt, oder ob man sie gleich null setzt: der Fehler macht in jedem Fall nur etwa ein zehntausendstel Prozent aus!

$$[HCl] + [H^+] = 0.1 \text{ mol/l} \quad \text{wird zu} \quad 0 + [H^+] = 0.1 \text{ mol/l}$$

Damit haben wir bereits unsere Lösung, **$[H^+]$ = 0.1 mol/l**. *Wir ersparen es uns, daraus den pH-Wert auszurechnen, das können Sie sicher schon selbst.* Und wenn man dieses Ergebnis mit dem der quadratischen Gleichung von vorhin vergleicht, so wird klar, dass der Unterschied zwischen 0.1 mol/l und 0.0999999 mol/l den Mehraufwand nicht gelohnt hat. *Wenn Sie versuchen, die quadratische Gleichung mit dem Taschenrechner* *nachzurechnen, werden Sie unter Umständen sogar Probleme bekommen, da viele Rechner den Unterschied gar nicht mehr bestimmen können, und daher auf 0.1 runden würden.*

Gut. Wir haben also jetzt auf umständliche Weise bewiesen, dass man bei starken Säuren annehmen kann, dass die Säure in wässriger Lösung vollständig dissoziiert. Das haben wir bisher (Kapitel 16) ohnehin getan, wozu also das Ganze? Nun, wir haben zwei wichtige Kunstgriffe gelernt, die uns in der Folge bei ähnlichen Problemen helfen werden.

1. Wenn bei einer chemischen Reaktion verschiedene Teilchen entstehen, so stehen diese in einem definierten Mengenverhältnis zueinander, sodass die Konzentration des einen Teilchens durch die eines anderen ausgedrückt werden kann.

In dem Beispiel oben war es besonders einfach, da genau die gleichen Mengen von beiden Teilchen entstanden sind: $[Cl^-] = [H^+]$. *Es gibt natürlich auch andere Möglichkeiten. Hätten wir Schwefelsäure gehabt, so würden zweimal so viele* H^+ *wie* SO_4^{2-} *vorliegen, wir hätten also die Konzentration an* H^+ *mit dem doppelten der Konzentration an* SO_4^{2-} *gleichsetzen können, also* $2\,[SO_4^{2-}] = [H^+]$. *Diese Überlegung ist nur korrekt, wenn nicht noch von anderswo Ionen hinzukommen. Hätten wir in dem Beispiel von vorhin Salzsäure der Konzentration* 10^{-8} *mol/l gehabt, so müssten wir zu den* H^+*, die von der Salzsäure kommen (*10^{-8} *mol/l), noch die Ionen dazu rechnen, die in reinem Wasser aufgrund der Eigendissoziation des Wassers vorkommen, also nochmals* 10^{-7} *mol/l* H^+. *Eine solche Salzsäurelösung hat daher nicht* $pH = 8$ *(das wäre ja alkalisch!), sondern etwa* $pH = 6.9$*!*

2. Bei chemischen Rechnungen treten oft Summen auf, in denen einzelne Glieder viel kleiner sind als die übrigen, sodass man diese kleinen Glieder ohne wesentlichen Genauigkeitsverlust vernachlässigen kann.

Die Konzentration der Salzsäurelösung war die Summe der Glieder $[HCl] + [H^+]$. *Das Glied* $[HCl]$ *war aber im Vergleich zu* $[H^+]$ *soviel kleiner, dass man es vernachlässigen konnte.* ***Achtung:*** *Das darf man nur bei SUMMEN (und Differenzen) tun, nicht bei Produkten (oder Quotienten)! Wenn Sie oben in der ersten Gleichung die Konzentration an* $[HCl]$ *gleich null setzen, kommt* ***Blödsinn*** *heraus:*

$$10^5 = \frac{[H^+] \times [H^+]}{[HCl]} \quad \text{gibt NICHT} \quad 10^5 = \frac{[H^+] \times [H^+]}{0}, \quad \text{denn dann wäre} \quad [H^+]^2 = 0$$

21 SCHWACHE ELEKTROLYTE

Welchen pH-Wert hat eine Lösung von 0.6 mol / l Fluss-Säure? ($K_S = 6.7 \times 10^{-4}$)

Wir fangen genauso an, wie wir es zuvor gerade mit dem Salzsäure-Beispiel getan haben. Zuerst berechnen wir die Konzentration an H^+-Ionen. Das Massenwirkungsgesetz für die Dissoziation der Fluss-Säure gibt uns die erste Gleichung:

$$HF \rightleftharpoons H^+ + F^-$$

$$K_S = 6.7 \times 10^{-4} = \frac{[H^+] \times [F^-]}{[HF]}$$

Die Konzentration 0.6 mol / l gibt die Summe aus undissoziierter Fluss-Säure und entstandenen H^+-Ionen:

$$[HF] + [H^+] = 0.6 \text{ mol/l}$$

Wir nehmen an, dass die Konzentrationen von H^+ und F^- gleich sind, sodass wir eines durch das andere ersetzen können. *Das gilt nur, wenn die H^+-Konzentration so hoch ist, dass die Eigendissoziation des Wassers keine Rolle spielt. Wenn man also im Ergebnis einen pH-Wert von 6 oder noch mehr erhält, ist diese Annahme unrichtig und die Rechnung falsch!*

$$6.7 \times 10^{-4} = \frac{[H^+] \times [H^+]}{[HF]} = \frac{[H^+]^2}{[HF]}$$

durch Umformen erhalten wir:

$$[HF] \times 6.7 \times 10^{-4} = [H^+]^2$$

Aus der erhaltenen Gleichung *(oder aus der Tatsache, das man es mit einem schwachen Elektrolyten zu tun hat)* entnehmen wir, dass nahezu alles HF undissoziiert vorliegt, und nur ganz wenig zu H^+ und F^- zerfallen ist. Man macht also keinen großen Fehler, wenn man die Gesamtkonzentration (0.6 mol / l) alleine mit [HF] gleichsetzt.

$$[HF] + [H^+] = 0.6 \text{ mol/l}$$

$$[HF] + 0 = 0.6 \text{ mol/l}$$

$$[HF] = 0.6 \text{ mol/l}$$

Nun müssen wir nur noch in der anderen Gleichung an Stelle von [HF] den Wert 0.6 mol / l einsetzen:

$$[HF] \times 6.7 \times 10^{-4} = [H^+]^2$$

$$0.6 \times 6.7 \times 10^{-4} = [H^+]^2$$

Dann können wir $[H^+]^2$ ausrechnen ...	$4 \times 10^{-4} = [H^+]^2$
... und die Wurzel ziehen:	$[H^+] = 2 \times 10^{-2}$ mol/l
Daraus den pH-Wert zu berechnen, ist einfach:	**pH = 1.7**

Beachten Sie den Unterschied zu dem Beispiel aus Kapitel IX: Bei der Salzsäure, die ein starker Elektrolyt ist, konnten wir die angegebene Konzentration mit der Konzentration der Ionen gleichsetzen, da kaum undissoziierte Salzsäure vorlag. Hier, bei einem schwachen Elektrolyten, haben wir angenommen, dass der Anteil der Ionen bedeutungslos ist, und die angegebene Konzentration mit der der undissoziierten Säure gleichgesetzt. In beiden Fällen hat sich unser Gleichungssystem dadurch wesentlich vereinfacht. *Es gibt natürlich einen Bereich von nicht ganz so schwachen Elektrolyten, wo man im Gleichgewicht beides, Säure und Ionen, berücksichtigen muss, das wird etwa bei K_S-Werten zwischen 10 und 10^{-3} der Fall sein. Dann führt kein Weg an einer quadratischen Gleichung vorbei.*

▶ In wie viel Liter Wasser müssen 0.1 mol einer 1-protonigen schwachen Säure mit einem $pK_S = 4.5$ gelöst werden, damit die Lösung einen pH = 4 aufweist?

Das sieht auf den ersten Blick ganz anders aus als das letzte Beispiel, ist aber eigentlich nur die Umkehrung von vorhin. Wir rechnen also von einem gegebenen pH-Wert einer schwachen Säure auf die Konzentration zurück.

pH = 4 bedeutet, dass eine Konzentration an H^+ von 10^{-4} vorhanden ist. Wir wollen wissen, in wie viel Lösung wir unsere 0.1 mol lösen müssen, wollen also die Konzentration der Säure berechnen (*also [HA]; da die Säure schwach ist, können wir [HA] mit der Gesamtkonzentration gleichsetzen*).	pH = 4 ⇒ $[H^+] = 10^{-4}$
Es ist übersichtlicher, wenn wir auch den pK_S in K_S umrechnen (der pK_S ist ja nur der negative Logarithmus von K_S, so wie der pH der negative Logarithmus von $[H^+]$ ist).	$pK_S = -\log K_S$ $pK_S = 4.5$ ⇒ $K_S = 3 \times 10^{-5}$
Wie gewohnt ist $[H^+] = [A^-]$, da für jedes abdissoziierte $[H^+]$ ein $[A^-]$ entsteht (gilt natürlich nur für 1-protonige Säuren, die nur ein H^+ abdissoziieren).	$K_S = \frac{[H^+] \times [A^-]}{[HA]} = \frac{[H^+]^2}{[HA]}$

Nach Einsetzen ...

$$3 \times 10^{-5} = \frac{(10^{-4})^2}{[HA]}$$

... und umformen ...

$$[HA] = \frac{(10^{-4})^2}{3 \times 10^{-5}} = \frac{10^{-8}}{3 \times 10^{-5}} =$$

... kann man die Konzentration der Säure berechnen und erhält 3.3×10^{-4} mol / l.

$$= 3.3 \times 10^{-4} \text{ mol / l}$$

Nun müssen wir nur noch ausrechnen, in wie viel Wasser wir 0.1 mol zu lösen haben, um eine Konzentration von 3.3×10^{-4} mol / l zu erhalten.

Wir brauchen 300 l Wasser.

$$v = \frac{m}{c} = \frac{0.1 \text{ mol}}{3.3 \times 10^{-4} \text{ mol / l}} =$$

$$= \mathbf{300\ l}$$

▶ Wie viel mol Essigsäure müssen in 10 l Wasser gelöst sein, um eine Essigsäure mit pH = 3.0 herzustellen? ($pK_S = 4.7$)

Das ist über weite Strecken die gleiche Berechnung wie zuvor. Wieder rechnen wir pH und pK_S in $[H^+]$ und K_S um.

$$pH = 3.0 \Rightarrow [H^+] = 10^{-3}$$

$$pK_S = 4.7 \Rightarrow K_S = 2 \times 10^{-5}$$

$$K_S = \frac{[H^+] \times [A^-]}{[HA]} = \frac{[H^+]^2}{[HA]}$$

Wir setzen ein ...

$$2 \times 10^{-5} = \frac{(10^{-3})^2}{[HA]}$$

... und formen um:

$$[HA] = \frac{(10^{-3})^2}{2 \times 10^{-5}} = \frac{10^{-6}}{2 \times 10^{-5}}$$

$$[HA] = \mathbf{5 \times 10^{-2} \text{ mol / l}}$$

Die gewünschte Konzentration ist 5×10^{-2} mol in einem Liter. Da wir 10 l herstellen sollen, brauchen wir 0.5 mol.

5×10^{-2} mol . . . . 1 l

X . . . . 10 l

$$\mathbf{X = 5 \times 10^{-1} \text{ mol}}$$

Bei einer 1-protonigen schwachen Säure mit einem pH = 4 verhält sich die Konzentration an H^+-Ionen zu unprotolysierter Säure wie 0.001 / 1. In welcher Konzentration liegt die Säure vor?

Klingt kompliziert, ist aber lächerlich einfach! Wir rechnen wieder den pH-Wert um:	$pH = 4 \Rightarrow [H^+] = 10^{-4}$
Und wir kennen das Verhältnis $[H^+] / [HA]$:	$[H^+] / [HA] = 0.001$
Also brauchen wir nur umformen und für $[H^+]$ einsetzen, und können [HA] direkt berechnen:	$[HA] = \frac{[H^+]}{0.001} = \frac{10^{-4}}{10^{-3}}$
Die Konzentration der Säure ist 0.1 mol / l.	$[HA] = \mathbf{10^{-1}\ mol / l}$

Man kann das Ganze natürlich auch im Kopf lösen: wenn das Verhältnis H^+ zu Säure 0.001 / 1 ist, so haben wir tausendmal mehr Säure als H^+. $[H^+]$ ist 10^{-4} mol / l, daher muss die [HA] 10^{-1} mol / l sein.

In einer Lösung einer einprotonigen schwachen Säure mit der Konzentration c = 0.5 mol / l ist das Verhältnis $H^+ / HA = 0.001 / 1$. Welchen pH hat die Lösung?

Die Umkehrung des Problems von vorher. Wir kennen das Verhältnis $[H^+] / [HA]$, setzen die angegebene Konzentration mit [HA] gleich *(schwache Säure, da dürfen wir das)* und berechnen sofort $[H^+]$.	$[H^+] / [HA] = 0.001$ $[H^+] = [HA] \times 0.001$ $[H^+] = 0.5\ mol / l \times 0.001$ $[H^+] = \mathbf{0.0005\ mol / l}$
Dann muss nur noch bestimmt werden, welcher pH-Wert das ist.	$[H^+] = 0.0005\ mol / l = 5 \times 10^{-4}\ mol / l$ $\Rightarrow$ **pH = 3.3**

Zum Abschluss noch ein etwas komplizierteres Beispiel: der pH-Wert eines Salzes einer schwachen Säure.

Welchen pH-Wert hat eine Lösung von 0.1 mol / l Na-Acetat?) (K_S Essigsäure = 1.8×10^{-5})

Das Acetat-Ion ist eine nicht gar so schwache Base und nimmt daher aus dem Wasser H^+ auf.

$$A^- + H^+ \rightleftharpoons HA$$

Das ist unsere gewohnte Reaktion einer schwachen Säure, nur die Seiten sind vertauscht. Für die Lage des Gleichgewichtes gilt nach wie vor:

$$K_S = \frac{[H^+] \times [A^-]}{[HA]}$$

Aber jetzt kann man $[H^+]$ nicht mit $[A^-]$ gleichsetzen. Es reagieren nämlich nur relativ wenige der Salzionen, sodass $[A^-]$ immer noch näherungsweise den 0.1 mol / l entspricht:

$$[A^-] = 0.1$$

$$K_S = 1.8 \times 10^{-5} = ([H^+] \times 0.1) / [HA])$$

H^+ dagegen kommt aus dem vorhandenen H_2O. Wird H^+ verbraucht, so dissoziiert Wasser nach:

$$H_2O \rightleftharpoons H^+ + OH^-$$

$$[H^+] \times [OH^-] = 10^{-14}$$

Und jetzt kommt die entscheidende Überlegung! Man kann sagen, dass ungefähr für jedes Molekül HA, das in der oberen Reaktion entstanden ist, ein H^+ verbraucht wurde, und daher ein Molekül Wasser dissoziieren musste, so dass daher je ein OH^--Ion entstanden ist. Daher ist:

$$[HA] = [OH^-]$$

Diese Vereinfachung scheint sehr grob. Man sollte annehmen, dass man die 10^{-7} mol / l OH^-*-Ionen, die im Wasser ohnehin vorhanden sind, zu den neugebildeten hinzuzählen müsste. Wenn Sie damit weiterrechnen, kommen Sie wieder auf eine quadratische Gleichung, und deren Lösung gibt für Salzkonzentrationen um* 0.1 mol / l *kein wesentlich anderes Resultat als die hier gezeigte Rechnung.*

Wir können nun das erhaltene Gleichungssystem wie folgt lösen:

$$\frac{[H^+] \times 0.1}{[HA]} = 1.8 \times 10^{-5}$$

und $[OH^-] = [HA]$

und $[H^+] \times [OH^-] = 10^{-14}$

gibt $$\frac{[H^+] \times 0.1}{[OH^-]} = 1.8 \times 10^{-5}$$

und $$[OH^-] = \frac{10^{-14}}{[H^+]}$$

Nun kann man das $[OH^-]$ in der ersten Gleichung durch die zweite ersetzen:

$$\frac{[H^+]^2 \times 0.1}{10^{-14}} = 1.8 \times 10^{-5}$$

$$[H^+]^2 = 1.8 \times 10^{-5} \times 10^{-14} \times 10^{1}$$

$$[H^+]^2 = 1.8 \times 10^{-18}$$

Das gibt eine Konzentration an $[H^+]$ von 1.34×10^{-9} mol / l und einen pH-Wert von **8.87.**

$$[H^+] = 1.8 \times 10^{-18} = 1.34 \times 10^{-9}$$

$$\mathbf{pH = 8.87}$$

Zugegeben, das war ein bisschen schwierig. Man braucht so etwas auch eher selten, normalerweise würde man den pH-Wert einer solchen Lösung mit einem Gerät messen. Und seien Sie dann nicht überrascht, wenn Sie einen andern Wert erhalten! Da eine reine Salzlösung nicht gepuffert ist, genügen schon Spuren von Verunreinigungen – auch CO_2 aus der Luft – um den pH-Wert kräftig zu verändern.

Übungen zu Kapitel 21

210. Welchen pH-Wert hat eine Lösung von 0.2 mol / l Milchsäure ($K_S = 1.25 \times 10^{-4}$)?

pH = 2.3

211. Welchen pH-Wert besitzt eine Essigsäure-Lösung der Konzentration c = 0.45 mol / l? ($pK_S = 4.7$)

pH = 2.5

212. 0.1 mol einer einprotonigen schwachen Säure mit einem $pK_S = 6$ müssen in wie viel Liter Wasser gelöst werden, damit die Säurelösung einen pH = 3 aufweist?

0.1 l

213. In der Lösung einer einprotonigen schwachen Säure der Konzentration c = 0.1 mol / l ist das Verhältnis H^+ / HA = 0.001 / 1. Welchen pH hat die Lösung?

pH = 4

214. Um Essigsäure mit pH = 3 herzustellen, müssen wie viel mol Essigsäure in 1 l gelöst sein? (pK_S = 4.7)

0.05 mol

215. Bei einer einprotonigen schwachen Säure mit einem pH = 3 verhält sich die Konzentration an H^+-Ionen zu unprotolysierter Säure wie 0.0001 / 1. In welcher Konzentration liegt die Säure vor?

c = 10 mol / l

216. In einer Lösung einer einprotonigen schwachen Säure mit der Konzentration c = 0.3 mol / l beträgt das Verhältnis H^+ / HA = 10^{-4} / 1. Welchen pH hat die Lösung?

pH = 4.5

217. Welchen pH hat eine Lösung von 0.02 mol / l Ameisensäure ($K_S = 2 \times 10^{-4}$)?

pH = 2.7

218. Welchen pH-Wert hat eine Lösung von 1 mol / l Na-Acetat? (pK_S Essigsäure = 4.7)

pH = 9.4

X AM BEISPIEL DER GASGESETZE ...

Man sucht in den Naturwissenschaften ständig nach Beziehungen, die es erlauben, eine gesuchte Größe mit Hilfe einer anderen (messbaren) Größe zu bestimmen. Im einfachsten Fall ist die gesuchte Größe A einer anderen Größe B direkt proportional:

$$A = \text{prop.}\ B \qquad \text{oder} \qquad A = \mathbf{k} \times B$$

Der Buchstabe **k** steht für einen konstanten Wert, mit dem man die Größe B multiplizieren muss, um A zu erhalten. Erhöhe ich also B, so wird sich A um k mal der Erhöhung verändern. Dabei bleibt der Wert von k selbst aber unverändert, k ist eine Konstante.

Es kann sein, dass der Wert von k *nur für jeweils einen bestimmten Stoff konstant ist und für jeden anderen Stoff andere Werte annimmt – dann spricht man von einer Stoffkonstanten. So eine Stoffkonstante wäre das spezifische Gewicht oder der Extinktionskoeffizient* ε. *Es könnte auch sein, dass* k *für eine bestimmte chemische Reaktion gilt – die Massenwirkungskonstante einer Reaktion oder deren Geschwindigkeitskonstante wären Beispiele dafür. Es gibt aber auch einige Konstanten, die – soweit wir es wissen – immer und überall und im gesamten Universum gleich bleiben, wie zum Beispiel das Plancksche Wirkungsquantum oder die Gaskonstante.*

Es kann natürlich auch sein, dass zwischen A und B eine andere Beziehung existiert, so könnte A kleiner werden, wenn B größer wird:

$$A = \text{prop.}\ 1/B \qquad \text{oder} \qquad A = k \times 1/B = \frac{k}{B}$$

Es könnte auch sein, dass zwischen A und B keine lineare, sondern eine logarithmische Beziehung besteht *(brrr!)*:

$$A = \text{prop.}\ \log B \qquad \text{oder} \qquad A = k \times \log B$$

Bis jetzt war es einfach. Es kann aber sein, dass man mehrere Größen hat, die miteinander verknüpft werden sollen. So wissen wir, dass beim Lambert-Beerschen Gesetz die Extinktion sowohl von der Konzentration c, als auch von der Schichtdicke d abhängt (siehe Kapitel 13).

$$E = \text{prop.}\ c \quad \text{und} \quad E = \text{prop.}\ d \qquad \text{zusammengefasst:} \quad E = k_1 \times c \times k_2 \times d$$

Da aber k_1 und k_2 vorläufig sowieso unbestimmt sind, können wir diese beiden Konstanten der Einfachheit halber durch eine einzige Konstante ersetzen:

$$E = \overbrace{k_1 \times k_2}^{\varepsilon} \times c \times d \quad \Rightarrow \quad k_1 \times k_2 = \varepsilon \quad \text{und erhalten} \quad E = \varepsilon \times c \times d$$

Noch komplizierter wird dieses Verfahren bei den Gasgesetzen. Das Volumen (V) eines Gases wird größer, je mehr (n) Gas wir haben, je höher die Temperatur (T) ist, und je kleiner der Druck (p) ist. Wir haben also folgende Beziehungen.

Für die (Stoff)**Menge** an Gas, dabei ist n die Anzahl der Mole: $v = \text{prop. } n$

Für den **Druck** (p): $v = \text{prop. } 1/p$

Bei der **Temperatur** müssen wir aufpassen. Bei der Menge war es klar: um so kleiner n, desto kleiner wird auch v. Wenn daher n gegen null geht, wird auch v gegen null gehen. Wenn man die Temperatur wie gewohnt in Grad Celsius angibt, kommt man aber sofort in Probleme, da es nämlich dann negative Temperaturen gäbe. Bei 0 °C ist das Volumen unseres Gases sicher nicht gleich null, es wird noch weiter schrumpfen, wenn wir auf z.B. – 10 °C abkühlen. Und es wird sicher kein negatives Volumen annehmen. Für die Größen: Volumen, Druck und Stoffmenge sind negative Werte offensichtlich ein Blödsinn. *Es gibt auch keinen negativen Druck, obwohl das immer wieder behauptet wird. Ein Unterdruck ist jener Druck, der geringer ist als ein definierter anderer Druck. 0.5 bar sind gegenüber unserem gewohnten atmosphärischen Druck von 1 bar ein Unterdruck, aber deswegen noch lange nicht negativ. Ein negativer Druck wäre ein Druck, der geringer ist, als der Druck im Vakuum – und so etwas kann es ja wohl nicht geben.*

Analog braucht man also auch für die Temperatur eine Skala, die bei Null beginnt und nur positive Werte annehmen kann. Das ist dann die **Kelvin-Skala**. Sie beginnt bei 0 Kelvin, abgekürzt 0 K *(kälter kann es nicht werden)*. Die einzelnen Teilintervalle sind identisch mit der Celsius-Skala, sodass man leicht umrechnen kann. 273 K sind 0 °C, 274 K sind dann eben 1 °C, 275 K sind 2 °C, usw. *Um klar zu machen, welche Skala zu verwenden ist, hat man sich geeinigt, dass Temperatur in K immer mit* ***T*** *abgekürzt wird, Temperatur in °C immer mit* ***t***.

Also schreiben wir: $v = \text{prop. } T$

Jetzt muss man nur noch alle drei Beziehungen in einer einzigen Gleichung zusammenfassen:

$$v = k_1 \times n \times k_2 \times 1/p \times k_3 \times T$$

oder

$$v = \frac{k_1 \times k_2 \times k_3 \times n \times T}{p}$$

Wieder können wir die verschiedenen Konstanten zu einer einzigen zusammenfassen, die wir diesmal **R** nennen wollen:

$$k_1 \times k_2 \times k_3 = R \qquad \text{gibt} \qquad v = \frac{R \times n \times T}{p}$$

Es hat sich eingebürgert, diese Gleichung so zu schreiben, dass der Druck auf der linken Seite steht, damit der Bruchstrich verschwindet.

$$\mathbf{p \times v = n \times R \times T}$$

Wie groß ist aber diese Konstante R? Das muss man messen! Man muss einfach feststellen, wie viel Volumen eine gegebene Menge Gas bei einer bestimmten Temperatur und bei einem bestimmten Druck einnimmt. Wir nehmen also z.B. 2 g Wasserstoff (*also 1 mol Wasserstoff!*), als Druck nehmen wir sinnvollerweise 1 bar *(möglichst einfache Zahlen)* und als Temperatur wählen wir *(NEIN, nicht 1 K, das ist zu kalt!)* 273 K *(also 0 °C)* und messen dann das Volumen unseres Gases. Wir erhalten 22.7 Liter. Diese Werte setzen wir nun in die Gleichung ein, um R zu berechnen:

$$R = \frac{p \times v}{n \times T} = \frac{1\,\text{bar} \times 22.7\,\text{l}}{1\,\text{mol} \times 273\,\text{K}} = 0.083\ \text{bar} \times \text{l} / \text{mol} \times \text{K}$$

Das Bemerkenswerte an dieser Rechnung ist: der von uns bestimmte Wert für R gilt nicht nur für Wasserstoff, sondern für **alle Gase**, soweit sie sich (annähernd) als ideale Gase verhalten! Weil man diese Konstante so schön mit Hilfe von Gasen berechnen kann, hat man sie **Gaskonstante** getauft. *Dieser Name ist aber etwas irreführend. Die Konstante R gilt nämlich für das Verhalten aller Teilchen, die sich bei einer gegebenen Temperatur bewegen. Daher findet man die Gaskonstante auch in anderen Gesetzen – zum Beispiel beim osmotischen Druck – wieder, die gar nichts mit Gasen zu tun haben. Die Gaskonstante beschreibt den Energiegehalt von 1 mol Teilchen. Will man nur ein einziges Teilchen betrachten, muss man die Gaskonstante durch die Anzahl der Teilchen in einem Mol (also durch* 6×10^{23}*) dividieren. Die abgewandelte Gaskonstante, die wir dann erhalten, nennt man Boltzmann-Konstante.*

Viele Leute wollen sich die Gaskonstante nicht merken und rechnen statt dessen lieber mit dem zuvor erhaltenen Wert von **22.7 l**. Das ist das sogenannte **Molvolumen** eines idealen Gases (= das Volumen, welches 1 Mol Gas bei 1 bar Druck und 273 K einnimmt). Es ist Geschmacksache, ob man mit dem Molvolumen oder lieber mit der Gaskonstanten oder abwechselnd mit beiden rechnet – für manche Rechnungen ist das eine günstiger, für manche das andere. *Sie regen sich jetzt auf, weil sie irgendwann gelernt haben, dass das Molvolumen 22.4 l ist und nicht 22.7 l? Das ist nur beinahe richtig. Die Zahl von 22.4 hält sich* *hartnäckig in Lehrbüchern – das ist das Molvolumen, welches früher gegolten hatte, als man als Druckeinheit statt dem bar die Atmosphäre* (at) *verwendete. Und da* 1 at = 1.013 bar, *wird aus* 22.4 *eben jetzt* 22.7, *rechnen Sie nach. Es wird Ihnen aber kein vernünftiger Mensch einen Strick daraus drehen, wenn Sie statt* 22.7 *irrtümlich den alten Wert von* 22.4 *verwenden – der Fehler ist zu klein, um bei den folgenden Rechnungen eine Rolle zu spielen.*

22 MOLVOLUMEN

Wie viel Gramm H_2O enthält 1.00 m^3 Wasserdampf bei 400 °C und 1.00 bar?
R = 8.31 J / (K x mol)

Wie bereits in Kapitel X erwähnt, gibt es prinzipiell zwei Möglichkeiten, dieses Beispiel zu lösen: einerseits, Einsetzen in die Gasgleichung *(wenigstens ist hier die Gaskonstante bereits angegeben)* oder andererseits, Berechnung unter Verwendung des Molvolumens. Um vergleichen zu können, wollen wir dieses erste, einfache Beispiel mit beiden Methoden probieren:

Variante A: Wir nehmen die Gasgleichung und setzen die angegebenen Werte ein *(auch die Einheiten!!! Sie werden gleich sehen, warum).* Grad Celsius werden in Kelvin umgerechnet.

$$p \times V = n \times R \times T$$

$$1\ \text{bar} \times 1\ \text{m}^3 = n \times 8.31\ \text{J} / (\text{K} \times \text{mol}) \times 673\ \text{K}$$

Wir wollen wissen, wie viel Gramm Wasser das sind. Dafür müssen wir zuerst berechnen, wie viele mol das sind. Unsere Unbekannte ist also n, wir formen um:

$$n = \frac{1\ \text{bar} \times 1\ \text{m}^3}{8.31\ \text{J} / (\text{K} \times \text{mol}) \times 673\ \text{K}}$$

Wir schlichten um, sodass die Zahlenwerte beisammen stehen. Die Einheiten enthalten einen Doppelbruch, ...

$$n = \frac{1 \times 1 \times \text{bar} \times \text{m}^3}{8.31 \times 673 \times \text{J} / (\text{K} \times \text{mol}) \times \text{K}}$$

... den wir auflösen. Anschließend können wir soweit wie möglich kürzen (die Kelvin) und den Zahlenwert ausrechnen.

$$n = 0.000179 \frac{\text{bar} \times \text{m}^3 \times \cancel{\text{K}} \times \text{mol}}{\text{J} \times \cancel{\text{K}}}$$

Die Einheiten vertragen sich noch nicht so recht. Wir erinnern uns aber *(Physik!)*, dass 1 bar so viel ist wie 10^5 Newton pro m^2 (10^5 N / m^2), und dass man statt Joule auch Newtonmeter (N x m) schreiben darf.

$$n = 0.000179 \frac{10^5 \times \text{N} \times \text{m}^3 \times \text{mol}}{\text{m}^2 \times \text{N} \times \text{m}}$$

Jetzt können wir natürlich alle Newton und alle Meter kürzen, übrig bleiben nur das mol und der Umrechnungsfaktor 10^5.

$$n = 0.000179 \times 10^5\ \text{mol}$$

Ein Kubikmeter Dampf enthält also unter den angegebenen Bedingungen 17.9 mol Wasser. *Da wir von der Gaskonstante nur drei Stellen verwendet haben, ist es sinnlos, das Ergebnis genauer als auf drei Stellen anzugeben.*	$n = 0.000179 \times 10^5$ mol **n = 17.9 mol**
Wir sollten aber errechnen, wie viel Gramm das sind. Die relative Molekülmasse von Wasser ist 18, also haben wir 18 x 17.9 g Wasser. *Schlussrechnung, wem das nicht direkt einleuchtet: 1 mol Wasser sind 18 g, also sind 17.9 mol Wasser ...*	$18 \times 17.9 =$ **322 g**

Die ganze Rechnung ist nur deshalb etwas kompliziert geraten, weil die Gaskonstante (*wie durchaus üblich*) mit den Einheiten J / (K x mol) angegeben war, sodass die Einheiten umgerechnet werden mussten. Hätten wir die Gaskonstante mit 0.083 bar x l / mol x K in der Angabe (oder im Kopf) gehabt, wäre alles viel einfacher gewesen. *Es wäre zwar durchaus korrekt, ist aber leider unüblich, die Gaskonstante so anzugeben.* Man hätte dann nur das Volumen statt in Kubikmeter in Liter einsetzen müssen. Jetzt probieren wir noch die Methode mit dem Molvolumen:

Variante B: Das Molvolumen ist das Volumen von einem Mol Gas bei 1 bar Druck und 273 K. Haben wir andere Bedingungen, so müssen wir umrechnen.	22.7 l bei 1 bar, 273 K
Wir haben 673 K, da bei der höheren Temperatur das Volumen größer sein muss, müssen wir mit 673 / 273 multiplizieren.	$\frac{22.7 \times 673}{273} = 55.96$ l (1 bar, 673 K)
Wir haben 1 m^3, das sind 1000 l. 55.96 l sind bei 673 K ein Mol, also sind 1000 l ...	55.96 l . . . . 1 mol 1000 l . . . . **X**
Wie vorher erhält man als Ergebnis 17.9 mol *(no na!)*, die Umrechnung in Gramm geht genau wie oben gezeigt.	**n = 17.9 mol**

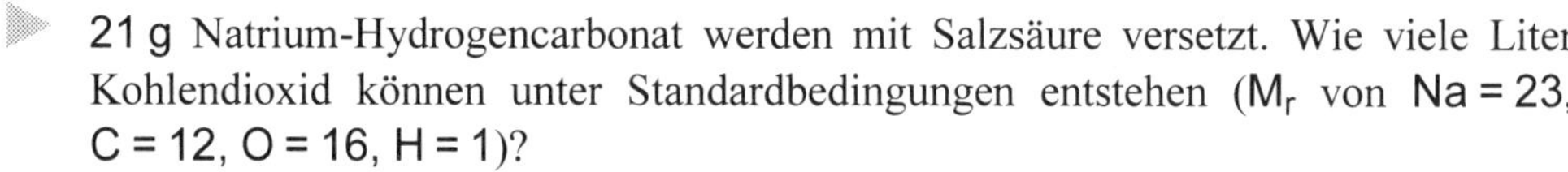

21 g Natrium-Hydrogencarbonat werden mit Salzsäure versetzt. Wie viele Liter Kohlendioxid können unter Standardbedingungen entstehen (M_r von Na = 23, C = 12, O = 16, H = 1)?

Bei solchen Aufgaben ist wichtig, dass man nicht blindlings drauflos rechnet, sondern sich zunächst die chemische Reaktion ansieht, die dem Beispiel zugrunde liegt.

Je EIN Molekül Natrium-Hydrogencarbonat (= Speisesoda, Backpulver) gibt mit einem Überschuss von Säure EIN Molekül Kohlendioxid ab.

$$NaHCO_3 + HCl \rightleftharpoons CO_2 + NaCl + H_2O$$

Man muss also feststellen, wie viel mol 21 g sind, dann wissen wir, wie viel mol CO_2 entstehen, und rechnen auf das Gasvolumen um.

Die relative Molekülmasse von Natrium-Hydrogencarbonat ist 84.

Na	23
H	1
C	12
O_3	48
	84

Eine Schlussrechnung sagt uns, wie viele mol 21 g sind *(geht natürlich auch im Kopf)*.

1 mol . . . . 84 g
X . . . . 21 g

$$X = \frac{1\ \text{mol} \times 21\ \text{g}}{84\ \text{g}} = \mathbf{0.25\ mol}$$

Aus 0.25 mol $NaHCO_3$ entstehen 0.25 mol CO_2. Das sind wie viele Liter CO_2? Wir wissen inzwischen natürlich, dass das Volumen von 1 mol CO_2 22.7 l bei Standardbedingungen beträgt. Also wieder eine Schlussrechnung:

1 mol . . . . 22.7 l
0.25 mol X

$$X = \frac{22.7\ \text{l} \times 0.25\ \text{mol}}{1\ \text{mol}} = \mathbf{5.7\ l}$$

Die Rechnung war sehr einfach, weil das Gasvolumen unter Standardbedingungen gewünscht wurde. In diesem Fall ist die Verwendung des Molvolumens besonders günstig. Wären andere Bedingungen (Temperatur, Druck) verlangt, muss man das Gasvolumen noch umrechnen. Man bestimmt dann das **Verhältnis „angegebene Bedingung / Standardbedingung"** und korrigiert um diesen Faktor.

Am einfachsten geht das, wenn man sich überlegt, wie sich das Volumen ändern muss, wenn man die veränderten Bedingungen einführt. Und je nachdem, dividiert oder multipliziert man, sodass die gewünschte Volumsänderung herauskommt. Hat sich also der Druck z.B. um den Faktor 10 geändert (1 / 10 oder 10 / 1), dann überlegt man sich logisch, ob das Volumen 10 mal kleiner oder 10 mal größer werden soll und korrigiert dementsprechend. Das ist viel sicherer, als wenn man sich zuerst mathematisch überlegt, was im Zähler und was im Nenner des Verhältnisses zu stehen hat, und dann weiter, ob man multiplizieren oder dividieren soll – irgendwann irrt man sich dabei meistens.

Das sollten wir gleich an einem weiteren Beispiel üben.

▶ Wie viel Gramm Calciumcarbid benötigt man, um bei 10 °C und 2 bar Druck 47 l Ethin zu erzeugen? (C = 12, Ca = 40).

Aus einem mol Calciumcarbid wird ein mol Ethin.	$CaC_2 + 2\,H_2O \rightleftharpoons Ca(OH)_2 + C_2H_2$ Calciumcarbid … Ethin
Als nächstes müssen wir herausfinden, wie viel mol Ethin die 47 Liter sind. Unser Molvolumen sagt uns, welches Volumen ein mol unter Standardbedingungen einnimmt. Also können wir zunächst ausrechnen, welches Volumen diese 47 l der Angabe unter Standardbedingungen einnehmen würden. Wenn wir statt 10 °C (= 283 K) nur mehr 273 K haben, wird das Volumen geringer. Also dividiert man das Volumen durch 283 / 273 (*oder multipliziert mit 273 / 283*):	Volumen / bei Druck / Temperatur 47 l / 2 bar / 283 K 47 x 273 / 283 / 2 bar / **273 K** 45.3 l / 2 bar / 273 K
Jetzt müssen wir noch den Druck berücksichtigen: wenn man diesen auf 1 bar vermindert, wird sich das Gas ausdehnen, also multipliziert man mit 2 (Verhältnis 2 bar / 1 bar):	45.3 x 2 / **1 bar** / 273 K **90.6 l** / 1 bar / 273 K
Die 47 l Gas würden also unter Standardbedingungen ein Volumen von 90.6 l einnehmen. Da 22.7 l 1 mol sind, sind 90.6 l (*Schlussrechnung*) 4 mol.	22.7 l . . . . 1 mol 90.6 l . . . . **X**

Und diese 4 mol Ethin entsprechen 4 mol Calciumcarbid.

$$X = \frac{90.6\ l \times 1\ mol}{22.7\ l} = \mathbf{4\ mol}$$

Nachdem aber gefragt war, wie viel Gramm das sind, müssen wir mit Hilfe der relativen Molekülmasse umrechnen.

Da 1 mol 64 g sind, sind 4 mol eben 4 mal 64, das sind 256 g. *Man könnte natürlich auch hier eine Schlussrechnung machen.*

Ca	40
C_2	24
	64

$$64\ g \times 4 = \mathbf{256\ g}$$

Man kann natürlich diese Rechnung auch mit der allgemeinen Gasgleichung und der Gaskonstanten lösen. Dann muss man in die Formel nur die einzelnen Werte einsetzen *(Temperatur natürlich in Kelvin).* Weil es einfacher ist, verwenden wir für die Gaskonstante jetzt den Wert 0.083 bar x l / mol x K:

$$p \times v = n \times R \times T$$

$$2\ bar \times 47\ l = n \times 0.083\ bar \times l \times mol^{-1} \times K^{-1} \times 283\ K$$

Man kann jetzt die Einheiten kürzen (linke gegen rechte Seite) ...

$$2 \times 47 = n \times 0.083 \times mol^{-1} \times 283$$

... und umformen:

$$n = \frac{2 \times 47}{0.083 \times 283}\ mol$$

Natürlich kommt dasselbe Ergebnis heraus, der Rest wird wie oben weiter gerechnet.

$$\mathbf{n = 4.0\ mol}$$

Die zweite Methode sieht kürzer aus, obwohl eigentlich die gleichen Rechenschritte enthalten sind. Allerdings verliert man beim Einsetzen in eine Formel relativ leicht das Gefühl dafür, was man rechnet, so dass Fehler nicht gleich auffallen. Der schrittweise Aufbau der ersten Methode erlaubt eine viel bessere Kontrolle: Wenn Sie sich zwischendurch am Rechner vertippen, bemerken Sie es sofort.

292 g einer Verbindung, die zwei primäre Aminogruppen enthält, liefern bei 1 bar und 49 °C nach Umsatz mit HNO_2 107 l Gas. Wie groß ist die relative Molekülmasse der Verbindung?

Bei der sogenannten Van-Slyke-Reaktion wird eine primäre Aminogruppe mit HNO_2 umgesetzt. Für je ein Mol primäres Amin entsteht ein Mol Stickstoff.

$$R{-}NH_2 + HNO_2 \rightleftharpoons R{-}OH + H_2O + \mathbf{N_2}$$

Mit dieser Reaktion kann man die Menge eines primären Amins bestimmen, oder die Anzahl der primären Aminogruppen in einem Molekül feststellen, oder eben auch die relative Molekülmasse berechnen.

Als erstes müssen wir einmal herausfinden, wie viel mol Stickstoff vorliegen. Daher rechnet man zunächst das gegebene Gasvolumen auf Standardbedingungen um:

Statt 322 K (49 °C) rechnen wir das Gas auf 273 K um. Das Volumen muss bei niederer Temperatur natürlich kleiner werden, also multiplizieren wir mit 273 / 322.

Das ergäbe unter Standardbedingungen 90.7 l. *Den Standarddruck von* 1 bar *haben wir ohnehin.*

$$107\ l \times 273 / 322 = 90.7\ l$$

Diese 90.7 l sind wie viele Mol, wenn 22.7 l ein Mol sind (*das hatten wir schon ein paar mal*)?

22.7 l . . . . 1 mol
90.7 l . . . . **X**

$$\mathbf{X} = \frac{90.7\ l \times 1\ mol}{22.7\ l} = \mathbf{4\ mol}$$

Diese 4 mol Stickstoff entsprechen aber NICHT 4 mol Verbindung, da ja im Molekül zwei Aminogruppen vorhanden sind. Für jedes Molekül erhält man daher zwei Stickstoffmoleküle.

Also entsprechen 4 mol Stickstoff 2 mol Verbindung.

$$R(NH_2)_2 + 2\ HNO_2 \rightleftharpoons R(OH)_2 + 2\ H_2O + \mathbf{2\ N_2}$$

Wenn aber 2 mol Aminosäure 292 g sind, so sind 1 mol Aminosäure die Hälfte, daher ist 146 die gesuchte relative Molekülmasse ...

2 mol AS . . . . 292 g
1 mol AS . . . . **X**

$\mathbf{X} = 146\ g$ $\quad$ $\mathbf{M_r = 146}$

Wichtig ist hier, dass man beachtet, wie viele primäre Aminogruppen das Molekül enthält und nicht einfach die Mole Stickstoff mit den Molen Amin gleichsetzt. *Das ist ein häufig gemachter Fehler.* Die meisten der unten angegebenen Beispiele betreffen primäre Amine, aber bei Stoffen wie Di-Amino-Mono-Carbonsäuren, Harnstoff, einigen biogenen Aminen (z.B. Cadaverin) usw. muss man aufpassen.

Übungen zu Kapitel 22

220. Wie viel g O_2 enthalten 45.4 l dieses Gases bei 1 bar und 273 K?

64 g

221. 45 g Oxalsäure ($C_2O_4H_2$) werden zu CO_2 oxidiert. Wie viele l CO_2 entstehen bei 0 °C und 1 bar Druck? *Hinweis: aus einem Molekül Oxalsäure entstehen zwei Moleküle* CO_2.

22.7 l

222. Sie lösen Zink in einem Überschuss an Salzsäure auf und erhalten dabei 68.1 l Wasserstoff (bei 0 °C und 1 bar Druck). Wie viel Gramm Zink haben Sie verwendet? (H = 1, O = 16, Cl = 35, Zn = 65) $Zn + 2\,HCl \rightleftharpoons Zn^{2+} + H_2 + 2\,Cl^-$

195 g

223. Wie viel Gramm Wasser entstehen bei der vollständigen Reaktion von 111 l Knallgas bei –6 °C und 1.2 bar Druck? (H = 1, C = 12, N = 14, O = 16; *Hinweis: zuerst Knallgas-Reaktion aufschreiben, dann rechnen:* $2\,H_2 + O_2 \rightleftharpoons 2\,H_2O$)

72 g

224. 450 g einer Mono-Amino-Carbonsäure liefern bei einer gasvolumetrischen Stickstoffbestimmung (= Van-Slyke-Reaktion) unter Standardbedingungen 5 mol N_2-Gas. Wie groß muss die relative Molekülmasse der Mono-Amino-Carbonsäure sein? *Hinweis: eine **Mono-**Amino-Carbonsäure enthält im Molekül eine primäre Aminoguppe – deshalb das „mono“.*

$M_r = 90$

225. 0.4 Mol Harnstoff werden bei 28 °C mit einem Überschuss von HNO_2 umgesetzt. Wie groß ist das entstehende Volumen N_2 (in Litern) bei einem Druck von 1 Bar? (Gaskonstante: 0,083 l x bar / Mol x K) *Hinweis: Harnstoff enthält zwei primäre Aminogruppen!*

20 l

226. 351 mg einer Mono-Amino-Carbonsäure liefern bei einer gasvolumetrischen Stickstoffbestimmung bei 20 °C 0.073 l N_2-Gas (1 bar). Wie groß ist daher die relative Molekülmasse der Mono-Amino-Carbonsäure?

$M_r = 117$

23 Weitere Berechnungen zu den Gasgesetzen

Es gibt natürlich noch beliebig viele andere Rechnungen, die mit Gasen durchgeführt werden können. Häufig will man wissen, wie sich das Volumen eines Gases ändert, wenn sich nur der Druck (oder nur die Temperatur) verändert, und alle übrigen Bedingungen gleich bleiben. Dafür gibt es eigene Formeln (Gesetz nach Boyle-Mariotte, Gesetz nach Gay-Lussac), die eigentlich unnötig sind, da man ja alle diese Formeln aus der allgemeinen Gasgleichung ableiten kann. Haben wir zum Beispiel ein Gas mit gegebenem Druck (p_1) und Volumen (v_1), und wollen eines davon verändern (p_2, v_2), so genügt es, die Gasgleichung zweimal aufzuschreiben:

$$p_1 \times v_1 = n \times R \times T \quad \text{und} \quad p_2 \times v_2 = n \times R \times T$$

Alle übrigen Elemente der Gleichung bleiben konstant. Sie gelten daher für beide Gleichungen, sodass wir schreiben können:

$$\mathbf{p_1 \times v_1} = n \times R \times T = \mathbf{p_2 \times v_2} \quad \text{und daher} \quad p_1 \times v_1 = p_2 \times v_2$$

Damit haben wir aber auch schon das **Boyle-Mariottsche Gesetz** aufgeschrieben. In gleicher Weise können wir auch vorgehen, wenn sich die Temperatur (T) ändert, oder wenn die Anzahl der Mole (n) eine andere wird. Rechnen wir dazu gleich ein Beispiel:

> Eine bestimmte Menge Wasserstoffgas hat bei 0 °C das Volumen 1 l. Durch Erwärmen dehnt sich das Gas auf 2 l aus, welche Temperatur hat es daher?

Alles bleibt gleich, außer Temperatur und Volumen. Wir schlichten daher die Gasgleichung so um, dass alle Konstanten auf einer Seite zu stehen kommen:

$$p \times v = n \times R \times T$$

$$\frac{\mathbf{v}}{\mathbf{T}} = \frac{n \times R}{p}$$

Dann setzen wir die Gleichung doppelt an, einmal mit v_1 und T_1 (am Anfang), dann mit v_2 und T_2 (nachher) und setzen beides mit dem konstanten Teil gleich:

$$\frac{v_1}{T_1} = \frac{n \times R}{p} = \frac{v_2}{T_2}$$

In die so erhaltene einfache Gleichung setzen wir unsere Angaben ein (**Achtung**: Temperatur in Kelvin!) und können danach die unbekannte Größe (T_2) berechnen:

$$\frac{v_1}{T_1} = \frac{v_2}{T_2} \quad \text{eingesetzt} \quad \frac{1}{273} = \frac{2}{T_2}$$

Das Ergebnis ist 546 K (oder 273 °C).

$$T_2 = \frac{2 \times 273}{1} = \mathbf{546\ K}$$

Sie hätten das letzte Beispiel auch im Kopf geschafft? Natürlich, denn wenn das Volumen auf das Doppelte gestiegen ist, muss auch die Temperatur auf das Doppelte gestiegen sein, also die Temperatur in Kelvin mal 2!

Reiner Ethylalkohol wird mit der äquivalenten Menge an Sauerstoff in einem gas- und druckdichten Behälter vollständig verbrannt und danach wieder auf die ursprüngliche Temperatur (25 °C) abgekühlt. Wie ändert sich der Druck der Gasmischung?

$$CH_3CH_2OH + 3\ O_2 \rightleftharpoons 2\ CO_2 + 3\ H_2O$$

Wir haben im Behälter vor der Verbrennung etwas flüssigen Alkohol *(der macht beim Volumen und auch beim Gesamtdruck nichts aus)*, und Sauerstoff als einziges Gas. Nach der Verbrennung haben wir den entstandenen Wasserdampf durch Abkühlen wieder verflüssigt, sodass nur das gebildete Kohlendioxid als Gas übrig bleibt. Wir haben also eine Änderung des Druckes und der Menge an Gas (also der Anzahl der Mol), alles andere bleibt konstant. Wir formen die Gasgleichung entsprechend um:

$$p \times v = n \times R \times T$$

$$\frac{p}{n} = \frac{R \times T}{v}$$

$$\frac{p_1}{n_1} = \frac{R \times T}{v} = \frac{p_2}{n_2}$$

$$\frac{p_1}{n_1} = \frac{p_2}{n_2}$$

In unserem Beispiel fehlen alle absoluten Angaben, wir wissen nicht, wie viel Gas und welchen Druck wir haben, es kann uns daher nur das Verhältnis zwischen vorher und nachher interessieren. Also formen wir unsere Gleichung weiter um, sodass auf jeder Seite ein Verhältnis steht:

$$\frac{p_1}{p_2} = \frac{n_1}{n_2}$$

Das heißt, der Druck steht im selben Verhältnis wie die Anzahl der Mole. *Ist eigentlich logisch, dass das so sein muss! Mehr Gas gibt im gleichen Volumen mehr Druck. Man hätte sich auch die ganze Ableitung sparen und gleich eine Proportion ansetzen können: Drucke verhalten sich wie Mole ...* Aus der Gleichung erkennt man, dass aus 3 mol O_2 vor der Verbrennung 2 mol CO_2 nach der Verbrennung werden, also ist das Verhältnis 3 / 2. *Nachher haben wir weniger Gas, also muss auch der Druck geringer werden.*

$$\frac{p_1}{p_2} = \frac{3}{2}$$

Im gleichen Verhältnis ändert sich auch der Druck, er sinkt also auf 2 Drittel des ursprünglichen Druckes.

$$p_2 = \frac{2}{3} \times p_1$$

Für das nächste Beispiel müssen wir uns darüber klar werden, was der **Partialdruck** ist: wenn man ein Gemisch von mehreren Gasen hat, dann trägt jedes Gas zum Gesamtdruck bei, und zwar mit dem Anteil, der auch seinem Volumsanteil (oder dem Anteil seiner Mole oder dem Anteil seiner Moleküle) entspricht. Die Summe aller Partialdrucke ergibt dann den Gesamtdruck. Wenn also – wie in unserem Beispiel – die Luft 20 % (hier sind Volumsprozent gemeint) Sauerstoff enthält, dann ist der Partialdruck von Sauerstoff 20 % des Gesamtdruckes, also 0.2 bar von 1 bar Gesamtdruck.

Zu Luft (20 % O_2) mit dem Druck $p = 1$ bar wird Argon zugesetzt, sodass bei gleichem Volumen der Gesamtdruck danach 1.6 bar beträgt. a) Wie groß ist dann der Partialdruck des Sauerstoffs? b) Wie groß ist sein Volumsanteil in dieser Mischung? c) Wie viele mol % Sauerstoff enthält die Mischung?

Sieht schrecklich kompliziert aus, ist aber besonders einfach.

Luft ist ein Gemisch von (ungefähr) 20 % Sauerstoff und 80 % Stickstoff. Wir beginnen also mit 20 (Volums-)Teilen Sauerstoff und 80 Teilen Stickstoff, insgesamt 100 Teile. Jetzt setzen wir so viel Argon zu, dass der **Druck** auf das 1.6-fache steigt. Also muss auch die Gesamt**menge** Gas auf das 1.6-fache steigen, das 1.6-fache von 100 ist aber 160.

$$\frac{p_1}{p_2} = \frac{n_1}{n_2}$$

$$\frac{1}{1.6} = \frac{100}{160}$$

O_2	N_2	Ar
20 Teile	80 Teile	60 Teile

Da sich Sauerstoff- und Stickstoff-Menge nicht verändern, müssen wir 60 Teile Argon zusetzen, um auf den geforderten Druck zu kommen:

Nun müssen wir nur noch ausrechnen, welcher Anteil am Gesamtdruck von den 20 Teilen Sauerstoff übernommen werden muss. 160 Teile geben 1.6 bar, also geben 20 Teile:

160 Teile . . . . 1.6 bar
20 Teile . . . . **X**

Wir erhalten also einen Partialdruck für Sauerstoff von 0.2 bar. *Aber: ... das ist ja der gleiche Partialdruck, den wir schon VOR der Zugabe von Argon hatten?!?!*

$$X = \frac{20 \text{ Teile} \times 1.6 \text{ bar}}{160 \text{ Teile}} = \mathbf{0.2\ bar}$$

Natürlich, der Partialdruck ist der Druck, den dieser Anteil des Gases ausübt, und dabei ist es gleichgültig, ob und wie viel anderes Gas noch vorhanden ist. *Hätten wir am Anfang den Stickstoff aus der Luft entfernt, sodass nur Sauerstoff übrig geblieben wäre, dann wären 4 / 5 der Gasmenge entfernt und der Druck auf 1 / 5, also auf 0.2 bar gesunken. Wenn kein anderes Gas vorhanden ist, dann ist der Partialdruck gleich dem Gesamtdruck.* Solange wir die anderen Parameter (Temperatur, Volumen, Menge) nicht verändern, bleibt also unser Partialdruck gleich, unabhängig vom Fremdgas und vom Gesamtdruck *(das gilt natürlich nur für ideale Gase)*. Und man kann die Partialdrucke in einer Mischung genauso addieren, wie man die Mengen (also die Mol) einer Mischung addieren kann.

Dann wird die letzte Rechnung aber sehr viel einfacher! Fangen wir nochmals von vorne an, und verwenden dabei unser neu erworbenes Wissen über Partialdrucke, also:

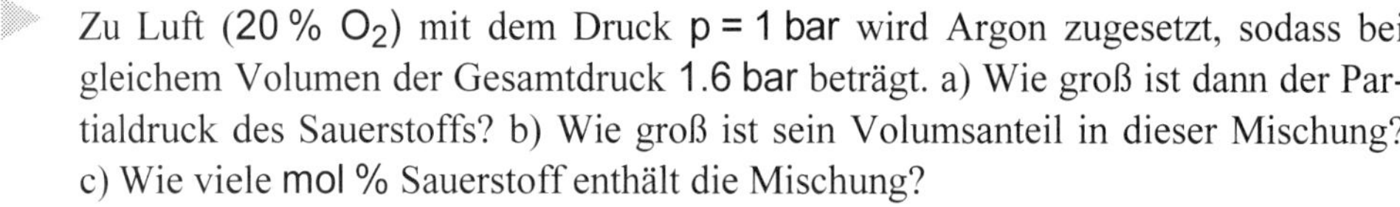

Zu Luft (20 % O_2) mit dem Druck p = 1 bar wird Argon zugesetzt, sodass bei gleichem Volumen der Gesamtdruck 1.6 bar beträgt. a) Wie groß ist dann der Partialdruck des Sauerstoffs? b) Wie groß ist sein Volumsanteil in dieser Mischung? c) Wie viele mol % Sauerstoff enthält die Mischung?

a) Luft ist ein Gemisch von (ungefähr) 20 % Sauerstoff und 80 % Stickstoff. Daher ist der Partialdruck von Sauerstoff auch 20 % des Gesamtdruckes, also 0.2 bar.

100 % . . . . 1 bar
20 % . . . . **X**

usw.

X = 0.2 bar

Und da Zugabe von Argon (*unter den angegebenen Bedingungen*) daran nichts ändert, ist das schon das erste Ergebnis.

b) Um den Gesamtdruck von 1 bar auf 1.6 bar zu bringen, müssen wir so viel Argon zusetzen, dass dessen Partialdruck die Differenz ausmacht, also 0.6 bar.

1.6 bar – 1 bar = 0.6

O_2	N_2	Ar
0.2 bar	0.8 bar	0.6 bar

Unser Gesamtdruck (1.6 bar) setzt sich daher aus 0.2 bar O_2 + 0.8 bar N_2 + 0.6 bar Ar zusammen. Da aber eine bestimmte Gasmenge (= mol) für alle idealen Gase den gleichen (Partial)-Druck ergibt, kann man statt Partialdruck auch Mengenanteile schreiben:

0.2 Teile O_2 + 0.8 Teile N_2 + 0.6 Teile Ar

Da nun eine bestimmte Gasmenge in mol auch ein bestimmtes Volumen hat – unabhängig vom Gas –, können die Teile genauso Volumseinheiten wie Mengenanteile sein. Also bestehen 1.6 Volumseinheiten unserer Mischung aus 0.2 Volumseinheiten Sauerstoff, 0.8 Volumseinheiten Stickstoff, usw.

1.6 Einheiten . . . . . 1 Volumsanteil
0.2 Einheiten X

Wenn wir das Gesamtvolumen als 1 annehmen, dann ist dem gemäß der Volumsanteil des Sauerstoffes:

1.6 mol . . . . . 1 Volumen
0.2 mol X

$$X = \frac{0.2 \times 1}{1.6} = \textbf{0.125 Volumsanteile } \mathbf{O_2}$$

c) Genau die gleiche Rechnung kann man mit Molen durchführen. Wenn 1.6 mol Gas 0.2 mol Sauerstoff enthalten, dann sind in 1 mol Gas eben 0.125 mol Sauerstoff enthalten. Wir sollen aber das Ergebnis in mol % angeben, also berechnen, wie viel Prozent Sauerstoff wir haben, wenn dieses eine Mol gleich 100 % ist. *Oder wir rechnen, dass wir 0.2 mol Sauerstoff haben, und die Gesamtmenge 1.6 mol ist. Dann sind eben 1.6 mol gleich 100 %, usw.*

Das gibt dann 12.5 mol %

oder

1 mol . . . 100 %
0.125 mol . . X

1.6 mol . . 100 %
0.2 mol . . . X

$$X = \frac{0.125 \times 100}{1} = \mathbf{12.5\%} \qquad X = \frac{0.2 \times 100}{1.6} = \mathbf{12.5\%}$$

X = 12.5 mol %

Übungen zu Kapitel 23

230. Eine bestimmte Menge Sauerstoff nimmt bei 2.5 bar ein Volumen von 12 l ein. Welches Volumen würde dieselbe Gasmenge bei einem Druck von 1 bar einnehmen?

30 l

231. Ein Gas nimmt bei 23 °C ein Volumen von 40 l ein. Wie groß ist sein Volumen bei 60 °C bei gleichem Druck?

45 l

232. Ein Gas nimmt bei 1 bar ein Volumen von 25 l ein. Welchen Druck benötige ich, um das Volumen (bei gleicher Temperatur) auf 15 l zu komprimieren?

1.67 bar

233. Der flüssige Kohlenwasserstoff n-Nonan wird mit der äquivalenten Menge Sauerstoff in einen gasdichten Druckbehälter gefüllt ($p = 1$ bar), vollständig verbrannt und danach wieder auf 25 °C abgekühlt. Welchen Druck hat danach die Mischung?

$$C_9H_{20} + 14\ O_2 \rightleftharpoons 9\ CO_2 + 10\ H_2O$$

0.64 bar

234. In einer Gasflasche befindet sich reines O_2 unter einem Druck von 0.4 bar. Diesem wird He bis zu einem Gesamtdruck von 2 bar zugemischt. Wie viele mol % O_2 enthält die Gasmischung?

20 mol %

235. Zu Luft (20 % O_2), ($p = 1$ bar) in einem Druckbehälter wird Helium zugesetzt, bis der Enddruck 2.5 bar beträgt. Wie groß ist dann der Partialdruck des Sauerstoffs, und wie groß ist sein Volumsanteil in dieser Mischung?

0.2 bar; Volumsanteil = = 0.08 oder 8 % des Gesamtvolumens

XI Lineare und Logarithmische Grössen

In Kapitel X haben wir uns mit Beziehungen zwischen Größen beschäftigt. Nehmen wir das einfachste Beispiel:

$$A = \mathbf{k} \times B$$

Hier können wir für jeden beliebigen Wert von B den zugehörigen Wert von A errechnen, wenn wir die Konstante k kennen. Wir können aber auch sagen, was passiert, wenn sich B zum Beispiel verdoppelt: Dann wird sich A ebenfalls verdoppeln. Und für diese Aussage brauchen wir nicht einmal zu wissen, wie groß k ist. Jede Veränderung von B um einen beliebigen Faktor (also mal 2, mal 10, mal 3.14) bewirkt eine ebensolche Veränderung von A. Wir haben diese Eigenschaft bereits mehrfach verwendet *(Kapitel 14, auch Kapitel 22, 23):*

> 3 ml einer Lösung mit der Extinktion E = 0.75 werden mit 3 ml Wasser verdünnt. Wie groß ist die Extinktion der verdünnten Lösung?

Sie erinnern sich? Eine Möglichkeit wäre gewesen, mit Hilfe der Formel

$$E = \varepsilon \times c \times d$$

die Konzentration zu berechnen, dann die Konzentration der verdünnten Lösung, um schließlich von dieser auf die Extinktion der verdünnten Lösung zurückzurechnen. Viel einfacher ist es natürlich, wenn man sich überlegt, dass die Lösung bei der Zugabe von gleich viel Wasser auf das Doppelte verdünnt wird, also die Konzentration auf die Hälfte sinkt. Und dann muss die Extinktion auch auf die Hälfte sinken. Wir konnten also die Frage beantworten, ohne uns um die tatsächlichen Zahlenwerte für ε und c und d zu kümmern.

$$A = k \times \log B$$

Bei einer logarithmischen Beziehung wird das alles natürlich etwas komplizierter *(aber es lohnt sich!)*. Nehmen wir der Einfachheit halber an, dass k = 1 ist: wenn wir B verdoppeln (B um den Faktor 2 erhöhen), dann wird sich A um den Wert log 2 (= 0.3) erhöhen. (ACHTUNG: wir multiplizieren B mit 2, müssen aber zu A den Wert von 0.3 HINZUZÄHLEN!) Wenn wir jetzt B nochmals (und nochmals) verdoppeln, dann müssen wir zu A eben nochmals (und nochmals) 0.3 addieren. In Tabellenform sähe das etwa so aus:

B	A
2 x B	A + 0.3
2 x 2 x B	A + 0.3 + 0.3
2 x 2 x 2 x B	A + 0.3 + 0.3 + 0.3

oder auch:

$$(2 \times 2 \times 2) \times B = 8 \times B \qquad A + (0.3k + 0.3k + 0.3k) = A + 0.9k$$

Da der $\log 8 = 0.9$ ist, stimmt die Rechnung. *Wir wissen ja schon, dass Logarithmen die Eigenschaft haben, die Grundrechnungsarten um eine Stufe herabzusetzen, sodass aus der Multiplikation eine Addition wird. Analog müssen wir also immer, wenn wir den linearen Teil (hier B) mit einem bestimmten Betrag multiplizieren, zum logarithmischen Teil (hier A) einen bestimmten Betrag addieren. Dividieren wir den linearen Teil durch einen Faktor, so müssen wir vom logarithmischen Teil analog etwas abziehen. Und lassen Sie sich nicht davon irritieren, dass das Zeichen „log" vor dem linearen Teil, also vor B steht. Gerade weil B linear ist, muss es erst logarithmiert werden, um dem anderen Teil – also A – zu entsprechen.*

Gehen wir das Ganze an einem konkreten Beispiel nochmals durch *(siehe auch Kapitel 17)*:

$$pH = -\log [H^+]$$

Die pH-Skala ist eine besonders einfache Anwendung. Nicht einmal eine Konstante k benötigen wir (man kann natürlich sagen, dass k gleich -1 ist, um so das **Minus** zu definieren. Dieses Minus wird uns aber noch einige Probleme bereiten!)

▶ Eine Lösung mit $pH = 1$ wird mit Wasser auf das Doppelte verdünnt. Welchen pH-Wert hat die verdünnte Lösung?

Das entspricht (fast) genau dem Extinktions-Beispiel von vorhin, nur eben mit einer logarithmischen Beziehung. Wenn wir auf das Doppelte verdünnen, sinkt die Konzentration auf die Hälfte. Wenn wir die Konzentration daher durch den Faktor 2 dividieren, müssen wir die pH-Angabe um $\log 2 = 0.3$ ändern. Nach den bisherigen Überlegungen müssten wir die 0.3 abziehen! ABER jetzt kommt das **Minus** aus der Gleichung oben zur Geltung und bewirkt, dass wir (minus mal minus gibt plus) die 0.3 dazuzählen, um den gewünschten $pH = 1.3$ zu erhalten. *Man kann sich natürlich auch überlegen, dass der pH-Wert nach der Verdünnung näher bei $pH = 7$ liegen muss, also wird er sich von $pH = 1$ zu $pH = 1.3$ verschieben.*

Sie werden es wahrscheinlich bemerkt haben: so ein Verfahren wurde in diesem Buch schon sehr oft benutzt, nämlich bei den Puffer-Berechnungen *(Kapitel 17-19)*. Die dabei verwendete Gleichung

$$pK_S - pH = \log \frac{\text{Donator}}{\text{Akzeptor}} \quad \text{ist nur eine andere Form von} \quad A = \log B$$

Dann ist eben A die Differenz zwischen pK_S und pH, und B ist das Verhältnis Donator / Akzeptor. Und je nachdem, welches Verhältnis vorlag, haben wir den pK_S-Wert um einen bestimmten Betrag (dem log des Verhältnisses) korrigiert und damit den pH erhalten. Dem Problem mit dem Minus sind wir aus dem Weg gegangen, indem wir uns im nachhinein überlegt haben, ob der Puffer saurer oder basischer ist, und uns je nachdem entschieden haben, die Differenz dazu- oder wegzurechnen (bzw. das Verhältnis umzudrehen).

Da sich diese Überlegungen so gut bewährt haben, wenden wir sie gleich noch auf eine andere *(und besonders unbeliebte)* Gleichung an:

$$E = E_0 + \frac{0.060}{n} \times \log \frac{[Ox]}{[Red]}$$

E = Potenzial E_0 = Standardpotenzial
[Ox] = Konzentration(en), oxidierte Gleichungsseite
[Red] = Konzentration(en), reduzierte Gleichungsseite
n = Zahl der Elektronen in der Reaktionsgleichung

Das ist die **Nernstsche Gleichung**. Sie erlaubt uns, das Potenzial einer Halbzelle zu berechnen, wenn die Konzentrationen der Reaktionspartner von den **Standardbedingungen** abweichen. Standardbedingungen bedeuten, dass alle Konzentrationen 1 mol / l betragen und alle beteiligten Gase den Druck 1 bar haben. Das Potenzial unter Standardbedingungen ist das E_0 in der Gleichung. *Man findet in vielen Büchern statt „0.060“ auch „0.059“ oder „0.058“. Für unsere Zwecke hier können wir immer den – gerundeten – Wert von 0.060 verwenden.*

Wenn ein Metall in eine Lösung taucht, so kann das Metall in Lösung gehen, und zwar in Form von Metallionen. Dabei lassen die Metallionen natürlich Elektronen zurück, die vom Metall weitergeleitet werden. Man könnte die Gleichung dieser Reaktion also wie folgt schreiben (Me = Metall):

$$Me \rightleftharpoons Me^{2+} + 2\,e^-$$

Eine derartige Kombination von Metall mit Metallionen wäre eine **Halbzelle**. (Es gibt auch andere Möglichkeiten, eine Halbzelle aufzubauen.) Natürlich müssen die Elektronen irgendwo hin – sonst kann die Reaktion nicht ablaufen. Die einfachste Lösung wäre, eine zweite Halbzelle mit der ersten zu kombinieren, nach der Gleichung:

$$Me^{2+} + 2\,e^- \rightleftharpoons Me$$

In der zweiten Halbzelle läuft die Reaktion umgekehrt ab, es werden also die Elektronen aufgenommen, die von der ersten Halbzelle abgegeben worden sind. Jetzt ist auch jedem klar, warum es HALB-Zelle heißt: nur wenn zwei Halbzellen zu einer „ganzen Zelle“ vereinigt werden, kann eine Reaktion ablaufen. *Man sagt dann aber nicht ganze Zelle, sondern* ***galvanisches Element*** *dazu.* Die Reaktionen einer Halbzelle heißen daher auch **Halbreak-**

tionen – weil unbedingt eine zweite Halbreaktion für die komplette Reaktion notwendig ist.

Oxidation ist Abgabe von Elektronen, **Reduktion** die Aufnahme von Elektronen. Wenn ich also zwei Halbzellen miteinander kombiniere, so findet in der einen Halbzelle eine Oxidation, in der anderen eine Reduktion statt. Da das eine ohne das andere nicht möglich ist, spricht man von **Redox-Reaktionen.** *Das gilt immer! Es gibt keine Oxidation ohne Reduktion. Um einen Stoff zu oxidieren muss ein anderer reduziert werden, und umgekehrt.*

Da die Halbreaktionen beider Halbzellen natürlich umkehrbar sind, kann auch die komplette Reaktion in der anderen Richtung verlaufen. Um zu entscheiden, welche Richtung die Reaktion tatsächlich nimmt, muss man wissen, welche der beiden Halbzellen lieber Elektronen aufnimmt (bzw. welche lieber welche abgibt.) Das kann man als „Drang" angeben, mit dem die Elektronen aus dem Metall heraus wollen. Dieser „Drang" von Elektronen ist das **Potenzial**. Und die Differenz zweier Potenziale nennt man **Spannung**, und Spannungen kann man mit einem einfachen elektrischen Messgerät bestimmen.

Daher hat man für alle möglichen Halbreaktionen das entsprechende Potenzial bestimmt. Leider ist das Potenzial unter anderem auch von der Konzentration der Metallionen abhängig. Also hat man die Potenziale für die Konzentration 1 mol / l bestimmt (wenn Gase mitspielen – und das kommt vor – ist deren Druck 1 bar) und nennt diese Potenziale die **Standardpotenziale**. Hat man andere Konzentrationen, so muss man umrechnen, und dafür braucht man die Nernstsche Gleichung.

Haben wir Sie jetzt erschreckt? Keine Panik, auch Berechnungen mittels der Nernstschen Gleichung sind bei weitem nicht so schwierig, wie man glauben würde. Zum Beweis wollen wir jetzt ein konkretes Beispiel Schritt für Schritt durchgehen, dann wird alles gleich viel klarer.

Das Standardpotenzial (E_0) der Halbzelle Pb / Pb^{2+} ist -0.13 V. Bei welcher Pb^{2+}-Konzentration erreicht das Potenzial dieser Halbzelle den Wert $E = 0$?

Wie immer braucht man zunächst einmal die zugehörige Reaktionsgleichung. Dazu benötigen wir also eine Reaktion, bei der auf der einen Seite Pb und auf der anderen Seite Pb^{2+} steht. Danach müssen wir noch auf einer Seite so viele Elektronen „dazuschreiben", dass die Anzahl der Ladungen links und rechts ausgeglichen ist.

$$Pb \rightleftharpoons Pb^{2+} + 2\,e^-$$

Dazu sollten wir uns grundsätzlich zwei Faustregeln merken:

1) Die oxidierte Seite der Gleichung ist diejenige, wo sich die Elektronen befinden *(also hier die rechte Seite).* Von links nach rechts findet die Oxidation statt *(Entzug von*

Elektronen), von rechts nach links eine Reduktion *(Aufnahme von Elektronen)*. Man sollte sich angewöhnen, wo immer es möglich ist, diese Gleichungen so aufzuschreiben, dass die Elektronen rechts stehen. Dann steht auch die oxidierte Seite rechts, und man kann in die Nernstsche Gleichung so einsetzen, wie wir es vom Massenwirkungsgesetz gewohnt sind. **2) Negatives Potenzial bedeutet, dass im Gleichgewicht die Seite dominiert, wo die Elektronen stehen, und umgekehrt**. In dem oben genannten Beispiel gilt $E_0 = -0.13$ V. Unter Standardbedingungen will also die Reaktion nach rechts ablaufen. Wir wollen ein $E = 0$ erreichen, also soll keine Seite dominieren. Das können wir nur erreichen, indem wir die Konzentration an Pb^{2+} so erhöhen, dass das Gleichgewicht der Reaktion nach links *(also zur Reduktion)* verschoben wird. Unser Ergebnis wird also eine höhere Pb^{2+}-Konzentration zeigen als unter Standardbedingungen. *Es ist immer gut, wenn man von vornherein weiß, was ungefähr herauskommen soll – dann ist man für Fehler nicht so anfällig.*

Eigentlich könnten wir jetzt die Werte in die Nernstsche Gleichung einsetzen. Zuvor wollen wir die Gleichung aber noch so umformen, dass sie etwas sympathischer aussieht:

$$E - E_0 = \frac{0.060}{n} \times \log \frac{[Ox]}{[Red]} \qquad \text{so ähnlich wie} \qquad A = k \times \log B$$

Jetzt sieht die Gleichung plötzlich fast genauso aus, wie die Puffergleichung von vorhin. Und sie kann auch genau so behandelt werden. Statt der Differenz zwischen pH und pK_S haben wir eben jetzt die Differenz zwischen E und E_0, und statt dem Verhältnis Donator / Akzeptor haben wir jetzt das Verhältnis Ox / Red.

Und man kann daher zur Berechnung auch genau wie bei der Puffergleichung vorgehen. Die Differenz zwischen E und E_0 ist 0.13 V *(wir suchen ja den Konzentrationsunterschied, der das Potenzial von – 0.13 auf 0.0 ändert)*. Wir können aber nicht gleich die Zahl suchen, deren Logarithmus diese 0.13 ergibt, sondern wir müssen vorher noch die Konstante (0.060 / n) berücksichtigen. Da die Anzahl der Elektronen in der Reaktionsgleichung (n = 2) ist, wird die Konstante zu 0.030. Durch diese 0.030 müssen wir die Differenz dividieren:

$$0.13 = 0.030 \log [Ox] / [Red] \quad \text{wird zu}$$

$$0.13 / 0.030 = \log [Ox] / [Red]$$

$$\text{und schließlich} \quad 4.33 = \log [Ox] / [Red]$$

Wir suchen also eine Zahl, deren Logarithmus 4.33 ist. Der Logarithmus von 10^4 ist 4, der von 2 ist 0.3, also ist unser Ergebnis (ungefähr) 2×10^4. Daher muss sich das Konzentrationsverhältnis [Ox] / [Red] um 2×10^4 ändern. Da wir an der linken Seite der chemischen Gleichung nichts ändern können (*da steht nur Pb; Feststoffe werden immer mit 1 angenommen; daher ist der Wert für [Pb] immer 1, solange noch ein Rest von Pb vorhan-*

den ist), müssen wir $[Pb^{2+}]$ verändern. Und zwar müssen wir die Konzentration unter Standardbedingungen (1 mol / l) um den Faktor 2 x 10^4 **erhöhen**! Wir würden also statt 1 mol / l jetzt eine Konzentration von 2 x 10^4 mol / l (?!) benötigen, um zu erreichen, dass das Potenzial null wird. Geht das? Nein, natürlich nicht, so viel Blei bekommen wir niemals in Lösung!

Wir wissen, dass sich nur Metalle, deren Potenzial negativ ist, in Säuren auflösen, weil nur diese sich von H^+-Ionen oxidieren lassen. Unter den von uns errechneten Bedingungen würde sich also Blei nicht mehr durch Säure auflösen lassen, weil die Säure bereits mit gelöstem Blei „gesättigt" ist. Diese Bedingungen sind – wie schon erwähnt – allerdings sehr unrealistisch. Eine Pb^{2+}-Konzentration von 2 x 10^4 mol / l würde ja bedeuten, dass in einem Liter Lösung etwa 4 000 Kilogramm Blei gelöst sein müssen, und das ist ja offensichtlich unmöglich. Wir können also gleich zwei Erkenntnisse aus unserer Rechnung gewinnen:

1) Blei wird von z.B. Salzsäure weiter angegriffen, unabhängig davon wie viel Blei bereits in Lösung gegangen ist – es ist physikalisch-chemisch unmöglich, die Gleichgewichtskonzentration zu erreichen.

2) In der Nernstschen Gleichung entsprechen relativ geringe Potenzialunterschiede *(0.13 V ist ja nicht gar so viel)* sehr drastischen Unterschieden in der Konzentration.

Die Berechnung ließe sich aber auch noch einfacher gestalten. Sehen wir uns die Nernstsche Gleichung noch einmal an und überlegen, was eine Konzentrationsänderung um den Faktor 10 bewirkt:

$$E - E_0 = \frac{0.060}{n} \times \log \frac{[Ox]}{[Red]} \quad \text{wird zu} \quad E - E_0 = \frac{0.060}{n} \times \log 10$$

Da log 10 aber 1 ist, können wir weiter vereinfachen:

$$E - E_0 = \frac{0.060}{n} \times 1 \quad \text{und weiter} \quad E - E_0 = \frac{0.060}{n}$$

Jetzt bleibt von der ganzen Nernstschen Gleichung nichts mehr übrig als die Behauptung, dass die Differenz zwischen E und E_0 so groß ist, wie die Konstante (0.060 / n), wenn sich die Konzentration eines der beteiligten Stoffe um den Faktor 10 ändert. Und wenn sich die Konzentration um 100 ändert (10 x 10), dann ändert sich die Differenz eben um 0.060 / n + 0.060 / n. Das hatten wir ja schon ganz zu Beginn dieses Kapitels besprochen. Wenn man also das Beispiel von vorhin *(das mit dem Blei, wo E zu null werden soll)* auf diese Weise lösen will, so sieht das folgendermaßen aus:

$$E - E_0 = 0.060 / n = 0.060 / 2 = 0.030\,V \quad \text{wenn} \quad [Ox] / [Red] = 10 / 1$$

Das heißt, das Potenzial ändert sich um 0.030 V pro Zehnerstufe. Wir ändern daraufhin unsere Konzentration in Zehnerstufen so lange, bis wir den gewünschten Wert von 0.13 V erreichen:

Änderung der Konzentration um den Faktor	Differenz
$10 = 10^1$	0.030 V
$100 = 10^2$	0.060 V
$1000 = 10^3$	0.090 V
$10\,000 = 10^4$	0.120 V

Damit haben wir den gewünschten Wert beinahe erreicht. Eine weitere Zehnerstufe wäre zu viel (= 0.15 V). Wir müssen also um einen deutlich geringeren Faktor als 10 erhöhen, Faktor 2 (der verändert das Potenzial um $0.030 \times \log 2 = 0.003 \times 0.3 = 0.09\,V$) ist gerade richtig. Also ist 2×10^4 unser Ergebnis.

Wenn Sie DAS bis hierher verstanden haben, dann können Sie die meisten Aufgaben zur Nernstschen Gleichung im Kopf rechnen! Glückwunsch, Sie sind sattelfest!

Vorsicht: So wie oben darf man nur rechnen, wenn der Stoff, dessen Konzentration verändert werden soll, in der Reaktionsgleichung nur als einzelnes Teilchen vorkommt (hier Pb^{2+}). Sind in der Reaktionsgleichung mehrere gleiche Teilchen angegeben (also z.B. 2 Cl^- oder 4 H^+), so werden diese Stoffe (genauso wie beim Massenwirkungsgesetz) mit der entsprechenden Potenz in die Nernstsche Gleichung eingetragen (also als $[Cl^-]^2$ oder $[H^+]^4$) und das verändert die Rechnung etwas. Damit wollen wir uns im folgenden Kapitel 24 an Hand einiger Beispiele befassen.

24 NERNSTSCHE GLEICHUNG

Eine **Elektrode** ist der Metallstab, an dem Redox-Reaktionen stattfinden. Elektrode plus umgebende Lösung ist eine Halbzelle. *Oft wird aber etwas ungenau die ganze Halbzelle als Elektrode bezeichnet.*

Das Standardpotenzial einer Fe / Fe^{2+}-Elektrode ist – 0.44 V. Wie groß ist das Potenzial bei einer Fe^{2+}-Konzentration von 1 mmol / l?

Wir haben gerade zuvor im Kapitel XI eine „Schnellmethode" kennengelernt, um solche Beispiele zu lösen. Zuerst muss man aber wie gewohnt die Reaktionsgleichung anschreiben, damit man die Zahl der jeweils umgesetzten Elektronen kennt. Also setzen wir eine Gleichung an, in der Fe zu Fe^{2+} wird, dann müssen wir soviel Elektronen dazuschreiben, dass die Summe aller Ladungen links und rechts gleich ist. *Zunächst bleiben nur die beiden positiven Ladungen rechts über, wenn wir rechts noch zwei negative Ladungen (= 2 Elektronen) zugeben, ist die Summe der Ladungen rechts und links jeweils null.*

$$Fe \rightleftharpoons Fe^{2+} + ??$$

$$Fe \rightleftharpoons Fe^{2+} + 2\,e^-$$

Damit wissen wir, dass wir in die Nernstsche Gleichung 2 Elektronen einsetzen müssen. Da in der Gleichung Fe^{2+} nur einmal vorkommt, kann man die Fe^{2+}-Konzentration direkt (ohne Hochzahl) einsetzen. Die Konzentration der reduzierten Seite (links, Fe_{Metall}) können wir mit 1 ansetzen.

Das gibt weiter:

$$E - E_0 = \frac{0.060}{n} \times \log \frac{[Ox]}{[Red]}$$

$$E - E_0 = \frac{0.060}{2} \times \log \frac{[Fe^{2+}]}{1}$$

$$E - E_0 = 0.030 \, \log [Fe^{2+}]$$

Das entspricht genau der Situation wie (siehe Kapitel XI) beim Beispiel mit Pb / Pb^{2+}: eine Konzentrationsänderung um den Faktor 10 führt zu einer Potenzialänderung um 0.030 V.

$$1 \text{ mol} / 1 \text{ mmol} = 1000 / 1 = 10^3$$

$$\log 1000 = \log 10^3 = 3$$

Der Unterschied zwischen 1 mol / l (Standardbedingungen) und 1 mmol / l entspricht einem Faktor 1000 oder 10^3; also ändert sich das Potenzial um 3 x 0.30 V, das sind 0.090 V.

0.030 V x 3 = 0.090 V

Wenn wir **weniger** Fe^{2+} als unter Standardbedingungen haben, wird das System versuchen, diesen Mangel auszugleichen, indem es verstärkt von links nach rechts reagiert, die Reaktion nach **rechts** ist also noch mehr bevorzugt als unter Standardbedingungen. *Prinzip des kleinsten Zwanges: das System will die Wegnahme ausgleichen, wird also verstärkt dorthin reagieren, wo etwas weggenommen wurde.* Da rechts die Elektronen stehen, wird das Potenzial also stärker **negativ**. Das Ergebnis ist daher −0.53 V. *Man könnte das auch nachprüfen, indem man in die Gleichung einsetzt.*

$$E = E_0 - 0.090 = -0.44 - 0.09 = \mathbf{-0.53\ V}$$

$$E - E_0 = 0.030 \log [Fe^{2+}]$$

$$-0.53 - (-0.44) = 0.030 \log 0.001$$

$$-0.53 + 0.44 = 0.030 \times (-3)$$

$$-0.09 = -0.090 \quad \textit{stimmt!}$$

▶ Das Standardpotenzial einer I_2 / I^--Elektrode ist +0.54 V. Wie groß ist das Potenzial bei einer I^--Konzentration von 1 mmol / l?

Wir brauchen zuerst die Reaktionsgleichung:

$$I_2 \rightleftharpoons 2\,I^- \quad ??$$

Man ergänzt wieder die Elektronen, so dass die Ladungen übereinstimmen ...

$$I_2 + 2e^- \rightleftharpoons 2\,I^-$$

... und dreht anschließend die Gleichung um, so dass die Elektronen auf der rechten Seite stehen. *Ist nicht unbedingt notwendig, aber es ist übersichtlicher, wenn man die oxidierte Seite immer rechts hat.*

$$2\,I^- \rightleftharpoons I_2 + 2e^-$$

Wieder setzen wir in die Nernstsche Gleichung ein. Die Anzahl der Elektronen ist 2, die Konzentration von I_2 (Feststoff) ist 1, nur die I^--Konzentration muss diesmal als $[I^-]^2$ eingetragen werden, da in der Gleichung ja 2 I^- vorkommen *(natürlich unter dem Bruchstrich, da es ja auf der reduzierten Seite steht).*

$$E - E_0 = \frac{0.060}{n} \times \log \frac{[Ox]}{[Red]}$$

$$E - E_0 = \frac{0.060}{2} \times \log \frac{[I_2]}{[I^-]^2}$$

Wir können jetzt entweder gleich die angegebene J$^-$-Konzentration einsetzen und ausrechnen (a), oder noch weiter umformen (b).

a) Gleich ausrechnen: Wir setzen für $[I^-]$ 1 mmol / l, also 10^{-3} mol / l ein. Das gibt nach den üblichen Rechenregeln (Kapitel VI):

$$\frac{[I_2]}{[I^-]^2} = \frac{1}{[I^-]^2} = \frac{1}{[10^{-3}]^2} = \frac{1}{10^{-6}} = 10^6$$

$$E - E_0 = 0.030 \log 10^6 = 0.030 \times 6 = \mathbf{0.18}$$

b) Umformen: wir lassen die I^--Konzentration zunächst unberücksichtigt und bemühen uns um einen möglichst einfachen Zusammenhang zwischen Konzentration und Potenzial:

$$\frac{1}{[I^-]^2} = [I^-]^{-2}$$

und $\log [I^-]^{-2} = -2 \log [I^-]$

$$E - E_0 = 0.030 \times (-2) \log [I^-] = -0.060 \log [I^-]$$

Danach setzen wir ein und kommen (natürlich) zum gleichen Ergebnis:

$$E - E_0 = -0.060 \log 10^{-3} = -0.060 \times (-3) = \mathbf{0.18}$$

Wir müssen also den Standardwert (*das Normalpotenzial*) von +0.54 V um 0.18 V korrigieren.

In welche Richtung? Wenn wir die I^--Konzentration verringern, so wird das System verstärkt dorthin reagieren wollen, weg von der Seite auf der die Elektronen stehen. Also wird das Potenzial stärker **positiv**.

$$\mathbf{E} = +0.54 + 0.18 = \mathbf{+0.72\ V}$$

Beachten Sie die oben unter b) abgeleitete Formel!

$$E - E_0 = -0.60 \log [I^-]$$

Den Korrekturfaktor von 0.60 haben wir auch dann, wenn nur ein Elektron umgesetzt

$$2\,I^- \rightleftharpoons I_2 + 2\,e^-$$

*wird ($n = 1$). Die Verwendung der Potenz von **2** hat also gerade die **zwei** umgesetzten Elektronen ausgeglichen. Das ist logisch, man hätte die Reaktionsgleichung ja auch so schreiben können, dass nur ein I^- mit einem e^- reagiert.*

oder auch

$$I^- \rightleftharpoons \tfrac{1}{2} I_2 + e^-$$

Man könnte also die Regel aufstellen: braucht man für EIN Teilchen (dessen Konzentration von den Standardwerten abweicht) EIN Elektron, gibt das den Korrekturfaktor **0.060 V**, braucht man ZWEI Elektronen, gibt das **0.030 V**, DREI Elektronen geben **0.020 V** usw. Wenn man das verstanden hat, kann man die Beispiele in diesem Kapitel wirklich im Kopf rechnen!

Das Standardpotenzial einer I^- / I_2-Elektrode ist +0.54 V. Wie groß muss die Konzentration von I^- sein, damit das Redox-Paar gegenüber der Normal-Wasserstoffelektrode zu einem Elektronendonator wird?

Kompliziert formuliert! Die Normal-Wasserstoffelektrode hat das Standardpotenzial $E_0 = 0$. Damit unsere Iod-Elektrode dorthin Elektronen senden kann (= Elektronendonator), muss deren Potenzial also ebenfalls mindestens Null (oder negativer) sein. Man könnte genauso gut schreiben, wie groß muss die Konzentration von I^- sein, damit das Potenzial null wird?

Wir müssen also die Reaktionsgleichung soweit nach rechts treiben, dass das Potenzial von +0.54 V auf null sinkt, dazu müssen wir die I^--Konzentration erhöhen.

Da wir bei jeder Erhöhung um den Faktor 10 einen Effekt von 0.060 V erhalten, brauchen wir nur feststellen, wie oft wir um den Faktor 10 steigern müssen, um bei 0.54 V anzukommen.

1 x 0.06 = 0.06

2 x 0.06 = 0.12

3 x 0.06 = 0.18

:

:

Nach insgesamt 9 Zehnerpotenzen hat man den gewünschten Wert erreicht. Die gesuchte Konzentration ist also 10^9 mol / l.

9 x 0.06 = 0.54

$$[I^-] = 10^9 \text{ mol/l}$$

Das war ein sehr theoretisches Beispiel. Die errechnete Konzentration ist natürlich außerhalb eines schwarzen Loches (→ Physik) nicht zu erreichen.

▶ Das Potenzial des Wasserstoffs in der Reaktion $H_2 \rightleftharpoons 2\,H^+ + 2\,e^-$ bei pH = 5 beträgt E = −0.30 V. Wie kommt man auf diese Zahl?

Wie immer beginnt die Berechnung mit dem Anschreiben der Reaktionsgleichung:

$$H_2 \rightleftharpoons 2\,H^+ + 2\,e^-$$

Wir haben zwei Elektronen für zwei H^+-Teilchen, also je Teilchen ein Elektron, daher ist unser Faktor 0.060.

Wie erwähnt, kann man die Reaktionsgleichung aber auch verändert anschreiben, oder man kann in die Nernstsche Gleichung wie oben im zweiten Beispiel einsetzen, und kommt dann auf

$$E - E_0 = -0.060 \log [H^+]$$

$$\tfrac{1}{2} H^2 \rightleftharpoons H^+ + e^-$$

Die Normal-Wasserstoffelektrode ist eine Elektrode mit der eben beschriebenen Gleichung unter Standardbedingungen, also ist $[H^+]$ = 1 mol / l, d.h. der pH = 0, unter diesen Bedingungen ist das Potenzial der Elektrode null. Bei einem pH = 5 (d.h. $[H^+] = 10^{-5}$ mol / l) hat sich $[H^+]$ um 5 Zehnerpotenzen geändert.

$$5 \times 0.060 = 0.30\ \text{V}$$

Das Vorzeichen? Wenn $[H^+]$ sinkt, drängt die Reaktion verstärkt nach rechts, das Potenzial wird also negativer.

$$\mathbf{E = -0.30\ V}$$

▶ Das Standardpotenzial der Reaktion Zn / Zn^{2+} beträgt −0.76 V. Sie stellen eine Konzentrationskette zusammen, bei der die Zn^{2+}-Konzentration der beiden Halbzellen 1 mol / l und 0.01 mol / l beträgt. Welche Spannung wird an dieser Konzentrationskette gemessen?

Für den Fall, dass Sie noch nicht wissen, was eine **Konzentrationskette** ist: mit einer Halbzelle allein fängt man nichts an. Man braucht immer zwei, die miteinander gekoppelt sind, das nennt man dann eine Kette (oder ein Galvanisches Element). Die Differenz der beiden Potenziale gibt die Spannung der Kette, und diese kann man messen. Jetzt kann man aber statt zwei gänzlich verschiedenen Elektroden auch zwei Elektroden verwenden, die einander chemisch gleichen, nur die Konzentration eines der Reaktionspartner ist verschieden. Dann erhält man auch zwei verschiedene Potenziale, und in der Folge eine Potenzialdifferenz (= Spannung), wenn man die beiden Elektroden miteinander leitend verbindet. So eine Anlage nennt man – weil sich die Halbzellen nur in der einen Konzentration unterscheiden – eine Konzentrationskette. Der Vorteil: die gemessene Spannung ist natürlich nur vom Konzentrationsunterschied abhängig, sodass man auf diese Weise die Konzentration verschiedenster Ionen bestimmen kann. Diese Methode ist nicht übermäßig genau, dafür aber sehr schnell.

Zuerst die Reaktionsgleichung:	$Zn \rightleftharpoons Zn^{2+} + 2\,e^-$
Da für zwei Elektronen je ein Atom Zn entsteht, ist unser Faktor 0.030. Wir wissen, dass die Spannung vom Konzentrationsunterschied abhängt, dieser ist 10^2 (also 100).	$1\ mol/l \,/\, 0.01\ mol/l = 10^2$
Da der Unterschied zwei Zehnerpotenzen beträgt, ist die gemessene Spannung 0.060 V.	$2 \times 0.030 =$ **0.060 V**

Und wieder die Frage nach dem Vorzeichen: die ist bei dieser Fragestellung bedeutungslos. Je nachdem, wie ich das Messgerät anschließe – oder je nachdem, welche Elektrode links und welche rechts steht – messe ich plus oder minus 0.060 V.

Für diese Rechnung brauchen wir das Standardpotenzial von – 0.76 V gar nicht, da ja nur nach der gemessenen Spannung – also der Differenz der beiden Potenziale – gefragt war! Wollte man die Potenziale beider Elektroden berechnen, so hätte man für die eine Halbzelle –0.76 V, für die andere –0.82 V erhalten. Die Differenz sind eben die errechneten 0.06 V.

Übungen zu Kapitel 24

240. Das Standardpotenzial einer Fe / Fe^{2+}-Elektrode ist -0.44 V. Wie groß ist das Potenzial bei einer Fe^{2+}-Konzentration von 100 mmol / l?

   −0.47 V

241. Das Standardpotenzial einer I^- / I_2-Elektrode ist +0.54 V. Wie groß ist das Potenzial bei einer I^--Konzentration von 0.010 mol / l?

   +0.66 V

242. Das Standardpotenzial des Redox-Paares Ag / Ag^+ ist +0.81 V. Wie hoch darf $[Ag^+]$ maximal sein, damit das Redox-Paar gegenüber der Normal-Wasserstoffelektrode zu einem Elektronen**donator** wird?

   10^{-14} mol / l

243. Das Standardpotenzial einer Me / Me^{2+} Elektrode ist −2.37 V. Wie groß ist das Potenzial bei einer Me^{2+}-Konzentration von 0.010 mol / l?

   −2.43 V

244. Wie groß ist die Potenzialdifferenz zwischen einer Normal-Wasserstoffelektrode und einer Wasserstoff-Elektrode bei pH = 3.0?

   0.18 V

245. Das Standardpotenzial der Reaktion $Zn \rightleftharpoons Zn^{2+} + 2\ e^-$ beträgt −0.76 V. Sie stellen eine Konzentrationskette zusammen, bei der die Zn-Konzentration der beiden Halbzellen 0.20 mol / l und 0.020 mol / l beträgt. Welche Spannung wird an dieser Konzentrationskette gemessen?

   0.03 V

XII Denken, Teil 2

Wie schon in Kapitel VII erwähnt, gibt es viele Rechnungen, die man mit entsprechendem mathematischen Aufwand lösen kann, die aber mit etwas Nachdenken wesentlich einfacher werden. *Das hat den zusätzlichen Vorteil, dass man mehr Übersicht hat, was man da eigentlich rechnet und Rechenfehler vermeidet, die beim einfachen Einsetzen in eine Gleichung entstehen können.*

Beim radioaktiven Zerfall steht man häufig vor dem Problem, abzuschätzen, wie viel von einem instabilen Isotop nach einer bestimmten Anzahl von Halbwertszeiten noch vorhanden ist. Eine (mögliche) mathematische Gleichung dafür sieht so aus:

$$\log n = \log n_0 - \tau / t_{1/2} \log 2$$

n	=	Stoff nach der Zeit τ
n_0	=	Stoff zu Beginn
τ	=	verstrichene Zeit
$t_{1/2}$	=	Halbwertszeit

Das ist allerdings eine etwas „unhandliche“ Gleichung. Wir können aber vereinfachen, indem wir den Ausgangswert des Stoffes (n_0) mit 1 annehmen (oder mit 100 %), $\log n_0$ wird dann null.

$$\log n = -\tau / t_{1/2} \log 2 \qquad \text{entspricht einer Form wie} \qquad \log A = B \times k$$

Solche Beziehungen sind wir ja schon gewohnt (Kapitel XI). Der Logarithmus der verbleibenden Stoffmenge ist dann proportional dem Verhältnis zwischen verstrichener Zeit (τ) und Halbwertszeit ($t_{1/2}$). Das wird besonders einfach, wenn man als Zeiteinheit die Halbwertszeit wählt. Ist die Halbwertszeit z.B. 3 Tage und die verstrichene Zeit 12 Tage, so sind das 4 Halbwertszeiten (12 Tage / 3 Tage = 4). Das heißt, das gewünschte Verhältnis zwischen verstrichener Zeit (τ) und Halbwertszeit ($t_{1/2}$) ist die verstrichene Zeit, gemessen in Halbwertszeiten. Wenn eine Halbwertszeit verstrichen ist ($\tau = t_{1/2}$ und $\tau / t_{1/2} = 1$), so ergibt das

$$\log n = -\log 2 = -0.3 \qquad \text{und} \qquad n = 1/2$$

Und nach zwei Halbwertszeiten ($\tau / t_{1/2} = 2$):

$$\log n = -2 \log 2 = -2 \times 0.3 \qquad \text{und} \qquad n = 1/(2 \times 2) = 1/4$$

Und damit können wir eine ähnliche Reihe aufstellen, wie wir es in Kapitel XI für andere logarithmische Beziehungen getan haben: wenn wir zur verstrichenen Zeit jeweils eine Halbwertszeit **addieren**, so **dividieren** wir die verbleibende Stoffmenge durch den Faktor 2. In Tabellenform sieht das so aus:

Halbwertszeiten	Stoffmenge		
0	n_0		
1	$n_0 / 2$	=	$0.5\ n_0$
2	$n_0 / (2 \times 2)$	=	$0.25\ n_0$
3	$n_0 / (2 \times 2 \times 2)$	=	$0.125\ n_0$
	usw.		

Ist ja eigentlich logisch: nach einer Halbwertszeit haben wir die Hälfte, nach einer weiteren Halbwertszeit die Hälfte von der Hälfte, nach wieder einer Halbwertszeit die Hälfte von der Hälfte von der Hälfte, usw. Auch hier gilt: einfache Aufgaben lassen sich auf diese Weise ohne komplizierten Rechenaufwand im Kopf lösen.

Warum haben wir das jetzt überhaupt so umständlich gezeigt? Sie werden im folgenden Kapitel sehen, dass der logarithmische Zusammenhang zwischen Menge und Halbwertszeit für viele Rechnungen gebraucht wird – vor allem dann, wenn es sich um sehr viele Halbwertszeiten handelt.

25 Halbwertszeit und ähnliche Rechnungen

Radioaktive Isotope spielen in den Natur- und Geisteswissenschaften, aber auch in der Medizin als diagnostische und therapeutische Werkzeuge eine wichtige Rolle. Die Halbwertszeiten der verwendeten Substanzen reichen von vielen Jahren („Gamma-Knife“; „Kobaltkanone“) bis zu wenigen Stunden (Schilddrüsenuntersuchungen). Natürlich werden häufig möglichst kurzlebige Nuklide eingesetzt, so dass der entstehende Abfall rasch abklingen kann und die Strahlenbelastung aller Beteiligten minimiert wird. Daher sind einige der folgenden Berechnungen oder Abschätzungen von unmittelbar medizinischem Interesse *(was aber gerade für das erste Beispiel nicht gilt).*

▶ Sie bestimmen mittels der Radiokarbonmethode das Alter eines menschlichen Knochenfundes. Es zeigt sich, dass nur mehr 0.39 % des normal vorhandenen Anteils an C^{14} enthalten sind. Die Halbwertszeit von C^{14} beträgt 5730 Jahre. Wie alt wird Ihr Untersuchungsobjekt sein?

Die Menge an ^{14}C, die zum Zeitpunkt des Todes im untersuchten Objekt enthalten ist, wird mit 100 % angenommen. Danach zerfällt dieses radioaktive Isotop bis – nach einer bestimmten Anzahl von Halbwertszeiten – nur mehr 0.39 % davon vorhanden sind. Die Anzahl dieser Halbwertszeiten sollen wir bestimmen und danach in Jahre umrechnen.

Am einfachsten macht man das *(wenn man nicht Kopfrechnen will)*, indem man auf dem Taschenrechner immer wieder durch 2 dividiert und dabei die Anzahl der Rechenschritte zählt. *Also z.B. eintippen* [100] [÷] [2] [÷] *(zählen 1)* [2] [÷] *(zählen 2)* [2] [÷] *(zählen 3), und das so lange, bis am Display des Rechners der Wert von 0.39 (ungefähr) erscheint. Man kann natürlich auch zwischendurch auf* [=] *tippen. Das kann man sich aber genau so gut ersparen, da mit der Eingabe der nächsten Operation der Rechner das Zwischenergebnis ohnehin anzeigt.*

Schritte		Anzeige
1	[100] [÷] [2] [÷]	50
2	[2] [÷]	25
:		
:		
7	[2] [÷]	0.78125
8	[2] [÷]	0.390625

Nach 8 Schritten (= 8 Halbwertszeiten) sind wir bei 0.39 % angekommen. Jetzt müssen wir nur noch ausrechnen, wie viele Jahre das sind. *Eine Halbwertszeit sind 5730 Jahre, also sind 8 Halbwertszeiten ...*

8 x 5730 Jahre = 45 840 Jahre

~ 46 000 Jahre

Unser Objekt wird also 46 000 Jahre alt sein.

Oder sagen wir, zwischen 44 000 und 48 000 Jahren, eine gewisse Unsicherheit muss man berücksichtigen. Die berühmte Kohlenstoffdatierung zur Altersbestimmung biologischer Materialien in der Archäologie funktioniert nur bis etwa 50 000 Jahre in die Vergangenheit. Für noch ältere Proben benötigt man andere Verfahren. Aber auch die Genauigkeit (besser gesagt: Ungenauigkeit) der Kohlenstoff-Methode bringt die Experten immer wieder zum Streiten.

Nach 5 Jahren sind noch 25 % des strahlenden Materials vorhanden. Wie groß ist die Halbwertszeit?

Wir wissen (oder berechnen), dass nach 2 Halbwertszeiten noch 25 % des ursprünglichen Materials vorhanden ist.

1 Halbwertszeit	50 %
2 Halbwertszeiten	25 %
usw.	

Also entsprechen 5 Jahre zwei Halbwertszeiten. Demnach dauert eine Halbwertszeit ...

Die Halbwertszeit beträgt 2.5 Jahre.

2 HWZ . . . . . . 5 Jahre
1 HWZ . . . . . . **X**

X = 2.5 Jahre

Die Halbwertszeit eines radioaktiven Stoffes ist 20 Minuten.

a) Nach einer Stunde ist wie viel (%) des ursprünglichen Materials zerfallen?
b) Nach einer Stunde ist noch wie viel (%) des ursprünglichen Materials vorhanden?
c) Wie groß ist nach einer Stunde das Verhältnis zerfallener Kerne zur Gesamtzahl der Kerne?

Wir wollen wissen, was nach einer Stunde passiert ist. Daher müssen wir diese Stunde in Halbwertszeiten umrechnen.

1 HWZ . . . . 20 Minuten
X . . . 1 Stunde = 60 Minuten

X = 3 Halbwertszeiten

a) Wie viel ist nach einer Stunde zerfallen? Wir machen unsere übliche Rechnung: nach eins, zwei, drei Halbwertszeiten haben wir 50 %, 25 %, 12.5 %, ...

3 HWZ . . . . . . 12.5 %

VORSICHT: 12.5 % sind übrig, es ist aber gefragt, wie viel zerfallen ist, das ist die Differenz zwischen den ursprünglichen 100 % und den übriggebliebenen 12.5 %. *Diese Fragestellung ist ein bisschen „vergiftet". Wenn man unaufmerksam ist und einfach blind nach Schema arbeitet, tappt man in die Falle!* Es sind also 87.5 % des Stoffes zerfallen.	100 % – 12.5 % = **87.5 %**
b) Wie viel ist nach einer Stunde noch vorhanden? Das betrifft unsere bereits berechneten 12.5 %.	**12.5 %**
c) Wie groß ist nach einer Stunde das Verhältnis zerfallene Kerne : Gesamtzahl der Kerne? Die Gesamtzahl war 100 %, die zerfallenen Kerne haben wir unter a) mit 87.5 % berechnet. *Auch hier bitte* DIE ANGABE GENAU LESEN. *Man könnte auch nach dem Verhältnis „restliche Kerne : Gesamtzahl der Kerne" oder gar nach „restliche Kerne : zerfallene Kerne" fragen.*	$\frac{87.5\ \%}{100\ \%} = \mathbf{0.875}$ *(bzw. 7 / 8)*

Sie haben in Ihrem Labor Experimente mit ^{32}P gemacht (Halbwertszeit 14 Tage). Nach Abschluss Ihrer Arbeiten bereitet Ihnen der entstandene Abfall Sorgen. Sie beschließen, den Abfall zunächst in einer sicheren Ecke Ihres Labors abklingen zu lassen, bis von der ursprünglichen Aktivität nur mehr ein Promille oder weniger übrig ist. Wie lange müssen Sie warten?

Ein Promille ist 0.001 Anteil der Gesamtmenge.

a) Mit der Taschenrechner-Methode vom ersten Beispiel können Sie abzählen, wie viele Halbwertszeiten es dauert, bis der Rechner weniger als 0.001 anzeigt.

Schritte		Anzeige
1	[1] [÷] [2] ÷	0.5
2	[2] [÷]	0.25
:		
:		
9	[2] [÷]	0.0019531
10	[2] [÷]	0.0009765

Also nach 10 Halbwertszeiten. 10 mal 14 Tage sind 140 Tage.

10×14 Tage = **140 Tage**

b) Bei so vielen Halbwertszeiten ist es einfacher, etwas Mathematik anzuwenden. Nach einer Halbwertszeit haben wir 2^{-1} der ursprünglichen Menge, nach zwei Halbwertszeiten 2^{-2}, usw. Nun ist aber *(wenn Sie es nicht glauben, rechnen sie nach)* 2^{-10} so viel wie 10^{-3} und 2^{10} so viel wie 10^{3}. Also braucht man 10 Halbwertszeiten, um die Radioaktivität auf ein tausendstel zu vermindern.

Es ist sehr praktisch, sich diese Regel zu merken – das braucht man oft: **zehnmal die Hälfte gibt ein Tausendstel, zehnmal das Doppelte gibt das Tausendfache.**

HWZ	Restaktivität
1	$2^{-1} = 1/2$
2	$2^{-2} = 1/4$
3	$2^{-3} = 1/8$
:	:
10	$2^{-10} = 1/1024$

$$2^{-10} = 1/1024 \sim 1/1000 = 10^{-3}$$

$$\boxed{2^{-10} \sim 10^{-3}}$$

$$\boxed{2^{10} \sim 10^{3}}$$

Nach 10 Halbwertszeiten ist also die Aktivität Ihres Abfalls auf ein Tausendstel gesunken, das ist schon ziemlich wenig. Um auf der sicheren Seite zu bleiben, sollten Sie den Abfall trotzdem nochmals um weitere 10 Halbwertszeiten abklingen lassen, danach haben Sie nur mehr ein Millionstel der ursprünglichen Aktivität, und das lässt sich im Normalfall nicht mehr messen und dürfte auch schon unterhalb der natürlichen Radioaktivität liegen, die in jedem Material immer vorhanden ist. Sie können das Zeug dann behandeln, wie Abfall, der nie radioaktiv war – allerdings aufpassen, was sonst noch an Chemie oder Biologie drinnen ist, es kann trotzdem immer noch heikler Sondermüll sein.

Die Bakterien, die Sie in einer Kultur züchten, verdoppeln sich alle 30 Minuten. Wie viele Liter Bakterien würden Sie theoretisch erhalten, wenn sich ein Bakterium 48 Stunden lang ungehemmt teilen könnte und das Volumen einer einzelnen Bakterienzelle 5×10^{-9} Liter wäre?

Alle dreißig Minuten eine Teilung, das macht in 48 Stunden 96 Teilungen.

2×48 = 96 Teilungen

96 Teilungen geben das 2^{96}-fache, da ist die Taschenrechner-Methode zu umständlich. Jeweils 2^{10} sind 10^3, also sind 2^{90} soviel wie 10^{27}, dann bleiben noch 2^6 übrig, das sind noch mal (ungefähr) 10^2, macht also insgesamt 10^{29}.

$$2^{96} = 2^{90+6} = 2^{90} \times 2^{6}$$

$$= 10^{9\times 3} \times 2^{6} = 10^{27} \times 10^{2} = \mathbf{10^{29}}$$

Streng mathematisch kann man das Problem auch mit Logarithmen lösen, die 96 mit dem (dekadischen) Logarithmus von 2 multiplizieren, gibt die Hochzahl für die Basis 10.

oder

$$2^{96} = 10^{96 \times \log 2} = 10^{96 \times 0.3} = 10^{28.8}$$

$$\sim \mathbf{10^{29}}$$

Wir erhalten also 10^{29} Bakterien, multipliziert mit dem Volumen eines Bakteriums ergibt das immerhin 5×10^{20} Liter. *Allerdings werden sich Bakterien kaum so oft ungehemmt teilen können, irgendwann fressen sie sich gegenseitig das Futter weg – glücklicherweise, denn 5×10^{20} Liter ist etwa das Gesamtvolumen des Pazifischen Ozeans.*

$$10^{29} \times 5 \times 10^{-9}\,\text{l} =$$

5×10^{20} Liter

In einer Kultur-Schale befinden sich 4×10^4 Zellen. Nach 48 Stunden in Kultur haben Sie bereits 3.2×10^5 Zellen in der Schale. Wie lange brauchten die Zellen für eine Verdopplung?

a) Wir können wieder zur Taschenrechner-Methode zurückkehren und ausprobieren, wie viele Teilungen das sind.

Schritte		Anzeige
1	[4 x 10⁴] [*] [2] [*]	8×10^4
2	[2] [*]	1.6×10^5
3	[2] [*]	3.2×10^5

also **3 Teilungsschritte**

b) Oder wir überlegen, auf das wie vielfache sich die Zellen vermehrt haben: auf das achtfache.

Bei jeder Teilung verdoppelt sich die Zahl, der Logarithmus der Zahl erhöht sich also um log 2. Nach **n** Teilungen hat sich die Zahl um $n \times \log 2$ vermehrt. Wenn wir daher den Logarithmus dieser Vermehrung durch den Logarithmus von 2 dividieren, bekommen wir die Zahl der Verdopplungsschritte **n**. Der (dekadische) Logarithmus von 8 ist 0.9, dividiert durch den Logarithmus von 2 gibt 3, also **3 Teilungen**.

$$\frac{3.2 \times 10^5}{4 \times 10^4} = 8$$

Teilungen	Vermehrung	log(Vermehrung)
0	1	0 x log 2 = 0
1	2	1 x log 2 = 0.3
2	4	2 x log 2 = 0.6
3	8	3 x log 2 = 0.9
:		
n	2^n	n x log 2

log 8 = 0.9

0.9 / log 2 = 0.9 / 0.3 = **3 Teilungen**

Der Rest ist trivial. 3 Teilungen in 48 Stunden, daher dauert eine Teilung **16 Stunden**.

48 Stunden / 3 = **16 Stunden**

Übungen zu Kapitel 25

250. Nach 30 Tagen sind noch 12.5 % strahlendes Material vorhanden. Wie groß ist die Halbwertszeit?

10 Tage

251. Nach 30 Tagen sind bereits 75 % des ursprünglichen Materials zerfallen. Wie groß ist die Halbwertszeit?

15 Tage

252. Die Halbwertszeit beträgt 15 Tage. Nach 30 Tagen beträgt das Verhältnis zerfallene Kerne : Gesamtzahl der Kerne?

75 : 100 = 0.75 *oder 3 / 4*

253. Nach wie viel Halbwertszeiten sind von einem Radionuklid weniger als 5 % strahlendes Material vorhanden?

5 Halbwertszeiten

254. Das Radionuklid ^{135}I hat eine Halbwertszeit von 135 Minuten. Nach 9 Stunden sind wie viel Prozent des strahlenden Materials zerfallen?

94 %

255. Die Zellen eines bestimmten Tumors können sich einmal pro Tag teilen. Wie lange würde es bei unbegrenztem Wachstum dauern, bis aus einer einzigen Zelle ein solider Tumor von 1 kg geworden ist, wenn man annimmt, dass eine Zelle 0.1 µg wiegt?

33 Tage

256. Eine Kolonie von Hefezellen vermehrt sich innerhalb eines Tages von 100 Zellen auf 10^7 Zellen. Wie lange brauchten die Zellen für eine Verdopplung?

1.5 h

257. Als – vor einigen tausend Jahren – das Schachspiel erfunden wurde, soll angeblich ein König dem Erfinder für diese großartige Leistung eine Belohnung versprochen haben. Der Erfinder verlangte bescheiden nur etwas Reis, ein Korn für das erste Feld des Schachbretts, zwei Körner für das zweite Feld, vier Körner für das dritte Feld, acht für das vierte, usw. Wie viele Reiskörner hätte er für das 64. und letzte Feld bekommen?

10^{19} Körner
Wenn Ihnen das bescheiden vorkommt: Die jährliche Weltproduktion an Reis ist etwa 2.5 x 10^{16} Körner.

Wie viele Reiskörner hätte er insgesamt bekommen?

$2 \times 10^{19} - 1$

Jedes einzelne Feld enthält so viel wie alle vorhergehenden zusammen plus ein Korn.

258. Das Radionuklid ^{135}I hat eine Halbwertszeit von 135 Minuten. Nach wie vielen Stunden ist nur mehr ein Millionstel des ursprünglichen Materials vorhanden?

45 h

26 Isoelektrischer Punkt

Die in diesem und im nächsten Kapitel gezeigten Rechnungen stellen absolut keine mathematischen Ansprüche. Man muss aber wissen, was mit der Angabe gemeint ist, damit man nicht auf einen „Holzweg" gerät. Wir erklären hier also vor allem die Fachausdrücke.

Der **isoelektrische Punkt** eines Stoffes ist der pH-Wert, an dem Moleküle dieses Stoffes gleich viele negative wie positive Ladungen aufweisen.

In einer Lösung wechselt ein Stoff aber seine Ladung, indem er H^+-Ionen aufnimmt oder abgibt. Also kann man den Stoff als Säure behandeln, und die Dissoziationskonstante der Säure – siehe Kapitel 18 – gibt uns an, wie leicht die Säure H^+-Ionen abgibt und wie daher die Säure mit den H^+-Ionen der umgebenden Lösung im Gleichgewicht steht.

Grundsätzlich beschreibt der K_S-Wert (und damit der pK_S) den Übergang von positiv zu ungeladen, oder den Übergang von ungeladen zu negativ geladen. Wenn der pH-Wert der Lösung dem pK_S des Stoffes entspricht, ist das Molekül genau am Übergang. *Bei einem Puffersystem haben wir dann gleiche Mengen an Donator und Akzeptor.* Also ist dann eine Hälfte aller vorhandenen Moleküle so, die andere Hälfte anders geladen.

$$\mathbf{HA^+} \rightleftharpoons H^+ + \mathbf{A} \quad \text{oder auch} \quad \mathbf{HA} \rightleftharpoons H^+ + \mathbf{A^-}$$

$$(\text{bei} \quad pH = pK_S \quad \text{gilt} \quad [HA^+] = [A] \quad \text{oder auch} \quad [HA] = [A^-])$$

Hat ein Molekül die Möglichkeit, positive und negative Ladungen zu tragen, so wird es kompliziert, und man muss sich genau überlegen, bei welchem pH-Wert welche Ladungen vorliegen.

Relativ einfach ist es, wenn das Molekül nur je eine positive und eine negative Ladung tragen kann, wie es zum Beispiel bei einer einzelnen Aminosäure (sofern die Seitengruppe keine Ladung trägt) vorkommt. Die positive Ladung wird bei Aminosäuren erst im alkalischen Milieu abgegeben, die negative schon im sauren Milieu angenommen, sodass rund um den Neutralpunkt ein weiter Bereich besteht, in dem das Molekül beide Ladungen trägt.

$$\underset{\text{sehr sauer}}{\mathbf{HA^+{-}HA}} \rightleftharpoons \underset{\text{mäßig sauer bis mäßig basisch}}{\mathbf{HA^+{-}A^-} + H^+} \rightleftharpoons \underset{\text{sehr basisch}}{\mathbf{A{-}A^-} + H^+ + H^+}$$

In diesem Fall haben natürlich zwei pK_S-Werte, einen für jeden der beiden Übergänge. Dann ist der pH-Wert des isoelektrischen Punktes einfach das arithmetische Mittel der beiden pK_S-Werte.

$$IP = \frac{pK_{S1} + pK_{S2}}{2}$$

***Achtung**: Das gilt wie gesagt nur, wenn ein pK_S-Wert den Übergang von einer **positiven** Ladung zum **+/−** geladenen Molekül, der andere den Übergang vom **+/−** geladenen Molekül zur einzelnen **negativen** Ladung beschreibt. Lassen Sie sich nicht verleiten, aus den zwei pK_S-Werten einer beliebigen mehrprotonigen Säure einen isoelektrischen Punkt berechnen zu wollen. Das ist Blödsinn, weil ja alle entstehenden Ionen negativ geladen sind und gar keine positive Ladung im Molekül vorkommt!*

▶ Die Titrationskurve einer Mono-Amino-Mono-Carbonsäure (*Aminosäure*) zeigt einen minimalen Anstieg bei $pH = 2.1$ und 9.9. Der pH-Wert des isoelektrischen Punktes liegt daher bei?

Wenn der pH-Wert gleich dem pK_S-Wert ist, haben wir einen besonders wirksamen Puffer, dann ändert sich der pH-Wert wenig beim Titrieren. Der minimale Anstieg kennzeichnet also jeweils einen pK_S-Wert. Wir nehmen einfach den Mittelwert der beiden pK_S-Werte und erhalten $pH = 6.0$ als Ergebnis.

$$IP = \frac{pK_{S1} + pK_{S2}}{2}$$

$$\frac{2.1 + 9.9}{2} = \mathbf{6.0}$$

▶ Der isoelektrische Punkt einer Mono-Amino-Mono-Carbonsäure liegt bei 6.0, der pK_{S1} bei 2.4. Wie groß ist der pK_{S2}?

Die Umkehrung des vorigen Beispiels. Wir suchen einen zweiten Wert, der mit dem pK_{S1} einen Mittelwert von 6.0 gibt.

$$IP = \frac{pK_{S1} + pK_{S2}}{2} \qquad 6.0 = \frac{2.4 + pK_{S2}}{2}$$

$$pK_{S2} = (2 \times 6.0) - 2.4 = \mathbf{9.6}$$

Übungen zu Kapitel 26

260. Der isoelektrische Punkt einer Mono-Amino-Mono-Carbonsäure liegt bei $pH = 6.2$. $pK_{S2} = 9.3$. Der pK_{S1} muss daher wie groß sein?

$pK_{S1} = 3.1$

261. Die Titrationskurve einer Mono-Amino-Mono-Carbonsäure zeigt einen minimalen Anstieg bei $pH = 1.8$ und bei $pH = 9.1$. Der pH des isoelektrischen Punktes ist daher?

$pH = 5.45$

262. Der pK_{S1} einer Mono-Amino-Mono-Carbonsäure liegt bei $pH = 2.8$. Der isoelektrische Punkt liegt bei $pH = 7.1$. Wie groß ist der pK_{S2}?

$pK_{S2} = 11.4$

27 Der Rf-Wert

Chromatographie ist eine Methode um Stoffe voneinander zu trennen. Es gibt viele verschiedene Techniken, bei der einfachsten und ältesten wird ein Substanzgemisch auf eine Stelle eines Filterpapiers getropft. Dann wird das Ende des Papiers in ein Lösungsmittelgemisch getaucht, die Lösungsmittel werden vom Papier aufgesaugt und steigen in den Kapillaren des Papiers langsam hoch. Dabei werden die vorher aufgetropften Stoffe mitgenommen – verschiedene Stoffe verschieden weit –, so dass sich diese Stoffe bald an verschiedenen Stellen des Papiers befinden. Man kann diese Stellen mit verschiedenen Methoden finden, am einfachsten ist es, wenn unser Stoffgemisch bereits aus verschiedenen Farbstoffen bestand. Dann sehen wir am Papier eine Anzahl von (verschiedenfärbigen) Flecken –, daher auch der Name **„Chromatographie"**. Wie weit diese Stoffe wandern, hängt natürlich vom Stoff, aber auch unter anderem von der Zusammensetzung des Lösungsmittelgemisches (der **mobilen** Phase) und von der Beschaffenheit des Papiers (der **stationären Phase**) ab.

Der **Rf-Wert** (Retentions-Faktor) ist ein Begriff aus der Chromatographie und bezeichnet das Verhältnis der Wanderungsgeschwindigkeit (oder Wanderungsstrecke) einer Substanz zur Wanderungsgeschwindigkeit (Wanderungsstrecke) der mobilen Phase. Er kann nur Werte zwischen null und eins annehmen. Rf = 1 bedeutet, die Substanz läuft mit der mobilen Phase mit, Rf = 0 bedeutet, die Substanz bleibt stehen. Zwischenwerte zeigen an, dass die Substanz mehr oder weniger schnell wandert. Auf einem Papier- oder Dünnschicht-Chromatogramm würde man den Rf-Wert bestimmen, indem man einfach die zurückgelegten Weglängen abmisst. *Bei anderen chromatographischen Verfahren würde man z.B. die Zeit bestimmen, die die Substanz braucht, um eine Trennstrecke zu durchwandern.*

$$\text{Rf} = \frac{\text{Wanderungsstrecke Substanz}}{\text{Wanderungsstrecke mobile Phase}}$$

Auf einem Chromatogramm ist eine Substanz 6.4 cm weit gewandert, die Laufmittelfront 16 cm. Wie groß ist der Rf-Wert?

Elementar. Wir brauchen nur in unsere Formel einzusetzen und erhalten als Ergebnis Rf = 0.40. Da der Rf-Wert ein Verhältnis ist, gibt es keine Einheit, also nicht cm dazuschreiben.

Zur Kontrolle: unser Wert muss zwischen null und eins liegen (das tut er), und da 0.40

$$\text{Rf} = \frac{\text{Strecke}_{\text{Substanz}}}{\text{Strecke}_{\text{mobile Phase}}} = \frac{6.4\text{ cm}}{16\text{ cm}}$$

$$\text{Rf} = \mathbf{0.40}$$

etwas weniger als ein Halbes ist, so sollte die Substanz etwas weniger weit als bis zur Hälfte der Gesamtstrecke (= Strecke mobile Phase) gewandert sein. Die Gesamtstrecke ist 16 cm, die Hälfte davon wäre 8 cm, da unsere Substanz 6.4 cm gewandert ist, stimmt die Rechnung.

Man kann das Beispiel natürlich auch umdrehen, sodass man berechnet, wie weit eine Substanz wandern sollte, um einen gegebenen Rf-Wert zu erreichen. Dann muss man eben die Angaben, die man hat, in die Formel einsetzen und nach der verbleibenden Unbekannten umformen.

Bei Gaschromatographie hat eine Substanz einen Rf-Wert von 0.35. Wenn das Trägergas 5 Minuten braucht, um die Trennsäule zu durchwandern, wie lange braucht die Substanz?

Das Trägergas ist die mobile Phase. Unsere Substanz ist langsamer, es wird also länger dauern. Der Rf-Wert ist hier als Verhältnis der Geschwindigkeiten definiert.

Nun ist aber Geschwindigkeit als Weg pro Zeit definiert. Da in diesem Fall der Weg (die Länge der Trennsäule) der gleiche ist, und nur die Zeit variiert, kann man den Rf-Wert jetzt auch als Verhältnis der Zeiten definieren. Natürlich kehrt sich das Verhältnis jetzt um, weil die Zeit umgekehrt proportional zur Geschwindigkeit ist.

Zur Kontrolle: 0.35 ist etwa ein Drittel der Geschwindigkeit des Trägergases, also muss die Substanz länger – und zwar etwa dreimal so lange – brauchen als die mobile Phase.

$$Rf = \frac{\text{Geschwindigkeit}_{\text{Substanz}}}{\text{Geschwindigkeit}_{\text{mobile Phase}}} = 0.35$$

$$\text{Geschwindigkeit} = \text{Weg / Zeit}$$

$$Rf = \frac{\text{Wanderungszeit}_{\text{mobile Phase}}}{\text{Wanderungszeit}_{\text{Substanz}}} = 0.35$$

$$\frac{5 \text{ Minuten}}{\text{Wanderungszeit}_{\text{Substanz}}} = 0.35$$

$$\text{Wanderungszeit}_{\text{Substanz}} = \frac{5 \text{ Minuten}}{0.35}$$

$$= \mathbf{14.3\ Minuten}$$

Übungen zu Kapitel 27

270. Eine Substanz hat einen Rf-Wert von 0.45. Die Laufmittelfront ist 14 cm vom Startpunkt entfernt. Wie weit (in cm) ist die Substanz gewandert?

6.3 cm

271. Bei einer Auftrennung im Gaschromatographen benötigt das Trägergas 8 Minuten, um die Säule zu passieren, die Substanz benötigt 20 Minuten. Wie groß ist der Rf-Wert?

0.40

272. Bei einer Auftrennung im Gaschromatographen benötigt das Trägergas 8 Minuten, um die Säule zu passieren. Der Rf-Wert der Substanz ist 0.64. Wie lange braucht die Substanz?

12.5 Minuten

XIII BEURTEILUNG VON MESSERGEBNISSEN

Nehmen Sie an, wir würden mit einem Maßstab, der in cm eingeteilt ist, die Strecke AB abmessen:

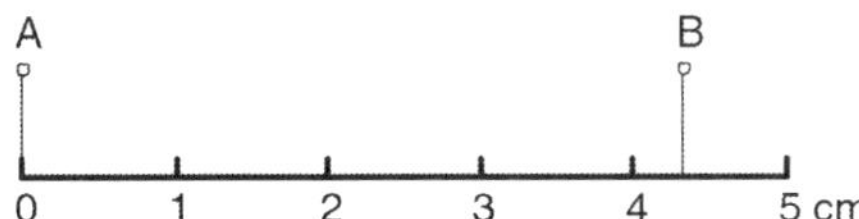

Der gemessene Wert liegt offensichtlich zwischen 4 und 5 cm. Man kann darüber hinaus aus der Lage des Punktes B zwischen den beiden Marken annehmen, dass der Wert etwa 4.3 cm betragen dürfte. Der tatsächliche Wert mag 4.2871 oder auch 4.3508 cm betragen. Das kann man aber mit diesem Messgerät nicht feststellen. Ich kann nur angeben, dass der Abstand etwa 4.3 cm beträgt, wobei die erste Stelle sicher stimmt, die zweite Stelle aber etwas unsicher ist (es können auch 4.2 oder 4.4 cm richtig sein). Wenn ich aber behaupte, dass der Abstand 4.3000 cm ist, so ist das sicher falsch, da ich eine Genauigkeit der Messung auf 0.0001 cm vortäusche, die mit den vorhandenen Mitteln nicht erreichbar ist.

Nehme ich einen anderen Maßstab, der auch eine mm-Einteilung hat, so sieht meine Messung anders aus:

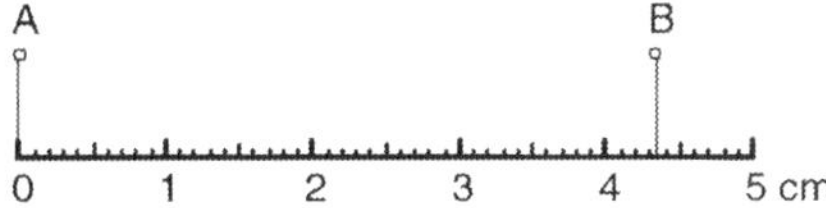

Man kann nun 4.3 cm direkt ablesen, der wahre Wert liegt zwischen 4.3 und 4.4 cm, also kann man 4.35 cm als guten Wert nehmen. Wir haben jetzt also 3 Stellen im Ergebnis, von denen 2 sicher richtig sind und die dritte unsicher ist. Die Messung ist genauer geworden, daher können wir mehr Stellen sinnvoll angeben.

Im ersten Fall (ungenauer Maßstab) waren 2 Stellen, im zweiten Fall also 3 Stellen anzugeben. Diese Stellen nennt man auch **signifikante Stellen**. Das heißt, diese Stellen sagen etwas über die tatsächliche Länge der Strecke AB aus. Man soll bei einem Ergebnis nie mehr Stellen angeben als sinnvoll (also signifikant) sind. Gebe ich weniger Stellen an, so sind diese zwar noch immer sinnvoll, ich verzichte aber auf eine Information, die durch die genauere Messung zugänglich war.

Achtung: Signifikante Stellen sind jene Ziffern, die meinen Wert angeben. Das hat aber nichts mit Dezimalstellen, mit Stellen vor und hinter dem Komma u.s.w. zu tun. Wenn ich sage, dass ich 1.82 m *groß bin, habe ich diesen Wert auf drei signifikante Stellen angegeben. Ich kann auch behaupten, dass ich* 182 cm *oder* 0.00182 km *groß bin. Dabei ändert sich aber die Genauigkeit der Angabe nicht. Es bleiben immer die gleichen 3 signifikanten Stellen.*

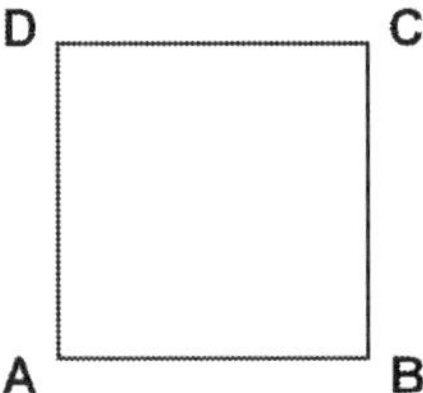

Die bisherigen Fälle waren recht einfach zu verstehen und argumentieren. Komplizierter wird es, wenn mit einem gemessenen Wert noch weitergerechnet werden soll. Will ich z.B. die Fläche des Quadrates ABCD berechnen und messe die Seitenlänge mit 4.35 cm aus, so ergibt die Multiplikation scheinbar

$$AB^2 = 4.35^2 = 18.9225 \text{ cm}^2$$

Ich habe anscheinend die Fläche auf 0.0001 cm^2 genau bestimmt. Das ist jedoch sicher falsch, da die Seitenlänge auch 4.34 cm oder 4.36 cm betragen kann (wegen der Ungenauigkeit der ursprünglichen Messung).

$$4.34^2 = 18.8356 \text{ cm}^2 \qquad 4.36^2 = 19.0096 \text{ cm}^2$$

Mein tatsächlicher Wert wird also zwischen 18.84 und 19.01 liegen, bereits die dritte Stelle ist unsicher. Es wäre also sehr irreführend, die Fläche mit 18.9225 cm^2 anzugeben. Die richtige Angabe dafür ist 18.9 cm^2 (zwei Stellen sicher, eine unsicher). Wir haben daher auch nach der Rechnung nicht mehr signifikante Stellen als in den Ausgangswerten. Grundsätzlich kann eine Rechenoperation die Genauigkeit nicht steigern – so genau die Ausgangswerte sind, so genau ist auch das Ergebnis.

Einige andere Beispiele:

$$\begin{array}{r} 120.0 \\ -\ \ 0.128 \\ \hline 119.9 \end{array} \qquad \begin{array}{r} 120.0 \\ -\ \ 0.1 \\ \hline 119.9 \end{array} \qquad \begin{array}{r} 120.0 \\ +\ \ 0.1 \\ \hline 120.1 \end{array}$$

50 / 33 = 1.5
(nicht 1.5151515)

18.91 x 2.8 = 53

Sie sehen, dass bei Addition und Subtraktion der wesentlich kleinere Wert auch entsprechend ungenauer angegeben werden könnte, da dieser kleinere Wert entsprechend weniger zur Gesamtsumme beiträgt. *Hier macht es ausnahmsweise Sinn, in beiden Werten die gleiche Anzahl von Kommastellen zu haben (120.0 und 0.1 ist je eine Stelle hinter dem Komma).* Bei Multiplikation und Division richtet sich die Genauigkeit des Ergebnisses aber immer nach dem ungenaueren Wert. Also bestimmt die Anzahl der signifikanten Stellen des unsichersten Wertes auch die Anzahl der Stellen im Ergebnis. *Gerade bei Divisionen wird man im Zeitalter des Taschenrechners verleitet, gedankenlos die vielen Dezimalstellen abzuschreiben, die der Rechner liefert. Der Rechner denkt aber nicht, und er weiß nichts von signifikanten Stellen. Sie wissen es jetzt und Sie müssen für Ihren Rechner denken.*

Aber:

$$\begin{array}{r} 81.1 \\ +\ 24.3 \\ \hline 105.4 \end{array}$$

Hier haben wir scheinbar mehr signifikante Stellen im Ergebnis (nämlich 4) als im ungenauesten Ausgangswert (24.3 hat 3 Stellen). Das liegt daran, dass die Zahl 1 in der ersten Stelle keine wesentliche Genauigkeitssteigerung bringt (100.1 ist nicht wesentlich genauer angegeben als 99.9). Man kann sich als Faustregel merken, dass „1" in der ersten Stelle nur als halbe signifikante Stelle zählt. 105.4 sind also dreieinhalb signifikante Stellen.

Eine Null am Anfang zählt überhaupt nicht mit. Es ist gleichgültig, ob ich eine Strecke angebe als

85 cm oder 0.**85** m oder 0.000**85** km

Die Genauigkeit bleibt immer die gleiche, und der Wert ist immer auf 2 Stellen genau angegeben. So sind daher

83.5	3 signifikante Stellen
17.8	2.5 signifikante Stellen
0.314	3 signifikante Stellen
0.00314	3 signifikante Stellen
314.0	4 signifikante Stellen
3140	4 signifikante Stellen
314o	3 signifikante Stellen

Nullen am Anfang zählen nicht, wohl aber Nullen am Ende! Wenn Sie einen Wert wie 3140 cm nur auf 3 Stellen genau bestimmt haben, können Sie die Null klein schreiben (314o cm), um anzudeuten, dass diese Stelle nicht mehr bestimmt ist und die Null nur wegen des Stellenwertes da steht. Wesentlich günstiger ist aber statt dessen eine Schreibweise wie:

31.4 m oder 3.14×10^4 mm oder 314×10^1 cm oder 3.14×10^3 cm

Bei manchen Berechnungen ist nicht sofort erkennbar, wie viele Stellen die einzelnen Zahlenwerte tatsächlich haben. Oft werden Zahlenwerte, von denen man genau weiß *(oder wissen sollte)*, dass sie mit einer gewissen Genauigkeit bekannt sind, der Einfachheit halber mit nur wenigen Stellen schlampig angegeben. Auch bei **ganzzahligen Zahlenfaktoren** muss man aufpassen. Wir wollen das an einem Beispiel näher erläutern.

Sie titrieren 10 ml Schwefelsäure mit 0.1 mol / l NaOH und erhalten einen Verbrauch von 37.2 ml (siehe Kapitel 8). Da Schwefelsäure eine zweiwertige Säure ist, können Sie die Konzentration wie folgt berechnen:

$$c = \frac{37.2 \text{ ml} \times 0.1 \text{ mol/l}}{10 \text{ ml} \times 2} = 0.186 \text{ mol/l}$$

Da Werte wie 0.1 mol / l oder 2 nur aus einer signifikanten Stelle bestehen, dürften Sie das Ergebnis nur auf eine Stelle genau angeben, also 0.2 mol / l. Das ist natürlich Unsinn. Lassen Sie sich nicht durch die schlampige Schreibweise verwirren. Die Lösung, mit der Sie titrieren, ist eine Maßlösung, und die Konzentration aller Maßlösungen ist auf 4 oder 5 Stellen genau bekannt (also 0.10000 mol / l). Ebenso wurde die Schwefelsäure mit einer Pipette abgemessen. Das heißt, Sie haben 10.00 ml Lösung pipettiert *(vorausgesetzt Sie haben keinen Pipettierfehler begangen).* Der Faktor 2 endlich, welcher bedeutet, dass die Schwefelsäure zweiwertig ist, ist ein ganzzahliger Faktor. Also ist er ganz genau 2 *(Es gibt keine Schwefelsäure mit 1.97 Protonen).* Wir könnten ihm ein Komma mit beliebig vielen Nullen anhängen, das ist aber nicht notwendig. Wenn Sie Ihre Rechnung ganz korrekt aufschreiben, sieht sie folgendermaßen aus:

$$c = \frac{37.2 \text{ ml} \times 0.10000 \text{ mol/l}}{10.00 \text{ ml} \times 2} = 0.186 \text{ mol/l}$$

Die ungenaueste Angabe ist also der von Ihnen gemessene Verbrauch an Maßlösung, und genauso viele signifikante Stellen wie der Verbrauch sollte daher auch Ihr Endergebnis haben. Wenn Sie also im Labor eine Bürette ablesen, so ist diese in 0.1 ml unterteilt. Eine Schätzung zwischen den Teilstrichen auf 0.05 ml ist durchführbar und genügt. Der abgelesene Verbrauch wird also meist 4 signifikante Stellen haben, z.B. 14.35 ml oder 27.10 ml (nicht 27.1 ml). Ein Verbrauch unter 10 ml hat nur mehr 3 signifikante Stellen, z.B. 9.85 ml.

Normalerweise sind chemische Messungen so eingeteilt, dass alle anderen Parameter genauer bestimmt sind, als der Wert, den Sie ablesen (gleichgültig, ob an der Bürette oder am Zeiger eines Messgerätes). Also orientiert man sich an der Genauigkeit des abgelesenen Wertes, wenn man das Ergebnis mit der richtigen Anzahl signifikanter Stellen anschreiben will.

Eine Titration ist bestenfalls mit einer Genauigkeit von 0.1–0.2 % Fehler durchführbar. Man sollte trachten, dass der Ablesefehler nicht wesentlich größer ist als die üblichen bei der Titration auftretenden Fehler (Pipettierfehler, Indikatorfehler, Ungenauigkeit von Bürette oder Messkolben u.s.w.). Eine falsche Ablesung um 0.05 ml ist bei 9.85 ml ein Fehler von 0.5 %, bei 27.10 ml nur mehr ein Fehler von 0.2 %. Es ist also wichtig, das Bürettenvolumen voll auszunützen, damit die mögliche Genauigkeit der Titration gewahrt bleibt und nicht der Ablesefehler alle anderen Fehler übertrifft. Erwarten Sie also bei einer Titration einen Verbrauch von etwa 5 ml, so ist es ratsam, eine kleinere Bürette (Gesamtvolumen 10 ml, Teilung alle 0.02 ml) zu verwenden, bei der Sie auf 0.01 ml genau ablesen können.

Wenn Sie von mehreren abgelesenen Werten den **Mittelwert** bilden, so kann auch dieser Mittelwert nicht wesentlich genauer sein und mehr signifikante Stellen haben als die abgelesenen Werte *(etwas genauer wird er sein, siehe Kapitel XV)*. Überlegen Sie sich immer, wie weit Sie Ihren gemessenen Werten vertrauen können und wie genau daher der Mittelwert angegeben werden kann ohne eine falsche Genauigkeit vorzutäuschen:

1. Titration:	27.10 ml
2. Titration:	27.05 ml

Wenn Sie glauben, dass Sie auf 0.05 ml genau titrieren können, dann liegt der eine Wert zwischen 27.05 und 27.15 ml, der andere zwischen 27.00 und 27.10 ml. Sie müssten also 27.05 oder 27.10 ml als Mittelwert angeben. Sind Sie Ihrer Sache weniger sicher, so wäre 27.1 ml die richtige Angabe (auf 0.1 ml genau). Glauben Sie aber, sehr genau titrieren zu können (auf z.B. 0.03 ml genau), so wäre noch 27.07 oder 27.08 ml akzeptabel. 27.075 ml ist aber sicher falsch, genauso falsch wäre 27.0 ml oder gar 27 ml. Sie müssen also 3 oder 4 Stellen angeben, nicht 2 und auch nicht 5. Weitere Beispiele:

		1. Beispiel		2. Beispiel		3. Beispiel
1. Titration		5.42		18.20		32.15
2. Titration		5.41		18.20		38.25
3. Titration		5.42		18.10		38.40
Mittelwert		**5.42**		**18.15**		*36.25 ???*
	nicht	*5.4166667*	*oder*	*18.20*	*eher*	**38.3 !!**
			eher nicht	*18.16*		
			sicher nicht	*18.167*		

Im dritten Beispiel dürfte der Mittelwert 38.3 sein und nicht 36.25, da der Wert 32.15 nicht zu den übrigen passt und fehlerhaft sein dürfte. Das gilt zumindest dann, wenn man dieselbe Probe mehrmals titriert hat und damit Vergleichsresultate besitzt.

Die hier angegebenen Regeln gelten natürlich sinngemäß für alle quantitativen Bestimmungen, also auch für die Arbeit mit Photometer, pH-Meter u.s.w. Diese Regeln sind in der Praxis sehr wichtig! Wenn z.B. in einem medizinischen Labor irgendein Analysenwert für einen Patienten gestern mit 9.1078 mmol / l und heute mit 8.9864 mmol / l erhalten wurde, ist es auf den ersten Blick schwierig zu entscheiden, ob hier eine Veränderung aufgetreten ist. Wenn diese Analyse nur mit einer Genauigkeit von etwa 1 % gemacht werden kann, und daher die Angaben korrekt 9.1 mmol / l und 9.0 mmol / l lauten müssten, so erkennt man sofort, dass hier kein signifikanter Unterschied vorliegt. (9.1 könnte leicht auch 9.0 oder 9.2 mmol / l heißen, 9.0 könnte auch 8.9 oder 9.1 mmol / l sein.)

28 Fehler und signifikante Stellen

Es gibt zwei Möglichkeiten einen Fehler anzugeben, als **absoluten Fehler** oder als **relativen Fehler**. Wenn ich zum Beispiel den Inhalt meiner Geldbörse zähle, und ich verzähle mich um – sagen wir – hundert Euro, so habe ich einen absoluten Fehler von 100 Euro begangen. Wenn meine gesamte Barschaft 1000 Euro betrug, so sind das 10 % des tatsächlichen Wertes (= der relative Fehler).

Wenn dagegen der reiche Dagobert Duck den Inhalt seines Geldspeichers erfasst, und sich dabei um 100 Taler verzählt *(unwahrscheinlich, aber denkbar)*, so ist das – in Anbetracht einer Gesamtsumme von etwa 100 Trillionen Taler – eine vernachlässigbare Größe. Wir sehen also, dass der gleiche absolute Fehler viel oder wenig ausmachen kann, wenn man ihn mit dem **Sollwert** vergleicht. Daher ist der relative Fehler (Angabe in Prozent des Sollwertes) vernünftiger.

Um wie viel Prozent ist ein Analysenergebnis falsch, wenn man bei der Berechnung der photometrisch bestimmten Konzentration einer Probe den Analysen-Leerwert unberücksichtigt lässt? Folgende Ergebnisse wurden erhoben:

$E_{Analyse}$	= 0.360	E	=	Extinktion
$E_{Standard}$	= 0.287	c	=	Konzentration
$E_{Analysen\text{-}Leerwert}$	= 0.030			
$c_{Standard}$	= 60.0 mg / l			

Nicht nervös werden. Es sieht nur kompliziert aus. Es geht bei diesem Beispiel darum, dass bei der Messung einer Probe (z.B. im Photometer) durch Verunreinigungen, die mit dem gesuchten Stoff gar nichts zu tun haben, ein erhöhter Wert herauskommt. Das stellt man dadurch fest, dass man in einer zweiten Probe alles zusammenmischt, was auch in der Analysenprobe vorkommt –, aber einen wesentlichen Teil verändert, so dass der gesuchte Stoff nicht reagieren kann *(zum Beispiel eine Enzymreaktion mit und ohne Enzym, eine Farbstofflösung bei verschiedenen pH-Werten, ein Reaktionsgemisch mit und ohne Probe).* Misst man diese beiden Proben, erhält man zwei Werte, einen, der aus dem Analysenwert (+ Fehler) besteht, der andere – der sogenannte Leerwert – zeigt nur den Fehler. Um den unverfälschten Messwert zu erhalten, muss man den Leerwert vom Analysenwert abziehen.

ACHTUNG: Der hier behandelte Leerwert ist ein sogenannter „Proben-Leerwert“ (auch Analysen-Leerwert). Wir haben den Unterschied schon in Kapitel 15 beschrieben. Nur zur Wiederholung: Es gibt noch eine andere Möglichkeit, nämlich, dass in Ihren Chemikalien (= Reagenzien), die Sie für die Messung benötigen, etwas enthalten ist, das Licht absorbiert, so dass ALLE Ihre Messungen (Proben und Standards) einen zu hohen Wert ergeben. In diesem Fall muss man ebenfalls den Leerwert (= „Reagenzien-Leerwert“) bestimmen, diesen aber dann vom Analysenwert UND vom Standard abziehen. Welche Art von Leerwert Sie berücksichtigen müssen, erkennt man aus der Arbeitsvorschrift (oder an der Angabe). Hier haben Sie es zunächst einmal mit Proben-Leerwerten zu tun.

Leerwert vom Analysenwert abziehen ...

$$E_{Analyse} - E_{Analysen\text{-}Leerwert} = 0.360 - 0.030 = 0.330$$

Die Differenz ist der richtige Messwert und wird als 100 % angenommen. *ACHTUNG: immer den wahren Wert mit **100 %** annehmen, nie den ursprünglichen Analysenwert – der besteht aus 100 % + Fehler, ist also mehr als 100 %!*

Hätten wir den Leerwert nicht berücksichtigt, hätten wir ein um den Leerwert verschiedenes Resultat erhalten. Also ist der Betrag des Leerwertes der absolute Fehler, und muss nur noch auf % relativen Fehler umgerechnet werden: Schlussrechnung ... Der Fehler ist 9 %.

0.330 . . . . 100 %
0.030 . . . . **X**

$$\mathbf{X} = \frac{100\,\% \times 0.030}{0.330} = 9.01\,\% \sim \mathbf{9\%}$$

Was ist mit den anderen Angaben? Die brauchen wir nicht! Man könnte natürlich die Konzentration der Probe ausrechnen, einmal mit, das andere mal ohne Berücksichtigung des Leerwertes, und dann aus den beiden Ergebnissen den Fehler bestimmen. Es käme genau das Gleiche heraus – nur auf einem umständlicheren Weg.

> Um wie viel Prozent ist ein Analysenergebnis falsch, wenn man bei der Berechnung der photometrisch bestimmten Konzentration einer Probe den Reagenzien-Leerwert unberücksichtigt lässt? Folgende Ergebnisse wurden erhoben:
>
> | | | | | | |
> |---|---|---|---|---|---|
> | $E_{Analyse}$ | = | 0.360 | E | = | Extinktion |
> | $E_{Standard}$ | = | 0.287 | c | = | Konzentration |
> | $E_{Reagenzien\text{-}Leerwert}$ | = | 0.030 | | | |
> | $c_{Standard}$ | = | 60.0 mg / l | | | |

Die gleichen Zahlen wie vorher, aber diesmal ist es ein anderer Leerwert. Hier hilft nichts, wir müssen zweimal rechnen (einmal richtig, einmal falsch), um herauszufinden, wie groß der Unterschied ist.

Also rechnen wir einmal richtig ...

RICHTIG

$$c_A = \frac{(E_{Analyse} - E_{Reagenzien\text{-}LW})}{(E_{Standard} - E_{Reagenzien\text{-}LW})} \times c_{Standard}$$

$$c_A = \frac{(0.360 - 0.30)}{(0.287 - 0.30)} \times 60.0$$

Wir erhalten den richtigen Wert (= 100 %)

$$c_A = \frac{0.330 \times 60.0}{0.257} = \mathbf{77.0\ mg / l}$$

Und jetzt rechnen wir einmal falsch ...

FALSCH

$$c_{A\ falsch} = \frac{E_{Analyse}}{E_{Standard}} \times c_{Standard}$$

$$c_{A\ falsch} = \frac{0.360}{0.287} \times 60.0 = \mathbf{75.3\ mg / l}$$

Der Unterschied der beiden Werte beträgt 1.3 mg / l.

Jetzt müssen wir nur noch ausrechnen, wie groß der Fehler in Prozent ist – bezogen auf den richtigen Wert (= 100 %).

Es fällt auf, dass der Fehler viel kleiner ist, als beim vorhergehenden Beispiel – trotz gleicher Zahlen. Da wir den Fehler beim Analysenwert UND *beim Standard gemacht haben, haben sich die Fehler teilweise wieder aufgehoben!*

$$c_{A\ richtig} - c_{A\ falsch} = \mathbf{1.3\ mg / l}$$

77.0 . . . . 100 %
1.3 . . . . **X**

$$\mathbf{X} = \frac{100\ \% \times 1.3}{77.0} = \mathbf{1.7\ \%}$$

Bei einer photometrischen Bestimmung wurden folgende Ergebnisse erhoben:

$E_{Analyse}$ = 0.360
$E_{Standard}$ = 0.287
$E_{Analysen\text{-}Leerwert}$ = 0.030
$c_{Standard}$ = 60.0 mg / l

Mit dem Taschenrechner erhalten wir als Resultat für c_A= 68.989547 mg / l. Wie muss man das Resultat mit der richtigen Anzahl signifikanter Stellen angeben?

Grundsätzlich bestimmt die ungenaueste Angabe die Anzahl der signifikanten Stellen. Allerdings muss man beachten, dass kleine Werte wenn sie additiv (oder subtraktiv) wirken, wenig Rolle spielen.

Die Formel für die Rechnung lautet:

$$c_A = \frac{(E_{Analyse} - E_{Analysen\text{-}LW})}{E_{Standard}} \times c_{Standard}$$

Alle Werte besitzen 3 signifikante Stellen (nur der Leerwert hat 2, der wird aber von einem größeren Wert abgezogen).

$E_{Analyse}$ = 0.**360**
$E_{Standard}$ = 0.**287**
$E_{Analysen\text{-}Leerwert}$ = 0.0**30**
$c_{Standard}$ = **60.0** mg / l

$$c_A = \frac{(0.360 - 0.030) \times 60.0 \text{ mg / l}}{0.287}$$

Wir müssen also unser Ergebnis auf 3 signifikante Stellen runden:

c_A = 68,989547 mg / l
c_A = **69.0 mg / l**

Übungen zu Kapitel 28

280. Ein um wie viel Prozent falsches Analysenergebnis erhält man, wenn man bei der Berechnung der photometrisch bestimmten Konzentration der Probe den Analysen-Leerwert unberücksichtigt lässt? Folgende Messergebnisse wurden erhoben:

$E_{Analyse}$ = 0.284
$E_{Standard}$ = 0.234
$E_{Analysen\text{-}Leerwert}$ = 0.030
$c_{Standard}$ = 40.0 mg / l

12 %; gerundet

281. Ein um wie viel Prozent falsches Analysenergebnis erhält man, wenn man bei der Berechnung der photometrisch bestimmten Konzentration der Probe den Reagenzien-Leerwert unberücksichtigt lässt? Folgende Messergebnisse wurden erhoben:

$E_{Analyse}$ = 0.284
$E_{Standard}$ = 0.234
$E_{Reagenzien\text{-}Leerwert}$ = 0.030
$c_{Standard}$ = 40.0 mg / l

2.5 %; gerundet

282. Bei einer photometrischen Bestimmung ist die gemessene Extinktion der Probe $E_A = 0.550$. Für den Proben-Leerwert wird eine Extinktion von $E_{LW} = 0.050$ gemessen. Wie groß wäre der Messfehler (in % des Sollwertes) bei Nichtberücksichtigung des Leerwertes?

10 %

283. Bei einer photometrischen Bestimmung werden folgende Messwerte ermittelt:

$E_{Analyse}$ = 0.284
$E_{Standard}$ = 0.234
$E_{Analysen\text{-}Leerwert}$ = 0.030
$c_{Standard}$ = 40.0 g / l

Dabei kommt (auf dem Taschenrechner) folgendes Ergebnis zustande: c_A = 43.418804 mg / l. Geben Sie das Resultat mit der richtigen Anzahl an signifikanten Zahlenstellen an.

284. Bei einer Titration von Schwefelsäure werden folgende Messwerte ermittelt:

c NaOH = 0.1 mol / l
v NaOH = 26.15 ml
v H_2SO_4 = 10 ml

Aus diesen Zahlen gibt der Taschenrechner eine Konzentration c H_2SO_4 = 0.13075 mol / l. Geben Sie das Resultat mit der richtigen Anzahl an signifikanten Zahlenstellen an!

XIV STATISTIK, TEIL 1 THEORIE

Brr!! Ein grausames Kapitel, und das noch dazu am Schluss des Buches, wo doch jeder ohnehin schon erschöpft ist. Aber gerade statistische Methoden und Berechnungen sind in Biologie und Medizin sehr häufig. Damit es nicht zu schlimm wird, wollen wir klein und bescheiden anfangen und alles möglichst an konkreten Beispielen erklären.

Natürlich kann daraus kein kompletter Lehrgang über Statistik werden. Es geht hier nur darum, einige grundlegende statistische Begriffe zu erklären. Im nächsten Kapitel wollen wir dann andeuten (nur andeuten!), wozu das gut ist und was man damit machen kann. Wenn sich jemand eingehender mit Statistik beschäftigen will – es gibt eigene Vorlesungen und auch ausgezeichnete Lehrbücher zu diesem Thema.

Wir haben eine Gruppe von – sagen wir – 5 Studenten. Diese sind zu einer Prüfung angetreten und haben dabei die Noten 2, 3, 4, 4 und 5 erhalten. Nun wollen wir den Notendurchschnitt berechnen. Das tut man, indem man einfach alle Noten zusammenrechnet und durch die Anzahl der Studenten dividiert. Machen wir uns das Prinzip an einem einfachen Beispiel klar:

$$\text{Mittelwert} = \frac{\text{alle Werte}}{\text{Anzahl der Werte}} \quad \text{daher} \quad x = \frac{2+3+4+4+5}{5} = \frac{18}{5} = 3.6$$

Das war ja noch einfach. Allerdings haben wir die Formel für den **Mittelwert** in einer Art aufgeschrieben, dass jedem Mathematiker das Grausen kommt.

$$\text{statt} \quad \text{Mittelwert} = \frac{\text{alle Werte}}{\text{Anzahl der Werte}} \quad \text{schreibt man besser} \quad \bar{x} = \frac{\Sigma x_i}{n}$$

Das sieht doch gleich viel vornehmer aus. Wir müssen uns nur an die neuen Symbole gewöhnen, dann ist es ganz leicht. Sie bedeuten:

$\bar{x}$ = Mittelwert		
Σ = die Summe		dahinter muss stehen, wovon die Summe gebildet werden soll
x_i = ein Einzelwert		also bedeutet Σx_i die Summe aller Einzelwerte; soll nur ein Teil der Einzelwerte addiert werden, muss das genauer angegeben werden

x_1 = der erste Einzelwert

x_n = der letzte (= n-te) Einzelwert

n = Anzahl der Einzelwerte — man sagt auch „Anzahl der Stichprobenwerte" oder „Anzahl der Elemente der Stichprobe" oder „Größe der Stichprobe" .

Nun gut. Wir haben oben ausgerechnet, dass der gesuchte Mittelwert 3.6 beträgt. Diesen Mittelwert hätte man aber auch erhalten, wenn die Notenverteilung 3, 3, 4, 4, 4 gewesen wäre. Dann wären die Noten wesentlich einheitlicher gewesen, während sie im ersten Fall stärker gestreut hätten. Der Mittelwert alleine sagt also über die Verteilung einer Reihe von Werten nicht genug aus, wir brauchen also auch ein Maß für diese **Streuung**.

*Für Fortgeschrittene: Beachten Sie, dass es in der Statistik insgesamt drei verschiedene Werte gibt, die alle so etwas ähnliches wie einen Mittelwert darstellen. Den **Mittelwert** (englisch „mean" oder „mean value") haben wir gerade besprochen, er ist das arithmetische Mittel der Einzelwerte. Daneben gibt es noch den **Zentralwert** (englisch „median"); das ist der Punkt, der genau in der Mitte der Werte liegt, der also von gleich vielen höheren wie niedrigeren Werten umgeben ist. Schließlich gibt es noch den **Maximalwert** (englisch „maximum value"); das ist der Wert, von dem es die meisten Einzelwerte gibt – also das Kurvenmaximum in einer grafischen Darstellung (siehe unten). In der ursprünglichen Notenverteilung (2, 3, 4, 4, 5) ist also der Mittelwert = 3.6, der Zentralwert = 3.75 und der Maximalwert = 4 (siehe die folgende Abbildung). Nur wenn die Verteilung vollkommen symmetrisch ist, fallen die drei Werte zusammen.*

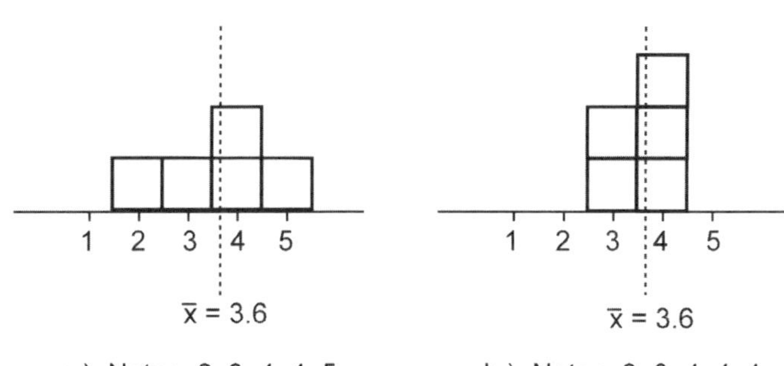

Das gewünschte Maß für die Streuung soll angeben, wie weit die Einzelwerte voneinander abweichen, wie schmal (oder breit) also die grafische Darstellung unserer Werte (siehe vorangehende Abbildung) ist. Dazu bestimmt man zunächst einmal die Abweichung jedes einzelnen Wertes vom Mittelwert – zur besseren Übersichtlichkeit machen wir das in Form einer Tabelle:

Wert	Differenz zum Mittelwert
x_i	$x_i - \bar{x}$
2	– 1.6
3	– 0.6
4	0.4
4	0.4
5	1.4

Nun soll aber ein Wert, der sehr stark vom Mittelwert abweicht, besonders stark berücksichtigt werden. *Mit anderen Worten, ein Wert, der um – sagen wir – 0.8 abweicht, trägt viel mehr zur Streuung bei, als zwei Werte, die um 0.4 abweichen.* Um solche Abweichungen stärker berücksichtigen zu können, quadriert man die Differenz zum Mittelwert. Das hat den zusätzlichen Vorteil, dass dann das Vorzeichen bedeutungslos wird. *Eine Differenz von – 0.6 trägt zur Streuung dasselbe bei, wie eine Differenz von + 0.6.*

Wert	Differenz zum Mittelwert	Quadrat der Differenz
x_i	$x_i - \bar{x}$	$(x_i - \bar{x})^2$
2	– 1.6	2.56
3	– 0.6	0.36
4	0.4	0.16
4	0.4	0.16
5	1.4	1.96
		5.20

Nun addiert man die Quadrate und erhält $\Sigma\ (x_i - \bar{x})^2 = 5.20$. *Beachten Sie wieder die Schreibweise mit dem Zeichen Σ. Wir haben also die Summe aller Quadrate der Differenzen ausgerechnet.* Nachdem dieses Ergebnis natürlich um so höher ausfallen wird, je mehr Werte man hat, wir aber ein Maß für die Streuung haben wollen, das unabhängig von der Zahl der Einzelwerte ist, muss man noch durch die Anzahl der Einzelwerte dividieren, um ein vernünftiges Maß für die Streuung zu erhalten.

Halt! Wir dividieren nicht durch **n** (die Zahl der Einzelwerte), sondern durch **n – 1** (also die Zahl der Einzelwerte weniger eins). *Das lässt sich dadurch erklären, dass wir ja unsere Einzelwerte benützen, um sowohl den Mittelwert als auch die Streuung zu bestimmen.*

Wenn man, wie in unserem Beispiel oben, fünf Einzelwerte bestimmt, so gibt es fünf (= n) Möglichkeiten, die Ergebnisse zu beeinflussen – man spricht auch von fünf „Freiheitsgraden". Um den Mittelwert festzulegen, verbrauchen wir einen dieser Freiheitsgrade, also bleiben nur mehr vier (= n – 1) Freiheitsgrade für die Berechnung der Streuung.

Man kann es auch pragmatisch sehen: man braucht wenigstens zwei Werte, um überhaupt eine Streuung berechnen zu können. Hätten wir nur einen Wert, wird das Ganze sinnlos, dann müssten wir durch n – 1 = 0 dividieren. Damit bricht aber die ganze Statistik zusammen und der Taschenrechner blinkt aufgeregt „error".

$$s^2 = \frac{\Sigma (x_i - \bar{x})^2}{n - 1} = \frac{5.20}{4} = 1.3$$

Das erhaltene Ergebnis (1.3) ist tatsächlich ein in der Statistik übliches Maß für die Streuung, es ist die sogenannte **Varianz** (s^2). Sie wird in der Statistik für alle möglichen Berechnungen und Vergleiche benützt. In unserem Fall ist sie aber insofern ungünstig, als ihr ja immer noch die Quadrate der Abweichungen zugrunde liegen, und das macht die Varianz unanschaulich. Will man die Streuung mit den ursprünglichen Werten oder mit dem erhaltenen Mittelwert vergleichen, muss man davon noch die Wurzel ziehen, dann erhält man die sogenannte **Standardabweichung** (s):

$$s = \sqrt{\frac{\Sigma (x_i - \bar{x})^2}{n - 1}} = \sqrt{\frac{5.20}{4}} = \sqrt{1.3} = \pm 1.14$$

Was hat man jetzt davon? Nun, die Standardabweichung gibt an, um wie viel die einzelnen Werte durchschnittlich streuen. Es hat also nur Sinn, die Standardabweichung gemeinsam mit dem Mittelwert anzugeben, also in unserem Fall:

$$3.6 \pm 1.1$$

Wir haben also einen Mittelwert, und wissen, dass die ursprünglichen Einzelwerte durchschnittlich um ± 1.1 davon abweichen, also von 2.5 (= 3.6 – 1.1) bis 4.7 (= 3.6 + 1.1) reichen. *Es hat natürlich keinen Sinn, die Standardabweichung genauer anzugeben, als den Mittelwert selbst, also runden wir den errechneten Wert von 1.14 auf 1.1.* BEACHTEN SIE: *da wir die Standardabweichung zum Mittelwert addieren oder von ihm subtrahieren, runden wir tatsächlich auf die gleiche Anzahl von Kommastellen und nicht – wie sonst immer – auf eine bestimmte Anzahl signifikanter Stellen. Im Kapitel XIII haben wir uns mit dem Problem befasst und festgestellt, dass in einer Summe der kleinere Wert auch ungenauer bestimmt sein darf.*

Die Standardabweichung ist also immer mit dem Mittelwert in Beziehung zu bringen. Es leuchtet ein, dass eine Standardabweichung von ± 1.1 bei einem Mittelwert von 3.6 eine relativ hohe Streuung anzeigt. Bei einem Mittelwert von z.B. 170.5 dagegen wäre eine Standardabweichung von ± 1.1 ein Zeichen für nahezu perfekt übereinstimmende Werte. Um Streuungen miteinander vergleichen zu können, hat es sich eingebürgert, die Standardabweichung in Prozent des Mittelwertes auszudrücken. Man dividiert also die Standardabweichung durch den Mittelwert, multipliziert mit 100, und bekommt ein neues Maß, den sogenannten **Variationskoeffizienten (VK)**. In unserem Fall wäre das:

Variationskoeffizient $$VK = \frac{1.1 \times 100}{3.6} = 31\,\%$$

Wir wollen alle unsere Formeln nochmals gesammelt (*und in „eleganter" Schreibweise*) notieren:

Mittelwert
(englisch: „mean value", oder „mean")
$$\bar{x} = \frac{\Sigma x_i}{n}$$

Varianz
(engl.: „variance")
$$s^2 = \frac{\Sigma (x_i - \bar{x})^2}{n - 1}$$

Standardabweichung
(engl.: „standard deviation, SD")
$$s = \sqrt{\frac{\Sigma (x_i - \bar{x})^2}{n - 1}}$$

Variationskoeffizient
(engl.: „coefficient of variance, CV")
$$VK\,(\%) = \frac{s \times 100}{\bar{x}}$$

Sie brauchen diese Formeln nicht auswendig zu lernen, man kann immer nachschauen. Aber Sie sollten die Formeln im Prinzip verstanden haben und imstande sein, sie wieder zu erkennen, auch wenn sie Ihnen in etwas geänderter Schreibweise begegnen sollten. Leider benützen nicht alle Formelsammlungen und Tabellenbücher dieselben Abkürzungen.

Machen Sie bitte diese Übung ebenso wie die in diesem Abschnitt noch folgenden sofort, noch ehe Sie weiterlesen!

Übung XIV

a) Berechnen Sie für die für die Noten 3, 3, 4, 4, 4 einer Schülergruppe die Varianz, die Standardabweichung und den Variationskoeffizienten.

Die Angabe einer Serie von Werten durch den Mittelwert und die zugehörige Standardabweichung ist allgemein üblich. Im Normalfall benehmen sich die einzelnen Messwerte so, dass nahe am Mittelwert die meisten Werte liegen, Werte mit größerer Abweichung (nach beiden Seiten) kommen um so seltener vor, je mehr sie vom Mittelwert abweichen. Trägt man eine sehr große Anzahl von Werten in eine Graphik ein, so wird daher die Kurve rund um den Mittelwert am höchsten sein, und nach beiden Seiten abfallen. Als Maßstab auf der Abszisse (x-Achse) wird dabei die Abweichung vom Mittelwert in Einheiten von s (der Standardabweichung) angegeben. Die Ordinate (y-Achse) zeigt die Wahrscheinlichkeit, dass Werte mit dieser Standardabweichung auftreten. Die Fläche unter der Kurve entspricht der Gesamtzahl der Werte (= n). Im Normalfall (und bei sehr vielen Daten) erhält man folgende Kurve:

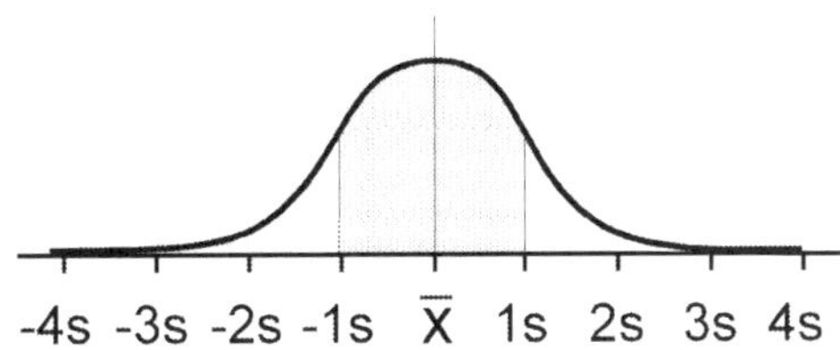

Das ist die Kurve der **Normalverteilung** (auch Gaußsche Verteilung). Diese Kurve ist mathematisch streng definiert. Es kann damit genau angegeben werden, wo im Kurvenverlauf die Grenzen für 1 s, 2 s, 3 s usw. sind. Betrachten wir den grau unterlegten Teil der Kurve: Dieser reicht in unserer Darstellung von – 1 s bis + 1 s, in diesem Bereich befinden sich bei der Normalverteilung immer genau 68.2 % aller Einzelwerte – also sind 31.8 % der Einzelwerte außerhalb dieses Bereiches. Ebenso kann man Werte für den Bereich von ± 2 s, ± 3 s usw. definieren.

Im Bereich von	liegen	außerhalb liegen daher	
Mittelwert ± 1 s	68.2 %	31.8 %	
Mittelwert ± 2 s	95.5 %	4.5 %	
Mittelwert ± 3 s	99.7 %	0.3 %	aller Werte

In Büchern über Statistik oder in Tabellensammlungen finden Sie ausführlichere Tabellen, in denen die entsprechenden Zahlen für beliebige Bereiche (also z.B. für ± 0.38 s oder für ± 1.80 s) angegeben sind. *Es sind das die sogenannten Tabellen der z-Werte.* Benützt man diese Angaben, so muss man aufpassen, dass man sich darüber klar ist, welchen Teil der Fläche unter der Kurve man tatsächlich benötigt –, sonst gibt es Irrtümer. Wenn sich z.B. die Frage stellt, wie viel % der Werte größer sind als Mittelwert + 2 s, so ist die Antwort 2.25 %, NICHT 4.5 %. *Diese 4.5 % geben an, wie viele Werte um 2 s vom Mittelwert abweichen, aber in BEIDEN Richtungen. Also sind 2.25 % größer und nochmals 2.25 %*

kleiner, insgesamt 4.5 %. Das sind die beiden Zipfel links und rechts am Ende der Kurve. Wenn wir nur einen der beiden Zipfel wollen, müssen wir das entsprechend berücksichtigen.

Übrigens: Man sollte sich die Zahlenwerte in der Tabelle oben merken. Nicht genau – das kann man nachschauen. Aber Sie sollten wissen, dass im Bereich Mittelwert ± 1 s mehr als zwei Drittel aller Werte liegen, dass Mittelwert ± 2 s mehr als 95 % und Mittelwert ± 3 s mehr als 99 % aller Werte enthält.

Betrachtet man die Kurve der Normalverteilung genauer, so fällt einiges auf: Erstens ist die Kurve streng symmetrisch. Zweitens erkennt man, dass die Kurve nach beiden Richtungen ins Unendliche weitergeht, zumindest theoretisch. Schon außerhalb der Grenzen ± 4 s liegen weniger als 0.01 % aller Werte, aber wirklich auf null geht der Rest niemals! Es ist also offensichtlich, dass im realen Leben eine absolut exakte Normalverteilung kaum jemals auftreten wird. Wenn wir z.B. die Schuhnummern der erwachsenen Europäer bestimmen, dann werden wir das Resultat unserer Messungen mit Mittelwert (der wird etwa bei Größe 39 liegen) und Standardabweichung angeben. Selbstverständlich wird die Größenkurve aber nicht genau symmetrisch sein und ganz sicher wird sie nicht nach beiden Richtungen unendlich weit reichen. *Negative Schuhnummern gibt es nicht, aber auch Liliputaner mit Schuhnummer 1 sind sehr selten.* Trotzdem wird die Größenkurve ausreichend gut durch die Normalverteilung beschrieben werden, so dass man ohne großen Fehler die Regeln der Normalverteilung anwenden kann. *Wenn man Mittelwert und Standardabweichung kennt, könnte man z.B. berechnen, wie viel Prozent der Bevölkerung Schuhnummer 45 haben. Das ist wichtig! Nicht für Sie, aber für den Besitzer einer Schuhfabrik! Es hätte doch keinen Sinn, alle möglichen Schuhgrößen in gleicher Anzahl herzustellen, um dann die selteneren Größen nicht verkaufen zu können (obwohl man im Schuhgeschäft manchmal genau diesen Eindruck hat).*

Häufig sind Abweichungen von der Normalverteilung, wenn auf einer Seite der Verteilung eine unüberschreitbare Grenze vorkommt. Prüft man z.B. die Nierenfunktion von Menschen, so werden wir neben den normalen Werten einige Patienten finden, bei denen die Nierenfunktion niedrig oder (pathologisch) sehr niedrig ist. Auf der anderen Seite (bei den höheren Werten) wird unsere Verteilung aber bald zu Ende sein, weil es die „Superniere" nicht gibt. Die Verteilung wird also ziemlich asymmetrisch aussehen. Es liegt dann an uns, zu entscheiden, ob wir die Abweichung vernachlässigen wollen und weiter mit der Normalverteilung arbeiten, oder ob wir zu komplizierteren mathematischen Hilfsmitteln greifen müssen, mit deren Hilfe sich auch anders verteilte Populationen berechnen lassen.

Übung XIV

b) Sie haben im Labor aus einer Reihe von Messwerten Mittelwert und Standardabweichung ausgerechnet. Die Werte waren: x_1 = 8.26, x_2 = 7.97, x_3 = 8.41, x_4 = 8.08, x_5 = 7.89, x_6 = 8.01, x_7 = 8.16, x_8 = 8.24, x_9 = 7.92, x_{10} = 8.34.

Sie haben als Ergebnis (Mittelwert ± s) 8.13 ± 0.29 erhalten. Ihr Nachbar im Labor erhält mit den gleichen Werten jedoch 8.13 ± 0.18! Was stimmt nun? Einerseits haben Sie volles Vertrauen in Ihren Taschenrechner, andererseits ist Ihr Nachbar ein begnadeter Mathematiker! *(Er hat in der Grundschule das Einmaleins gelernt und kann es immer noch fehlerfrei auswendig.)*

Hinweis: Nachrechnen kann jeder. Können Sie dieses Problem nicht vielleicht allein durch Nachdenken – und Betrachten der Werte (!) – lösen?

Hinweis 2: Sollte die Erleuchtung ausbleiben, machen Sie zuerst Übung XIVc, dann müsste der rettende Einfall eigentlich kommen.

c) Tragen Sie das Intervall der Standardabweichung (analog zur letzten Abbildung auf Seite 219) in die beiden Graphen in der Abbildung davor ein *(die mit den Schulnoten, siehe Seite 215)*. Verwenden Sie dazu die Werte aus dem Text bzw. aus Übung XIVa.

Übrigens, eines der besten Beispiele für Werte, die sich einer Normalverteilung schön annähern, ist der radioaktive Zerfall. Messen wir die Aktivität einer radioaktiven Probe, so ist jeder einzelne „Knacks" am Geigerzähler das Ergebnis eines rein zufälligen Ereignisses und per se nicht vorhersagbar. Wir können aber angeben, dass unsere Probe im Mittel – sagen wir – 1000 Impulse pro Minute abgibt. Das werden aber in einer Minute 991, in einer anderen Minute 1056 Impulse sein. Messen wir oft genug, erhalten wir den Mittelwert ± s (1000 ± 32 Impulse pro Minute). In diesem Fall folgt die Standardabweichung einem einfachen Gesetz: sie ist gleich der Wurzel des Mittelwertes, so dass wir nach einer einzigen Messung sofort abschätzen können, wo unser Mittelwert liegen dürfte. (Mit 68 % Wahrscheinlichkeit liegt er um weniger als $\sqrt{x}$ von x entfernt, mit 95 % Wahrscheinlichkeit um weniger als $2\sqrt{x}$, usw. Haben wir also einen Messwert von 1024 Impulsen erhalten, so liegt unser Mittelwert mit 68 % Wahrscheinlichkeit zwischen 992 und 1056, mit 95 % Wahrscheinlichkeit zwischen 960 und 1088.)

Die Regel, dass s die Wurzel des Mittelwertes ist, gilt für alle Messungen, die eine Anzahl von einander unabhängigen Einzelereignissen bestimmen, also für z.B. die Zahl der Keime pro m^3 Luft, oder die wöchentliche Anzahl der Besucher eines Museums: *Solange es keinen Stau an der Türe gibt: Wenn sich die Besucher gegenseitig behindern, sind sie voneinander nicht mehr unabhängig!*

Übung XIV

d) An einem wenig befahrenen Straßenstück zwischen zwei ländlichen Gemeinden zählen Sie die Autos, die diese Straße am Montag zwischen 8.00 Uhr und 9.00 Uhr durchfahren. Sie erhalten als Ergebnis 48. Am Dienstag wiederholen Sie die Zählung und erhalten als Ergebnis 35 Autos. Kann man annehmen, dass am Dienstag weniger Autos durchfahren, oder war der Unterschied zufällig?

Ergebnisse aus diesem Abschnitt:

Übung **XIVa** $s^2 = 0.30$, $s = 0.55$, VK = 15 %

Übung **XIVb** Bei einer Normalverteilung sollten ungefähr zwei Drittel aller Werte im Bereich Mittelwert ± Standardabweichung sein. Ihr Ergebnis gibt diesen Bereich mit 7.84–8.42 an (8.13 – 0.29 und 8.13 + 0.29), in diesem Intervall liegen aber ALLE ihre gemessenen Werte, also ist die Rechnung **falsch**. Im Intervall Ihres Nachbarn 7.95–8.31 liegen 7 der gemessenen Werte (nur $x_3 = 8.41$, $x_5 = 7.89$ und $x_{10} = 8.34$ liegen außerhalb). Seine Rechnung kann also durchaus stimmen.

Übung **XIVc**

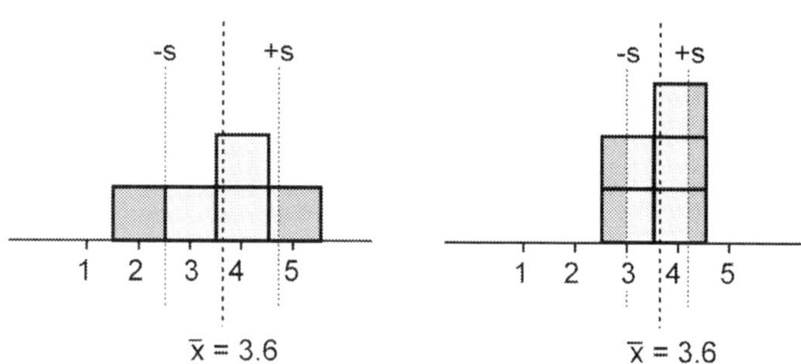

Wir haben viel zu wenig Werte, die noch dazu weit von einer Normalverteilung entfernt sind. *Eine Normalverteilung geht prinzipiell nach beiden Seiten ewig weiter, bessere Noten als 1 und schlechtere Noten als 5 gibt es aber nicht, zumindest in Österreich.* Dennoch erkennen wir, dass die Regel: „im Intervall Mittelwert ± s liegen 2/3 aller Werte“ auch hier noch recht gut erfüllt ist.

Übung **XIVd**

Weder noch!? Nach der Regel „die Wurzel des Wertes ist etwa die Standardabweichung“ kommt für den Montag 48 ± 7 (= 41 bis 55), für den Dienstag 35 ± 6 (= 29 bis 41) heraus. Es kann also durchaus sein, dass der Mittelwert 41 (oder so ähnlich) ist und unsere Abweichungen statistische Schwankungen sind. Muss aber auch nicht sein! Es könnte sein, dass tatsächlich ein Unterschied existiert, den man nur durch viele wiederholte Messungen nachweisen könnte. Man kann also nur sagen, dass wir vorläufig nicht imstande sind, einen Unterschied zu beweisen.

Übrigens: Was wir hier soeben versucht haben, ist nur eine sehr, sehr grobe Abschätzung. Um solche Probleme wie das eben angegebene exakt zu lösen, gibt es eigene statistische Verfahren, die dann angeben, wie groß die Wahrscheinlichkeit ist, dass ein Unterschied besteht. *Bei Bedarf verwenden Sie bitte geeignete Lehrbücher der Statistik.*

XV STATISTIK, TEIL 2 ANWENDUNGEN

Nachdem wir im vorigen Kapitel einiges über Mittelwerte und Standardabweichungen gelernt haben, könnten wir nun z.B. zeigen, dass eine Gruppe von 5 Studenten bei einer Prüfung mit 95 % Wahrscheinlichkeit Noten zwischen 2 und 5, dagegen mit 99 % Wahrscheinlichkeit Noten zwischen 1 und 5 bekommt. Sie werden sagen, das hätten Sie vorher auch schon gewusst! Naja, dann wollen wir jetzt (etwas) realere Beispiele behandeln.

Sie sind – im Nebenberuf – Händler in Glühbirnen und haben soeben eine neue Lieferung von 1000 Stück erhalten, die Sie nun einzeln verkaufen wollen. Allerdings wollen Ihre Kunden vor dem Kauf wissen, wie lange die Brenndauer dieser Glühbirnen ist *(und ob Sie nicht doch besser Energiesparlampen kaufen sollten).* Nachdem Sie werkseitig keine Angaben erhalten können, müssen Sie das selbst herausfinden. Dazu fallen Ihnen prinzipiell zwei Vorgangsweisen ein:

a) Sie nehmen wahllos EINE Glühbirne aus der Lieferung, schließen diese ans Stromnetz und bestimmen die Zeit, bis sie durchbrennt.

Vorteil: Sie erhalten eine einzige Brenndauer und können diese Ihren Kunden mitteilen. Sie brauchen sich nicht mit irgendwelcher Mathematik (Mittelwertsberechnung usw.) herumschlagen.

Nachteil: Es ist bei einer einzigen Glühbirne nicht gesagt, dass diese für die gesamte Lieferung charakteristisch ist. Sie könnten ausgerechnet die einzig fehlerhafte mit besonders kurzer Brenndauer erwischt haben. *Dann kauft kein Mensch Ihre 999 anderen Glühbirnen, wenn Sie ehrlich zugeben, dass die Referenzbirne nur zwei Stunden gebrannt hat.* Oder Sie haben eine mit besonders langer Brenndauer gefunden. Das ist zunächst gut für das Geschäft, aber die Beschwerden werden sich nachträglich häufen, wenn alle verkauften Birnen kürzer brennen.

b) Sie bestimmen von ALLEN Glühbirnen auf die oben beschriebene Weise die Brenndauer.

Vorteil: Sie können mit überragender Genauigkeit die mittlere Brenndauer ihrer Birnen angeben. Die dafür notwendige Mathematik ist einfach (Mittelwert).

Nachteil: Sie haben nichts mehr zu verkaufen, da alle Ihre Birnen ausgebrannt sind. *Abgesehen davon, dass, wenn Sie einzeln hintereinander testen, die gesamte Prozedur etwa 20 Jahre dauern würde, vom Stromverbrauch ganz zu schweigen.*

So geht es also nicht. Sie müssen einen Mittelweg finden und entschließen sich für

c) Sie entnehmen Ihrer Lieferung wahllos 30 Glühbirnen und testen diese.

Vorteil: Bei dieser Zahl ist der Beitrag jeder einzelnen Birne zum Mittelwert gering, so dass der eine oder andere Ausreißer keine große Rolle spielt. Andererseits ist die Anzahl klein genug um manipulierbar zu sein. Und die Kosten für die 30 verbrauchten Birnen können Sie als ordentlicher Kaufmann auf die übrigen 970 aufschlagen.

Nachteil: Sie benötigen für die Auswertung Ihrer Versuche einigen statistischen Aufwand, und genau damit wollen wir uns jetzt beschäftigen.

Wir müssen zwei unterschiedliche Gruppen von Glühbirnen auseinander halten. Da ist zunächst die Gesamtheit aller 1000 Glühbirnen, die man **Grundgesamtheit** (oder Gesamtpopulation) nennt. Und dann gibt es weiters die 30 untersuchten Glühbirnen, das ist die **Stichprobe**. Von dieser Stichprobe können wir Mittelwert, Anzahl der Elemente (der Glühbirnen) und Standardabweichung bestimmen und bezeichnen diese wie gewohnt mit $\bar{x}$, n und s. Die Grundgesamtheit hat natürlich ebenfalls einen Mittelwert und eine Standardabweichung, diese bezeichnen wir mit den entsprechenden griechischen Buchstaben μ und σ. Die Anzahl der Elemente der Grundgesamtheit wird, weil sie ja sehr groß sein kann, mit N bezeichnet.

Bevor wir jetzt weitergehen, müssen wir uns noch mit zwei wichtigen Voraussetzungen befassen, deren Missachtung alle unsere Überlegungen wertlos machen würde:

Erstens: Man muss sichergehen, dass die Stichprobe tatsächlich repräsentativ für die Gesamtheit ist. Man darf also nicht die obersten 30 Glühbirnen der Packung nehmen, sondern müsste (z.B.) alle auf einen Haufen schütten, umrühren, und dann mit verbundenen Augen mit der Hand in den Haufen „stechen" (deshalb heißt es ja auch Stichprobe!) und einzeln die 30 Glühbirnen herausholen.

Zweitens: Die nachfolgenden Regeln gelten nur für große Stichproben und große Grundgesamtheiten. Die Grundgesamtheit sollte 100 oder mehr Einheiten, die Stichprobe mindestens 30 Einheiten (je mehr, desto besser) umfassen. *Seien Sie also nicht zu geizig: Wenn Sie nur 3 Glühbirnen testen, funktioniert es nicht ordentlich.*

Das Problem, vor dem wir jetzt stehen, ist folgendes: Wir möchten gerne den Mittelwert und die Standardabweichung der Grundgesamtheit wissen. Direkt kann man aber nur Mittelwert und Standardabweichung der Stichprobe bestimmen. Wie kann man dann aus den Daten der Stichprobe auf diejenigen der Grundgesamtheit schließen *(siehe Abbildung auf der nächsten Seite)*?

Bei der Standardabweichung geht das relativ einfach. Wenn man statt 1000 Glühbirnen 10 000 oder 100 000 hätte, und diese Werte in ein Diagramm eintragen könnte, so würde sich an der Form der Verteilungskurve im Prinzip nichts ändern. Es ist ja nicht anzunehmen, dass 100 000 Werte prinzipiell anders streuen, als 1000 aus derselben Population. Also wird die Standardabweichung praktisch gleich bleiben. Wenn wir umgekehrt weniger Werte (= Glühbirnen) verwenden, so wird die Berechnung der Standardabweichung ebenfalls keine prinzipiell anderen Werte ergeben, sie wird nur etwas ungenauer. Das macht aber nicht allzu viel, da wir von einer super-genauen Standardabweichung ohnehin nichts haben. Solange die Stichprobe also nicht zu klein wird (solange also $n \geq 30$) können wir s durchaus zur Abschätzung von σ verwenden.

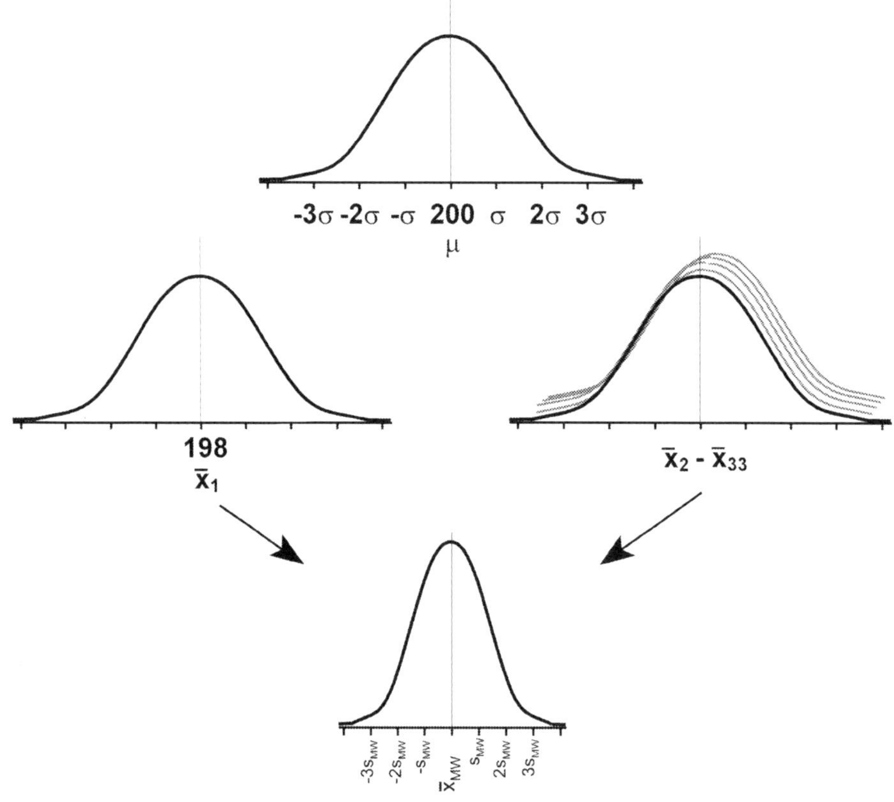

Schwieriger wird es beim Mittelwert der Gesamtpopulation, weil den wollen wir möglichst genau wissen. Machen wir dazu folgendes Gedankenexperiment:

Wir nehmen wieder unsere Stichprobe von 30 Glühbirnen und bestimmen davon Mittelwert und Standardabweichung. Dann nehmen wir weitere 30 Glühbirnen und wiederholen den Versuch, wieder bestimmen wir den Mittelwert. Und das machen wir nochmals, und nochmals, und nochmals ... Man bekommt als Ergebnis eine Serie von Mittelwerten (insgesamt 33 Mittelwerte, wenn man alle Glühbirnen aufbraucht). Diese Mittelwerte werden voneinander etwas verschieden sein, trägt man sie aber in ein Diagramm ein, ERHÄLT MAN WIEDER EINE NORMALVERTEILUNG.

Nochmals zur Wiederholung (siehe letzte Abbildung): Wir haben unsere Normalverteilung der Grundgesamtheit (oberste Kurve in der Abbildung), die wir leider noch nicht kennen. Dazu haben wir die Normalverteilungen der Stichproben (mittlere Kurven), von denen wir nur die erste wirklich bestimmt haben, die anderen denken wir uns dazu (= Gedankenexperiment). Und schließlich haben wir die Normalverteilung der Mittelwerte (unterste Kurve in der Abbildung), die das Ergebnis unseres Gedankenexperimentes ist.

Nun führen wir das Experiment in Gedanken weiter: da die Werte der untersten Kurve (Verteilung der Mittelwerte) aus je einer Serie von Einzelwerten erhalten wurden, sind diese genauer bestimmt als Einzelwerte. Daher wird die Streuung dieser Mittelwerte geringer sein als die einer Stichprobe von Einzelwerten. Mit anderen Worten, wir haben in den beiden oberen Reihen der Abbildung annähernd die gleiche Standardabweichung (σ und s), dagegen wird die unterste Kurve eine kleinere Standardabweichung (Standardabweichung der Mittelwerte = s_{MW}) zeigen. *Man erkennt auch, dass die Kurve der Mittelwerte schmäler ist, weil eben die Mittelwerte weniger streuen, als die Einzelwerte.*

Zur besseren Übersicht gehen wir die Symbole für alle unsere Begriffe nochmals gesammelt durch:

x_i	=	Einzelwert der Stichprobe
$\bar{x}$	=	Mittelwert der Stichprobe
n	=	Anzahl der Elemente der Stichprobe (oder Größe der Stichprobe)
s	=	Standardabweichung der Stichprobe
μ	=	Mittelwert der Grundgesamtheit (der Gesamtpopulation)
N	=	Anzahl der Elemente der Grundgesamtheit
σ	=	Standardabweichung der Grundgesamtheit
$\bar{x}_{MW}$	=	Mittelwert der Stichprobenmittelwerte
s_{MW}	=	Standardabweichung der Stichprobenmittelwerte

Nun weiter in unseren Gedanken: wo wird der Mittelwert der Mittelwerte $\bar{x}_{MW}$ liegen? Das ist relativ einfach: würde man wirklich alle Glühbirnen für 33 Stichproben verwenden, so enthält dieser Mittelwert der Mittelwerte ja die Ergebnisse ALLER Einzelwerte, ist also mit dem Mittelwert der Grundgesamtheit identisch. Wir kommen zu der wichtigen Beziehung:

$$\bar{x}_{MW} = \mu$$

Da wir aber keinen der beiden Werte kennen, nützt das nichts. Oder doch? Wenn wir unsere Stichprobe von 30 Glühbirnen genommen haben, so haben wir als Mittelwert der Stichprobe doch immerhin EINEN Wert erhalten, der Bestandteil der ersehnten Kurve der Mittelwerte ist (siehe folgende Abbildung). Und man weiß immerhin, dass sich dieser Mittelwert zu dem gesuchten Mittelwert aller Mittelwerte so verhalten muss, wie in jeder beliebigen Normalverteilung ein Einzelwert zum Mittelwert. Unser gefundener einzelner Mittelwert wird sich also mit einer Wahrscheinlichkeit von 68.2 % um weniger als s_{MW} (Standardabweichung) vom gesuchten Mittelwert der Grundgesamtheit unterscheiden, bzw. mit einer Wahrscheinlichkeit von 95.5 % um weniger als 2 s_{MW} unterscheiden, usw.

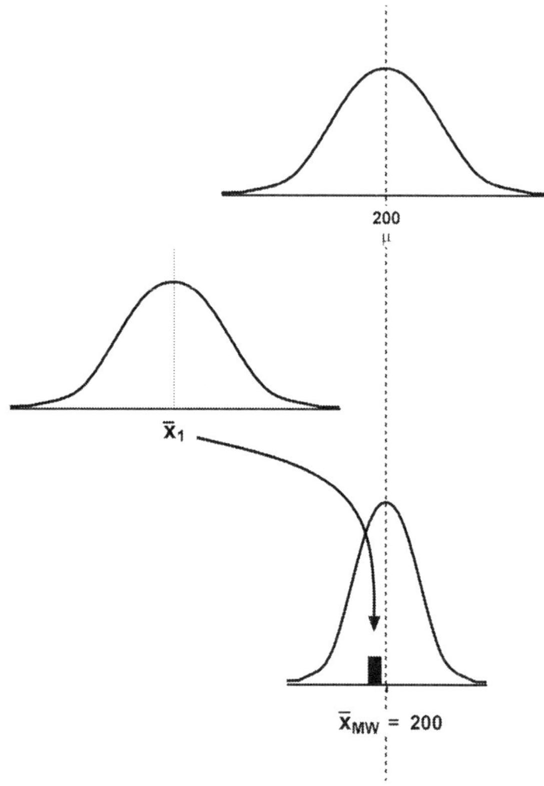

Alles, was man jetzt noch braucht, ist die Standardabweichung s_{MW} dieser „vertrackten“ Mittelwertskurve (also der jeweils untersten Kurve in den letzten beiden Abbildungen). Und die ist sehr einfach zu bestimmen:

Man kann mit genügend mathematischem Aufwand *(den wir uns aber ersparen wollen)* zeigen, dass die Standardabweichung jedes Mittelwertes ungefähr die Standardabweichung der entsprechenden Einzelwerte dividiert durch die Wurzel der Anzahl dieser Einzelwerte ist, also

$$s_{MW} = \frac{s}{\sqrt{n}} \quad \text{also in unserem Beispiel (siehe unten)} \quad s_{MW} = \frac{27}{\sqrt{30}} = 5$$

Vergleichen wir mit dem Glühbirnenbeispiel: Wenn wir als Mittelwert unserer Stichprobe 198 Brennstunden erhalten hätten, mit einer Standardabweichung von – sagen wir – 27 Stunden, so bedeutet das, dass man den wahren Mittelwert mit $198 \pm s_{MW}$ angeben kann, also mit 198 Stunden ± 5. *(Die Wurzel von 30 ist etwa 5.5, und 27 dividiert durch 5.5 gibt etwa 5.)* Der Mittelwert der Grundgesamtheit liegt also mit 68.2 % Wahrscheinlichkeit zwischen 193 und 203, mit 95 % Wahrscheinlichkeit zwischen 188 und 208, und fast sicher (99.7 % Wahrscheinlichkeit) zwischen 183 und 213.

War das sehr schwierig? Schon? Naja, haben Sie es einmal verstanden, müssen Sie ja nicht immer jedes mal die ganze Überlegung neu durchführen. Ab jetzt brauchen Sie nur eine Stichprobe nehmen, Mittelwert und Standardabweichung ausrechnen, die Standardabweichung durch die Wurzel aus n *zu dividieren, und schon können Sie angeben, in welchem Bereich der Mittelwert der Grundgesamtheit liegen wird.*

Wir sind allerdings bei den bisherigen Überlegungen von einer unbewiesenen Voraussetzung ausgegangen: wir nahmen zwar bei unserer Bestimmung des Mittelwertes der Stichprobe Fehler in Kauf, die durch die Schwankung in der Lebensdauer der einzelnen Glühbirnen entstanden sind (sogenannte **statistische Fehler** oder auch **zufällige Fehler**). Aber wer sagt uns, dass das die einzigen Fehler bei unserer Bestimmung waren?

Nehmen wir an, die Uhr, mit der die Brenndauer unserer Glühlampen bestimmt wurde, wäre fehlerhaft gewesen und ständig nachgegangen. Dann hätten in Wirklichkeit die Glühbirnen alle um – sagen wir – 2 % länger gebrannt als es die Liste unserer Ergebnisse anzeigt. So ein Fehler, bei dem durch eine mangelhafte Versuchsdurchführung alle Messwerte um einen bestimmten Prozentsatz falsch sind, nennt man einen **systematischen Fehler**. Die Standardabweichung bleibt dabei gleich, wir können so einen Fehler mit unseren statistischen Methoden nicht erkennen. Eine Möglichkeit, einen systematischen Fehler aufzuspüren, wäre die Verwendung eines **Standards**. Würden wir bei unseren Bestimmungen auch eine „Referenz-Glühbirne" verwenden, die genau 200 Stunden brennt *(vom Glühbirnen-Eichamt bestätigt und gestempelt)*, und diese brennt in der Versuchsanordnung nur 196 Stunden, so hat man einen Hinweis, dass die Versuche zu niedrige Werte liefern und man könnte alle Ergebnisse entsprechend korrigieren. *Jetzt wissen Sie auch, warum bei so vielen Untersuchungen, die man in einem Labor durchführt, immer ein Standard mitgemessen wird. Dadurch, dass die Messung an der Probe immer mit der am Standard verglichen wird, eliminieren Sie alle systematischen Fehler, die Sie vielleicht bei der Bestimmung gemacht haben, VORAUSGESETZT, Sie haben bei Probe UND Standard den gleichen Fehler gemacht.*

Es gibt noch eine dritte Art von Fehler: wenn Sie beim Glühbirnen-Experiment irrtümlich nicht die Uhr an der Wand, sondern das daneben hängende Barometer abgelesen haben. Das wäre ein **grober Fehler!** Mit den gesammelten Luftdruck-Werten können Sie nichts anfangen und müssen, sobald Sie (*hoffentlich*) den Fehler bemerkt haben, die ganze Mess-Serie wiederholen.

Fassen wir nochmals zusammen:

Statistische Fehler (= **zufällige Fehler**) entstehen aus der zufallsbedingten Variation von Messergebnissen. Als Kenngrößen dafür verwendet man die **Präzision** (gibt an, wie weit mehrere gleiche Messungen das gleiche Ergebnis liefern (auch als **Reproduzierbarkeit** bezeichnet) oder die **Streuung** (sagt, wie weit sich gleiche Messungen unterscheiden). Als Maß dafür kann man **Varianz**, **Standardabweichung** oder **Variationskoeffizient** verwenden. Mit einer genügend großen Anzahl von Einzelmessungen sollten sich die einzelnen statistischen Fehler gegenseitig weitgehend aufheben, so dass der berechnete Mittelwert dem wahren Mittelwert sehr nahe kommt.

Systematische Fehler sind dadurch gekennzeichnet, dass alle Messungen in einer Richtung um einen bestimmten Betrag vom Sollwert abweichen. Daher ist auch der Mittelwert um diesen Betrag falsch. Als Kenngröße dafür gilt die **Richtigkeit**. Als Maß für die Richtigkeit kann man die **Abweichung** des erhaltenen Mittelwertes vom wahren Wert (sofern dieser bekannt ist) in absoluten Einheiten oder in Prozent angeben.

Grobe Fehler machen die Ergebnisse wertlos. Sie entstehen z.B. durch Verwechslung von Proben oder Reagenzien, oder durch fehlerhaftes Arbeiten. *Die Anwendung eines Standards hilft natürlich auch, grobe Fehler zu erkennen: ergibt der Standard ein total hirnrissiges Ergebnis, so ist das ein Zeichen für einen groben Fehler. Aber auch an den normalen Analyseergebnissen erkennt man oft grobe Fehler. Meist hat man ja doch gewisse Vorstellungen, wie das Ergebnis ungefähr aussehen sollte. Erkennt man auch durch noch so intensives Nachdenken nicht die Quelle des Fehlers, so hilft es oft, einen Kollegen bei der Arbeit zusehen zu lassen. Selbst ist man vernagelt, aber jemand anderem fällt ein grober Fehler meist sofort auf!*

Das Glühbirnenbeispiel war relativ einfach. Gerade bei biologischen oder medizinischen Daten kann es passieren, dass die Grundgesamtheit riesig groß ist. Wenn man zum Beispiel die Körpergröße der Menschen bestimmen will, hat man eine Grundgesamtheit von ca. 6 Milliarden, und das gilt natürlich für ALLE klinischen Daten wie Blutdruck, Pulsfrequenz, Körpertemperatur, Blutzucker usw. Da wir unmöglich alle Menschen untersuchen können, müssen wir uns mit einer repräsentativen Auswahl von einigen tausend Einzelpersonen begnügen. *Repräsentativ bedeutet, dass unsere Auswahl der tatsächlichen Bevölkerung möglichst entsprechen soll. Also etwa gleich viele Männer wie Frauen, die Verteilung des Lebensalters muss stimmen (weil man ja zuerst wächst und später wieder schrumpft), es muss die entsprechende Anzahl von Angehörigen verschiedenster Volksgruppen verschiedener Kontinente etc. aufgenommen werden, usw. usw.* Wir erhalten dann eine Verteilung der Körpergrößen, die natürlich wieder in etwa einer Normalverteilung entspricht. Um Werte für gesunde Menschen zu definieren, geht man davon aus, dass alle Werte, die im Bereich von ± 2 s um den Mittelwert liegen, als „normal" gelten. Man sollte diesen Bereich als **Referenzbereich** bezeichnen. Früher hat man Normalbereich gesagt, aber „normal" ist wertend und dazu noch schwer zu definieren. Wir wissen, dass innerhalb dieses Referenzbereiches 95.5 % aller untersuchten Personen liegen.

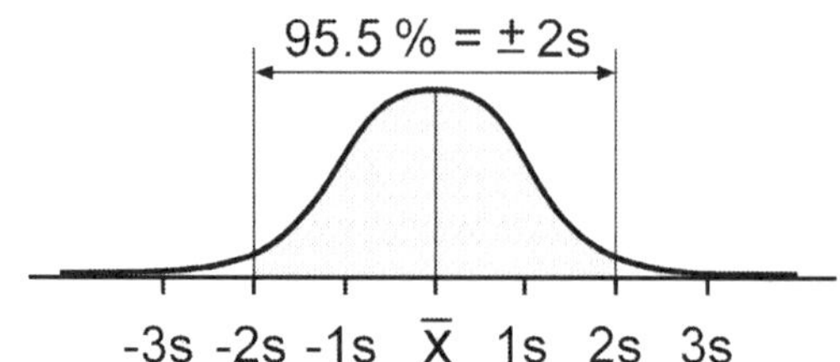

Will man nun untersuchen, ob sich Umweltfaktoren oder Krankheiten z.B. auf die Körpergröße auswirken, so erhält man für diejenigen Personen, die unter dem Einfluss dieses Umweltfaktors (dieser Krankheit) stehen, wieder eine Normalverteilung. Vergleicht man nun die soeben erhaltene Verteilung mit der der Grundgesamtheit, so erkennt man, ob Abweichungen bestehen, oder nicht.

Im folgenden Beispiel wird die Größenverteilung der Gesamtbevölkerung verglichen mit a) Patienten, die an Schnupfen leiden, b) Biertrinkern, und c) Basketballspielern.

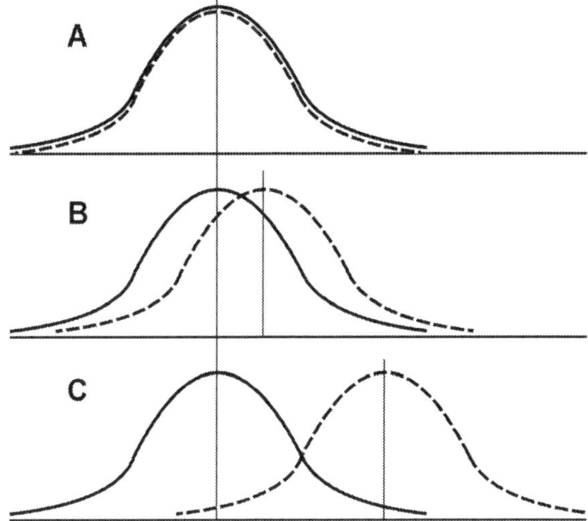

Man kann aus diesen Daten sofort erkennen, dass Schnupfen a) weder Schrumpfen noch Wachstum der Patienten bewirkt. Dagegen scheint Basketball c) eine ausgesprochen wachstumsfördernde Sportart zu sein. Bei Biertrinkern b) kann eine endgültige Entscheidung aus diesen Daten nicht zweifelsfrei getroffen werden. *Eingehendere Studien des Biers und seiner Wirkung auf den Organismus sind hier erforderlich, gegebenenfalls auch Untersuchungen bezüglich einer Korrelation von Körpergröße und Körperumfang.*

Natürlich ist das alles eine Grobabschätzung. Es gibt ausgefeilte statistische Verfahren, die gestatten, aus den Mittelwerten und den entsprechenden Varianzen von verschiedenen Verteilungen zu berechnen, mit welcher Wahrscheinlichkeit ein Unterschied oder eine Übereinstimmung besteht und mit welcher Wahrscheinlichkeit ein beobachteter Effekt zufällig ist *(so etwas nennt man eine* ***Varianzanalyse****).*

ACHTUNG: So trivial das Beispiel oben erscheinen mag, es zeigt doch, dass man sich vor vorschnellen Schlüssen hüten muss. Wenn Sie also einen Zusammenhang zwischen zwei Parametern (Parameter wären im Beispiel oben Körpergröße und Basketball) feststellen, wissen Sie noch lange nicht, welcher Parameter von welchem abhängig ist, oder ob nicht beide von einem dritten (unbekannten) Parameter bestimmt werden, usw. Es passiert im-

mer wieder, dass man in statistischen Daten einen Kausalzusammenhang zu finden glaubt, und in Wirklichkeit liegen die Verhältnisse ganz anders.

Wenn Sie zum Beispiel Bevölkerungsstatistik betreiben, können Sie feststellen, dass die durchschnittliche Kinderzahl pro Haushalt im Burgenland signifikant höher ist als im 50 km *entfernten Wien. Sie können daneben auch nachweisen, dass die Anzahl der Störche pro* km^2 *ebenfalls im Burgenland deutlich höher ist als in Wien. Grundfalsch wäre es aber, aus diesen beiden Daten sofort einen direkten Kausalzusammenhang herstellen zu wollen, z.B. dass der Storch die Kinder bringt!*

29 Statistische Berechnungen

Die unten angegebenen Beispiele verlangen deutlich mehr Rechenaufwand, als die bisherigen Übungen, vor allem dann, wenn Sie die Formeln benutzen und alles einzeln im Kopf oder mit einem einfachen Rechner rechnen. *Beschäftigen Sie sich mit den unten angegebenen Beispielen also, wie und wann Sie Lust und Laune dazu haben.* Eine gesonderte Erklärung ist unnötig, es gibt keine Probleme, die nicht schon in den beiden vorhergehenden Kapiteln behandelt wurden.

Sollten Sie einen Rechner mit Statistikfunktionen besitzen, so sind diese Beispiele sehr einfach – und die meisten Rechner, die deutlich mehr als nur die zehn Nummerntasten besitzen, sind heutzutage statistikfähig. *Die meisten Leute haben heute Taschencomputer, die mehr Tasten aufweisen als das Manual einer Kirchenorgel. Allerdings hapert es meistens daran, dass der Benutzer gar nicht alle Möglichkeiten seines Rechners kennt.* Verwenden Sie also gegebenenfalls diese Beispiele (und das Handbuch Ihres Rechners), um sich mit dem Gebrauch der Statistiktasten vertraut zu machen. Das lohnt sich, denn irgendwann brauchen Sie das sicher!

Übungen zu Kapitel 29

290. Berechnen Sie die wahrscheinlichsten Mittelwerte für jede der folgenden Serien von Titrationen, und geben Sie das Ergebnis mit der richtigen Anzahl signifikanter Stellen an.

a) 10.05 ml, 9.95 ml, 9.90 ml

9.95 ml oder 9.96 ml

b) 33.20 ml, 31.89 ml, 31.96 ml, 31.95 ml

31.9 ml oder 31.93 ml oder 31.95 ml
Der erste Wert von 33.20 ist offensichtlich falsch und sollte daher nicht berücksichtigt werden!

c) 13.80 ml, 13.65 ml, 27.25 ml, 13.70 ml

13.7 ml
Nachdem die Einzelwerte bereits in der dritten Stelle stark schwanken, hat es keinen Sinn, mehr als 3 Stellen anzugeben. **Regel: alle sicheren Stellen und EINE unsichere Stelle angeben!**

291. 9 Studenten bestimmen im Labor dieselbe Probe. Sie erhalten folgende Ergebnisse:

28.3, 27.8, 28.5, 29.1, 27.9, 26.1, 28.3, 28.9 und 28.2 mg

Eine zweite Gruppe von 9 Studenten erhält von derselben Probe folgende Werte:

29.2, 28.7, 30.2, 29.7, 27.1, 27.8, 29.6, 29.9 und 28.5 mg

Berechnen Sie getrennt für beide Gruppen den Mittelwert, die Varianz und die Standardabweichung. Welche Gruppe hat präziser analysiert?

28.1 mg ± 0.8;
29.0 ± 1.0;
die erste Gruppe

292. Die in Übung 291 analysierte Probe enthielt in Wirklichkeit 28.3 mg Probe. Wie groß ist die Abweichung jeder Gruppe und welche Gruppe hat richtiger analysiert?

0.2 mg, 0.7 mg;
die erste Gruppe

293. Sie wollen das Durchschnittsgewicht von Minigolfbällen bestimmen. Sie wiegen 10 Bälle aus einem Karton und erhalten als Resultat 17.10, 16.95, 17.10, 17.00, 17.05, 17.05, 16.90, 17.00, 17.05 und 17.00 g. *Sie sollten natürlich mindestens 30 Bälle wiegen, aber um den Rechenaufwand nicht zu groß werden zu lassen, begnügen wir uns in diesem Beispiel mit 10 Bällen.* Berechnen Sie den Mittelwert und die Standardabweichung. Was können Sie über den Mittelwert aller Bälle aussagen?

17.02 ± 0.06

Mittelwert Grundgesamtheit = 17.02 ± 0.02 g

294. Ihnen fällt ein, dass Sie ja drei Kartons Bälle besitzen, und Sie vorher (Übung 293) nur Bälle aus Karton **A** bestimmt haben. Also wiegen Sie noch jeweils 10 Bälle aus den Kartons **B** und **C**.

B: 16.80, 17.10, 17.20, 17.05, 16.90, 17.10, 16.95, 17.00, 17.15 und 16.95 g

C: 16.80, 16.90, 17.00, 16.85, 16.80, 16.90, 16.95, 16.85, 16.90 und 16.85 g

Berechnen Sie für beide Stichproben jeweils Mittelwert und Standardabweichung. Was sagt jede Stichprobe über den Mittelwert aller Bälle aus dem jeweiligen Karton aus?

B: 17.02 ± 0.12 g

Mittelwert Grundgesamtheit: 17.02 ± 0.04 g

C: 16.88g ± 0.6 g

Mittelwert Grundgesamtheit: 16.88 ± 0.02 g

295. Jetzt sind Sie verunsichert. Bedeuten die Ergebnisse der Übungen 293 und 294, dass die Bälle in den Schachteln verschieden sind?

Das Gewicht der Bälle in Schachtel B scheint stärker zu streuen als in Schachtel A; das kann aber bei der kleinen Stichprobe (n = 10) durchaus zufallsbedingt sein. Anders die Bälle in Schachtel C: Diese scheinen tatsächlich von den beiden anderen Schachteln abzuweichen!

296. Jetzt wollen Sie es genau wissen. Also behandeln Sie jetzt alle 30 gewogenen Bälle wie eine einzige Stichprobe und rechnen von allen den Mittelwert und die Standardabweichung aus. Was sagt Ihnen jetzt das erhaltene Ergebnis über den Mittelwert der Grundgesamtheit (jetzt alle Bälle), und was über den Unterschied der Bälle in Karton C?

16.97g ± 0.11 g
Mittelwert Grundgesamtheit:
16.97 ± 0.02 g

Das bedeutet, dass mehr als 95 % aller Stichprobenmittelwerte zwischen 16.93 und 17.01, weiters, dass mehr als 99 % aller Stichprobenwerte zwischen 16.91 und 17.03 liegen. Der Mittelwert von Karton C liegt immer noch außerhalb dieses Bereiches, also ist höchst unwahrscheinlich, dass die Abweichung im Karton C zufallsbedingt ist.

ANHANG I

Es könnte sein, dass Sie sich mit einigen der bisher vorgestellten Rechenarten noch weiter beschäftigen wollen, weil Sie alle vorangegangenen Beispiele bereits in Rekordzeit gelöst haben? Im Ernst, die Übungen innerhalb der einzelnen Kapitel decken grundsätzlich alle Möglichkeiten ab, hier gibt es also nichts Neues mehr zu entdecken *(nur die Zahlen sind andere)*. Es ist also nicht wirklich notwendig, alle nachfolgenden Rechnungen durchzuarbeiten. Wenn Sie aber zu einem bestimmten Typ von Übungen noch weitere Angaben suchen, sei es weil Sie – als Lehrender – Material für Ihre Vorlesung brauchen oder weil Sie sich – als Lernender – bei einzelnen Abschnitten noch nicht so richtig sattelfest fühlen: hier sind sie.

Weitere Rechenbeispiele zu den Kapiteln 0-2 Vorübungen, Atommasse, Mol

501. Wie viele mm sind 20 nm?

2×10^{-5} mm

502. Wie viel g sind 1000 Mikrogramm (µg)?

10^{-3} g

503. Berechnen Sie die Masse (in mg) eines DNA-Doppelhelix-Moleküls, das von der Erde bis zum Mond reicht (Mittlere Entfernung 380 000 km). 1 Basenpaar wiegt ca. 10^{-21}g. Jedes Basenpaar ist 0.34 nm lang.

1.1 mg

504. 200 Mikromol (µmol) eines einatomigen Elementes haben eine Masse von 8×10^{-4} g. Wie groß ist die relative Atommasse?

$M_r = 4$

505. 0.02 mol eines zweiatomigen Elementes haben eine Masse von 3.2 g. Wie groß ist die relative Atommasse?

$M_r = 80$

506. 500 mmol eines einatomigen Elementes haben eine Masse von 2 g. Wie groß ist die relative Atommasse?

siehe im Periodensystem bei: He

507. 100 µmol eines einatomigen Elementes haben eine Masse von 2 mg. Wie groß ist die relative Atommasse?

siehe im Periodensystem bei: Ne

508. 0.25 mol eines zweiatomigen Elementes haben eine Masse von 7.0 g. Wie groß ist die relative Atommasse?	siehe im Periodensystem bei: N
509. 13.6 g NH_3 sind wie viel mol? (H = 1; N = 14)	0.80 mol
510. 0.30 mmol Schwefeldioxid (SO_2) entsprechen welcher Masse? (S = 32; O = 16)	19.2 mg
511. 0.50 mol Methan (CH_4) entsprechen welcher Masse? (H = 1; C = 12)	8.0 g
512. 0.30 mmol Kohlendioxyd (CO_2) entsprechen welcher Masse? (C = 12; O = 16)	0.0132 g
513. 0.15 mol NaCl sind wie viel Gramm? (Na = 23; Cl = 35)	8.7 g
514. 220 g $CaCl_2$ sind wie viel mol? (Ca = 40; Cl = 35)	2.00 mol
515. 147 mg H_2SO_4 sind wie viel mmol? (H = 1; S = 32; O = 16)	1.50 mmol
516. Der Massenanteil des Kohlenstoffes in einer Verbindung, die pro Molekül vier Kohlenstoff-Atome enthält, ist 40.7 %. Die relative Molekülmasse ist daher wie groß?	118
517. In einer Verbindung verhalten sich die molaren Anteile der Elemente Stickstoff, Wasserstoff, Kohlenstoff und Sauerstoff wie 1 : 7 : 3 : 2. Der Massenanteil des Kohlenstoffes ist daher wie viel Prozent?	40.4 %

Weitere Rechenbeispiele zu den Kapiteln 3–4 Stöchiometrie

521. Wie viel g H^+-Ionen können von 49 g H_3PO_4 maximal abgegeben werden? (P = 31)	1.5 g
522. Wie viel g H^+-Ionen können von 150 g CH_3COOH maximal abgegeben werden? (H = 1; C = 12; O = 16)	2.5 g

523. Wie viel g OH^--Ionen können von 6.0 g NaOH maximal abgegeben werden? — 2.55 g

524. Wie viel g OH^--Ionen können von 18.5 g $Ca(OH)_2$ maximal abgegeben werden? (Ca = 40) — 8.5 g

525. $$BaCO_3 + H_2SO_4 \rightleftharpoons BaSO_4 + CO_2 + H_2O$$

Damit 3.0 mol $BaSO_4$ entstehen, müssen wie viele g $BaCO_3$ zur Reaktion eingesetzt werden? — 591 g

Damit 66 g CO_2-Gas entstehen, müssen wie viel mol $BaCO_3$ zur Reaktion eingesetzt werden? — 1.5 mol

Damit 66 g CO_2-Gas entstehen, müssen wie viel mol H_2SO_4 zur Reaktion eingesetzt werden? — 1.5 mol

Damit 2.0 mol CO_2-Gas entstehen, müssen wie viel Gramm $BaCO_3$ zur Reaktion eingesetzt werden? — 394 g

Damit 466 g $BaSO_4$ entstehen, müssen wie viel g $BaCO_3$ zur Reaktion eingesetzt werden? — 394 g

526. Wie viel Gramm CO_2-Gas entstehen aus 137.8 g Na_2CO_3? (M_r CO_2 = 44, M_r Na_2CO_3 = 106) — 57.2 g

$$Na_2CO_3 + 2\,HCl \rightleftharpoons 2\,NaCl + H_2O + CO_2$$

527. $$3\,H_2 + N_2 \rightleftharpoons 2\,NH_3 \qquad (H = 1, N = 14)$$

Wie viel mol NH_3 entstehen bei dieser Reaktion aus 12 g H_2-Gas? — 4 mol

Wie viel mol H_2-Gas werden benötigt, damit bei dieser Reaktion 51 g NH_3 entstehen? — 4.5 mol

Wie viel mol Stickstoff werden für 51 g NH_3 benötigt? — 1.5 mol

528. $$2\,H_2 + C \rightleftharpoons CH_4$$

Wie viele g CH_4 entstehen bei dieser Reaktion aus 0.30 mol H_2? (H = 1, C = 12) — 2.4 g

529. $$CaCl_2 + Na_2CO_3 \rightleftharpoons CaCO_3 + 2\,NaCl$$

Wie viel mg $CaCO_3$ entstehen, wenn 265 mg Na_2CO_3 für die Fällung zur Verfügung stehen? — 250 mg

530. Methan wird mit Sauerstoff zu CO_2 und Wasser verbrannt (M_r C = 12; H = 1; O = 16). Die stöchiometrisch richtige Reaktionsgleichung lautet:

$$CH_4 + 2\,O_2 \rightleftharpoons CO_2 + 2\,H_2O$$

Wie viel g CO_2 entstehen, wenn 0.5 mol CH_4 verbrannt werden? — 0.5 mol = 22 g

Wie viel mol CO_2 entstehen, wenn 80 g CH_4 verbrannt werden? — 5.0 mol

Wie viel mol CO_2 sind nötig, um 80 g CH_4 zu verbrennen? — 10 mol O_2

Wie viel g O_2 sind nötig, um 80 g CH_4 zu verbrennen? — 320 g O_2

Weitere Rechenbeispiele zu den Kapiteln 5-7

Konzentrationen, Verdünnungen

531. Wie viel Liter einer 0.10-molaren Glucoselösung können aus 60 g Glucose hergestellt werden? (M_r = 180) — 3.33 l

532. Wie viel molar ist eine Glucoselösung, die 90 g Glucose (M_r = 180) in 500 ml enthält? — c = 1.0 mol / l

533. 1 g NaOH (M_r = 40) ist in 250 ml gelöst: Wie groß ist die Konzentration in g / l und in mol / l? — c = 4g / l; c = 0.1 mol / l

534. Wie viel mg Na_2CO_3 enthalten 2.0 ml einer 2.0-molaren Na_2CO_3-Lösung? (Na = 23; C = 12; O = 16) — 424 mg

535. 90 g HCl sind in 200 ml gelöst. Wie groß ist die Konzentration in mol / l? (M_r = 36) — c = 12.5 mol / l

536. 100 ml einer HCl-Lösung mit c = 0.1 mol / l sollen hergestellt werden. Wie viel mg HCl-Gas müssen eingeleitet werden? (M_r HCl = 36) — 360 mg

537. Wie viel mg Kochsalz benötigen Sie, um 10 ml einer Lösung (c = 4.0 mmol / l) herzustellen? (M_r NaCl = 58) — 2.32 mg

538. Wie viele g NH_4NO_3 braucht man, um 1 l Lösung mit einer Konzentration c = 0.02 mol / l herzustellen? (N = 14, O = 16, H = 1)

1.6 g

539. Wie viel g NaOH (M_r = 40) sind zur Herstellung von 500 ml einer Lösung c = 0.3 mol / l nötig?

6 g

540. Aus 1.6 g NaOH (M_r = 40) lassen sich wie viel Liter Lösung (c = 0.1 mol / l) herstellen?

0.4 l

541. In 200 ml Lösung befinden sich 48 g $NaHSO_4$. Wie groß ist die Konzentration in g / l und in mol / l? (Na = 23; H = 1; S = 32; O = 16)

240 g / l
2.0 mol / l

542. Wie viel g Na_2SO_4 (Na = 23; S = 32; O = 16) sind zur Herstellung von 500 ml einer Lösung c = 0.30 mol / l nötig?

21.3 g

543. In 200 ml Lösung sind 0.2 mol Na_2SO_4 enthalten. Wie groß ist die Konzentration der Lösung? (Na = 23; S = 32; O = 16)

c = 1 mol / l

544. Eine HCl-Lösung der Konzentration c = 0.10 mol / l enthält wie viel mmol HCl in 50 ml gelöst? (M_r HCl = 36)

5.0 mmol

545. 1.0 l einer H_2SO_4-Lösung (c = 0.05 mol / l, M_r = 98) enthalten wie viel g / l an H_3O^+-Ionen?

1.9 g

bzw. enthalten wie viel mol an H^+-Ionen / l

0.10 mol

546. 100 ml einer Kochsalzlösung enthalten 0.87 g NaCl Welche Konzentration besitzt die Lösung (M_r = 58)?

c = 0.15 mol / l

547. In 200 ml Lösung befinden sich 56.8 g Na_2SO_4. Wie groß ist die Konzentration in mol / l? (Na = 23, H = 1, S = 32, O = 16)

c = 2.0 mol / l

548. 500 ml einer Salzsäure-Lösung enthalten 18 g HCl. Wie groß ist die Konzentration an H^+-Ionen in dieser Lösung in mol / l? (M_r HCl = 36)

1.0 mol / l

549. 500 ml Schwefelsäure c = 0.500 mol / l werden verdünnt. Die fertige Lösung soll eine Konzentration von 100 mmol / l haben. Wie viel ml Wasser muss man zusetzen?

2000 ml

550. Aus einer Kalilauge der Konzentration c = 0.25 mol / l sollen 750 ml einer KOH mit c = 0.100 mol / l hergestellt werden. Wie viel ml der ursprünglichen Lösung benötige ich dazu?

300 ml

551. Wie viel Liter einer 0.20-molaren Lösung lassen sich aus 28 g KOH (M_r = 56) herstellen? — 2.5 l

552. 125 ml einer KOH-Lösung mit der Konzentration c = 2 mol / l werden auf 500 ml verdünnt. (M_r von KOH = 56). Wie groß ist die Konzentration der verdünnten Lösung? — c = 0.5 mol / l

Wie viel g KOH sind in 100 ml der verdünnten Lösung enthalten? — 2.8 g

553. 250 ml einer NaOH (c = 1 mol / l, M_r = 40) werden auf 1.0 l verdünnt. Wie viel g NaOH sind in 100 ml dieser Lösung? — 1.0 g

554. 1 l NaOH (c = 0.5 mol / l) wird mit 4 l Wasser verdünnt. Welche Konzentration besitzt die verdünnte Lösung? — c = 0.1 mol / l

555. 250 ml Kochsalzlösung mit der Konzentration c = 0.18 mol / l sollen auf eine Endkonzentration von 0.15 mol / l verdünnt werden. Wie viel ml Wasser muss ich zusetzen? — 50 ml

556. Wie ändert sich die Konzentration einer Kochsalzlösung mit c = 1.2 mol / l, wenn man aus 1 l Lösung durch Zufügen von Wasser 8 l herstellt? — c = 0.15 mol / l

557. 150 ml einer Lösung c = 0.45 mol / l werden mit Wasser verdünnt, bis eine Konzentration von c = 15 mmol / l erreicht ist. Wie viel Liter verdünnte Lösung erhält man? — 4.5 l

558. 96 % H_2SO_4 (1 l = 1.84 kg, M_r = 98) soll mit Wasser verdünnt werden, um 20.0 Liter einer Lösung der Konzentration 0.20 mol / l zu erhalten. Wie viel Schwefelsäure braucht man? — 222 ml

559. 32 % Salzsäure (1 l = 1.16 kg, M_r = 36.5) soll mit Wasser verdünnt werden, um 2.0 Liter einer Lösung der Konzentration 0.10 mol / l zu erhalten. Wie viel von der Salzsäure müssen Sie verdünnen? — 19.7 ml

560. Sie wollen 190 ml einer 60 % Ethanol-Lösung (v / v). Wie viel von einer 95 % Ethanol-Lösung müssen Sie verdünnen? — 120 ml

561. Berechnen Sie die Konzentration in mol / l einer 36 % Salzsäure! (1 l = 1.18 kg, M_r = 36.5) — c = 11.6 mol / l

562. Berechnen Sie die Konzentration in mol / l einer Lösung von 90 % Ethanol (v / v)! — c = 15.5 mol / l

Weitere Rechenbeispiele zu Kapitel 8 Titrationen

571. Zur Neutralisation von 250 ml einer starken 2-protonigen Säure werden 8 g NaOH benötigt. Welche Konzentration besitzt die Säure?

c = 0.4 mol / l

572. Zur Neutralisation von 250 ml H_2SO_4 werden 500 ml NaOH mit einer Konzentration von c = 0.1 mol / l benötigt. Wie groß ist die Konzentration der H_2SO_4?

c = 0.1 mol / l

573. 9 ml HCl (c = 0.1 mol / l) sind äquivalent zu wie viel ml NaOH (c = 0.25 mol / l)?

3.6 ml

574. Wie viel Liter H_2SO_4 (0.1 mol / l) benötigt man zur Neutralisation von 2 g NaOH? (M_r NaOH = 40)

0.25 l

575. Wie viel Liter NaOH (c = 0.5 mol / l) benötigt man zur Neutralisation von 25 ml HCl (c = 0.2 mol / l)?

10 ml

576. Wie viel mg NaOH benötigt man zur vollständigen Neutralisation von 50 ml H_2SO_4 (c = 0.010 mol / l)?

40 mg

577. Bei der Titration von 10 ml Oxalsäure unbekannter Konzentration mit $KMnO_4$-Lösung (c = 0.01 mol / l) ergibt sich ein Verbrauch von 8 ml $KMnO_4$. Wie groß ist daher die Konzentration der Oxalsäure? *(2 Moleküle $KMnO_4$ reagieren mit 5 Molekülen Oxalsäure).*

c = 0.02 mol / l

578. Für die Titration von 10 ml H_2SO_4 unbekannter Konzentration wurden 15.5 ml NaOH (c = 0.1 mol / l) verbraucht. Wie groß ist die Konzentration der Schwefelsäure?

c = 77.5 mmol / l

579. 10 ml einer H_2SO_4 mit c = 0.065 mol / l werden mit NaOH (c = 0.1 mol / l) bis zum pH-Sprung titriert. Wie groß ist der Verbrauch an NaOH?

13 ml

580. 25 ml einer zweiprotonigen Säure werden mit 30 ml NaOH (c = 0.1 mol / l) bis zum Äquivalenzpunkt titriert. Wie groß ist die Konzentration der Säure?

c = 0.06 mol / l

Weitere Rechenbeispiele zu Kapitel 9-11 Massenwirkungsgesetz, Löslichkeitsprodukt, Nernstsche Verteilung

581. Die Reaktion A + B $\rightleftharpoons$ C befindet sich im Gleichgewicht. Wie groß ist die Massenwirkungskonstante dieser Reaktion, wenn die Gleichgewichtskonzentration für A: c = 1 mol / l, für B: c = 1 mol / l und für C: c = 0.5 mol / l beträgt?

   K = 0.5

582. Die Reaktion A $\rightleftharpoons$ 2B befindet sich im Gleichgewicht. Wie groß ist die Massenwirkungskonstante dieser Reaktion, wenn die Gleichgewichtskonzentration für A: c = 1 mol / l und für B: c = 0.5 mol / l beträgt?

   K = 0.25

583. Die Reaktion A + B $\rightleftharpoons$ 2C befindet sich im Gleichgewicht. Die Gleichgewichtskonzentration ist für A: c = 1 mol / l, für B: c = 0.2 mol / l, die Massenwirkungskonstante K = 0.8. Wie groß muss daher die Konzentration von C sein?

   0.4 mol / l

584. Für die Reaktion 2 A + B $\rightleftharpoons$ 2 C ist die Massenwirkungskonstante K = 10. Im Gleichgewicht der Reaktion befinden sich 0.1 mol / l B und 0.1 mol / l C. Wie groß ist die Konzentration von A in mol / l?

   c = 0.1 mol / l

585. Die Reaktion 2A + B $\rightleftharpoons$ 3C besitzt eine Massenwirkungskonstante K = 40. Im Gleichgewicht befinden sich 1 mol / l A und 0.2 mol / l B. Wie groß ist die Gleichgewichtskonzentration von C?

   c = 2 mol / l

586. Das Löslichkeitsprodukt von $PbSO_4$ ist 10^{-10}. Wie groß ist die Pb^{2+}-Ionen Konzentration im gesättigten Überstand in mol / l?

   10^{-5} mol / l

587. Eine gesättigte Lösung eines Salzes MeX enthält 0.04 mmol / l gelöst. Das Löslichkeitsprodukt des Salzes ist daher?

   $K_L = 1.6 \times 10^{-9}$

588. Das Löslichkeitsprodukt eines Salzes MeX ist 10^{-16}. Wie groß ist die maximale Me^{+}-Konzentration (in nmol / l) in einer Lösung mit einer X^{-}-Konzentration c = 10^{-6} mol / l?

   c_{Me+} = 10^{-10} mol / l = 10 nmol / l

589. AgCl hat ein Löslichkeitsprodukt von $K_L = 10^{-10}$. Wie groß ist die maximale Ag^+-Ionenkonzentration (in µmol / l) in einer HCl-Lösung von c = 0.4 mmol / l?

c_{Ag^+} = 0.25 µmol / l

590. $CaCO_3$ hat ein Löslichkeitsprodukt von $K_L = 10^{-8}$. Wie groß ist die maximale Ca^{2+}-Konzentration in µmol / l in einer Na_2CO_3 Lösung von c = 0.2 mol / l?

$c_{Ca^{++}}$ = 0.05 µmol / l

591. 22 mg eines schwer löslichen Salzes (M_r = 110) geben mit 100 ml Wasser gerade eine gesättigte Lösung. Wie groß ist das Löslichkeitsprodukt des Salzes?

$K_L = 4.0 \times 10^{-6}$

592. 15 mmol eines Stoffes verteilen sich zwischen 10 ml Phase A und 10 ml Phase B im Verhältnis 9 : 1. Nach einmaligem Ausschütteln befinden sich wie viel mmol in Phase A?

13.5 mmol

Und wie viel mmol in Phase B?

1.5 mmol

593. 20 ml Harn enthalten 10 µg Steroide. Der Verteilungskoeffizient $c_{(Äther)}$ / $c_{(Wasser)}$ = 8. Nach 3-maliger Extraktion mit 20 ml Äther sind wie viel µg Steroide aus dem Harn entfernt?

9.986 µg

594. 16 mg eines Stoffes verteilen sich zwischen 10 ml Äther und 10 ml Wasser. Die Substanz ist 3 x besser in Äther löslich als in Wasser. Wie viel mg befinden sich daher nach einmaliger Extraktion in der Ätherphase?

12 mg

Und wie viel mg nach zweimaliger Extraktion in der Ätherphase? (Berechnen Sie jeweils auch, wie viel mg in der Wasserphase verbleiben!)

15 mg

595. 0.12 mmol Iod verteilen sich zwischen 2 l Wasser und 20 ml Chloroform so, dass im gesamten Wasservolumen 0.08 mmol und in der organischen Phase 0.04 mmol Iod gelöst sind. Der Verteilungskoeffizient VK (c_{Wasser} / $c_{Chloroform}$) ist?

VK = 0.02

596. 18 mmol eines Stoffes verteilen sich zwischen zwei miteinander nicht mischbaren Phasen so, dass in der Wasserphase (1 l) 6 mmol und in der Chloroformphase (10 ml) 12 mmol gelöst sind. Wie groß ist der Verteilungskoeffizient VK (c_{Wasser} / $c_{Chloroform}$)?

0.005

597. 36 mg einer Substanz verteilen sich zwischen je 10 ml Äther und Wasser mit einem VK = 5.

Nach einmaliger Extraktion befinden sich wie viel mg in der Ätherphase?	30 mg
Nach einmaliger Extraktion befinden sich wie viel % in der Ätherphase?	83.3 %
Nach zweimaliger Extraktion befinden sich wie viel mg in der Ätherphase?	35 mg
Nach zweimaliger Extraktion befinden sich wie viel % in der Ätherphase?	97.2 %
598. In 20 ml Harn sind 40 µg Steroide enthalten. Nach dreimaliger Extraktion mit 20 ml Äther werden wie viel % der Steroide aus dem Harn entfernt? (VK Äther / Wasser = 9)	99.9 %
599. Eine Substanz hat für das Zweiphasensystem Wasser / Äther den Verteilungskoeffizienten VK = 1. Wie viel Prozent dieser Substanz werden beim Ausschütteln von 1 ml wässriger Substanzlösung mit 9 ml Äther entfernt?	90 %

Weitere Rechenbeispiele zu Kapitel 12–15

Photometrie

601. Eine Lösung zeigt die Extinktion E = 2.0. Wie viel % beträgt die Durchlässigkeit?	1 %
Wie viel % des Lichtes werden absorbiert?	99 %
602. Eine Lösung zeigt die Extinktion E = 0.6. Wie viel % beträgt die Durchlässigkeit?	25 %
Wie viel % des Lichtes werden absorbiert?	75 %
Die Transmission ist wie groß?	T = 0.25
603. Die Transmission einer Lösung beträgt 45 %. Wie groß ist die Extinktion dieser Lösung?	E = 0.35
604. Wenn die Extinktion E = 1 beträgt, so werden wie viel Zehntel des Lichtes absorbiert?	9 / 10

605. Das Verhältnis $I / I_0 = 0.01$. Wie groß ist dann die Extinktion dieser Lösung? | $E = 2$

606. Das Verhältnis $I / I_0 = 0.2$. Wie groß ist die Extinktion dieser Lösung? | $E = 0.7$

607. Bei einer photometrischen Messung verhält sich $I / I_0 = 1 / 6$. Wie groß ist die Extinktion der Lösung? | $E = 0.8$

608. Wie groß ist die Konzentration einer Lösung in mmol / l, wenn der Extinktionskoeffizient $\varepsilon = 1.5 \times 10^3$ l / (mol x cm) und $E = 0.75$ ist? | 0.50 mmol / l

609. Wie groß ist die Konzentration einer Lösung in mmol / l, wenn der molare Extinktionskoeffizient $\varepsilon = 4 \times 10^5$ l / (mol x cm) ist, $E = 2.8$ und die Schichtdicke $d = 1$ cm beträgt? | 0.007 mmol / l

610. Wie groß ist die Extinktion einer Lösung mit der $c = 0.4$ g / l ($M_r = 400$), wenn $d = 1$ cm, und $\varepsilon = 100$ l / (mol x cm) ist? | $E = 0.1$

611. Wie groß ist der molare Extinktionskoeffizient einer Substanz, wenn diese in einer Konzentration von 150 mmol / l in Lösung vorliegt, die Schichtdicke 2.00 cm beträgt und die gemessene Extinktion der Lösung $E = 0.400$ ist? | $\varepsilon = 1.33$ l x mol^{-1} x cm^{-1}

612. Wie groß ist die Extinktion einer Lösung mit $c = 25$ mmol / l und $d = 1.0$ cm, wenn der spezifische molare Extinktionskoeffizient $\varepsilon = 5.0$ l / (mol x cm) ist? | $E = 0.125$

613. Wie groß ist die Schichtdicke einer Küvette, wenn $E = 0.80$ und $c = 0.250$ mmol / l sind und der molare Extinktionskoeffizient $\varepsilon = 3200$ l / (mol x cm) ist? | $d = 1$ cm

614. Wie groß ist die Schichtdicke (in cm) einer Küvette, wenn eine Lösung von $c = 0.15$ mmol / l und einem molaren Extinktionskoeffizienten von $\varepsilon = 4 \times 10^3$ l / (mol x cm) eine Extinktion von $E = 0.300$ ergibt? | $d = 0.5$ cm

615. Die Konzentration einer NADH-Lösung beträgt 80 µmol / l. Wie groß ist der molare Extinktionskoeffizient von NADH, wenn eine Extinktion von $E = 0.496$ gemessen wurde? | $\varepsilon = 6.2 \times 10^3$ l / (mol x cm)

616. 1 ml einer $CuSO_4$-Lösung mit $E = 0.8$ wird mit 3 ml Wasser verdünnt. Wie groß ist die Extinktion der verdünnten Lösung? | $E = 0.2$

617. 2 ml einer Lösung mit der Extinktion E_1 = 0.9 müssen mit wie viel ml Wasser verdünnt werden, damit die Extinktion danach E_2 = 0.15 beträgt?

10 ml

618. 5 ml einer Lösung mit E_1 = 0.75 werden mit 25 ml Wasser verdünnt. Wie groß ist die Extinktion der Lösung nach dem Verdünnen?

E_2 = 0.125

619. 5 ml einer Lösung mit E_1 = 0.60 werden mit 10 ml Wasser verdünnt. Wie groß ist die Extinktion der Lösung nach dem Verdünnen?

E_2 = 0.200

620. 1 ml einer Lösung mit der Extinktion E_1 = 0.8 muss mit wie viel ml Wasser verdünnt werden, wenn die Extinktion danach E_2 = 0.2 betragen soll?

3 ml

621. 10 ml einer Lösung mit der Extinktion E_1 = 0.84 werden mit wie viel ml Wasser verdünnt, wenn die Extinktion nachher E_2 = 0.21 betragen soll?

30 ml

622. Bei einer photometrischen Bestimmung von Phenolrot misst man folgende Extinktionswerte:

$E_{Analyse}$ = 0.400
$E_{Standard}$ = 0.250
$c_{Standard}$ = 2 mg / l

Wie groß ist die Konzentration der Probe?

c_A = 3.2 mg / l

623. Eine Phenolrot-Standardlösung mit der Konzentration von c = 20 mg / l zeigt eine Extinktion E = 0.36. Die Phenolrot-Probenlösung hat die Konzentration c = 15 mg / l. Ihre Extinktion muss daher wie groß sein?

E = 0.27

624. Bei einer photometrischen Bestimmung von Phenolrot misst man folgende Extinktionswerte *(Leerwert ist Proben-LW)*:

$c_{Standard}$ = 40.0 mg / ml
$E_{Standard}$ = 0.480
$E_{Leerwert}$ = 0.000
$E_{Analyse}$ = 0.450

Wie groß ist die Konzentration der Probe?

$c_{Analyse}$ =
= 37.5 mg / ml

625. Die Extinktion einer Lösung ist 0.63, der Extinktionskoeffizient ε = 210 l / (mol x cm) Bei einer Schichtdicke von 1.0 cm ist die Konzentration der Lösung daher wie groß?

0.30 mmol / l

626. Wie hoch ist die Extinktion einer Analysenlösung (c = 90 g / l), wenn die Standardlösung (c = 60 g / l) eine Extinktion von 0.30 hat?

E_A = 0.45

627. Vor einer Proteinbestimmung wird mit Wasser auf E = 0 gestellt. Danach werden folgende Extinktionen gemessen *(Leerwert ist Analysen-LW)*:

Extinktion des Leerwertes	E_{LW} =	0.020
Extinktion der Analyse	E_A =	0.335
Extinktion des Standards	E_{St} =	0.370
Konzentration des Standards	c_{St} =	60 g / l

Wie groß ist die Proteinkonzentration der Probe?

c = 5.4 x 10 g / l

628. Bei einer photometrischen Bestimmung von Kreatinin im Serum erhält man folgende Extinktionswerte:

$E_{Analyse}$ = 0.119
$E_{Standard}$ = 0.201
$c_{Standard}$ = 177 mikromol / l

Wie groß ist die Konzentration des Kreatinins in der Analysenprobe?

105 µmol / l

629. Die Extinktion einer Lösung ist 0.4. Der Extinktionskoeffizient ε = 40 l / (mol x cm). Die Schichtdicke d = 1 cm. Die Konzentration der Lösung ist daher?

c = 0.01 mol / l

Weitere Rechenbeispiele zu den Kapiteln 16–17 Säuren und Basen

631. Wie groß ist der pH-Wert einer H_2SO_4, c = 0.0005 mol / l?

pH = 3

632. Der pH einer HCl-Lösung ist 3.5. Welche Konzentration in mol / l besitzt die HCl?

c = 3×10^{-4} mol / l

633. 1 l einer verdünnten Schwefelsäure-Lösung enthalten 98 mg H_2SO_4. Wie groß ist die Konzentration der Lösung? — c = 1.0 mmol / l

Wie groß ist die H^+-Ionenkonzentration der Lösung? — c = 2.0 mmol / l

Wie groß ist der pH-Wert der Lösung? — pH = 2.7

634. Wie viel g NaOH benötigt man, um 1 l Lösung mit pH = 13 herzustellen? (M_r NaOH = 40) — 4 g

635. Eine Salzsäure-Lösung weist einen pH von 1.5 auf. Welche Konzentration besitzt die Lösung? — c = 0.03 mol / l

636. Welchen pH-Wert hat eine Natronlauge (M_r NaOH = 40), die 8 g NaOH in 20 l gelöst enthält? — pH = 12.0

637. Beträgt die Konzentration der H^+-Ionen das zehntausendfache der OH^--Ionen-Konzentration, so ist der pH-Wert der wässrigen Lösung wie groß? — pH = 5

638. Wie viel mg NaOH sind notwendig, um 200 ml einer Lösung mit pH = 12 herzustellen? — 80 mg

639. Wie viel g H_2SO_4 werden zur Herstellung von 40 ml einer Lösung mit pH = 2 benötigt? — 0.0196 g

640. Um 1 l Salzsäure von pH = 1.6 herzustellen, benötigt man wie viel Salzsäure der Konzentration c = 0.1 mol / l? — 0.25 l

641. 200 mg NaOH (M_r = 40) sind in 10 ml Wasser gelöst. Welche Konzentration besitzt die Lösung? — 0.50 mol / l

Welchen pH-Wert hat die Lösung? — pH = 13.7

642. Welchen pH-Wert hat eine H_2SO_4-Lösung mit der Konzentration c = 0.002 mol / l? — pH = 2.4

643. Eine Salzsäurelösung hat einen pH = 1.3. Wie groß ist die Konzentration der Salzsäure? — c = 0.05 mol / l

Wie groß ist die H^+-Ionen-Konzentration der Lösung? — c = 0.05 mol / l

644. Eine Lösung mit pH = 3 enthält wie viel mg / l an H_3O^+-Ionen? — 19 mg / l

645. In 1 l einer H_2SO_4 (c = 0.1 mmol / l) werden 0.1 mmol NaOH aufgelöst. Welchen pH-Wert zeigt daraufhin die Lösung?	pH = 4
646. Um 1 l Salzsäure von pH = 1.5 herzustellen, benötigt man wie viel ml Salzsäure der Konzentration c = 0.1 mol / l?	300 ml
647. Wie hoch ist die Gesamtionen-Konzentration in einer $BaSO_4$-Lösung mit c = 2 µmol / l?	4×10^{-6} mol / l
648. Wie groß ist die Gesamtionen-Konzentration in einer Magnesiumsulfat-Lösung der Konzentration c = 0.2 mol / l?	0.4 mol / l
649. In welcher Konzentration liegen die bei der Dissoziation entstandenen Ionen in 1 l einer Schwefelsäure-Lösung der Konzentration c = 1 mmol / l vor?	$[H^+]$ = 2 mmol / l, $[SO_4^{2-}]$ = 1 mmol / l
Die Gesamtionen-Konzentration beträgt daher?	3 mmol / l
650. Wie viel ml Wasser benötigt man, um 100 ml einer Salzsäure (c = 0.50 mol / l) so zu verdünnen, dass eine Lösung mit der Konzentration c = 0.20 mol / l entsteht?	150 ml
Zusatzfrage: Wie groß war der pH der Ausgangslösung; wie groß ist der pH nach der Verdünnung?	pH: 0.3; 0.7
651. 50 ml einer HCl (c = 0.20 mol / l) werden mit Wasser auf 400 ml verdünnt. Welche Konzentration (welchen pH-Wert) hat die verdünnte Lösung?	c = 0.025 mol / l; pH = 1.6
652. 50 ml einer HCl (c = 0.2 mol / l) werden mit 150 ml Wasser verdünnt. Welche Konzentration (welchen pH) hat die verdünnte Lösung?	c = 0.05 mol / l; pH = 1.3
653. Wie groß ist die Gesamtionen-Konzentration in einer $BaCl_2$-Lösung mit c = 0.1 mol / l?	0.3 mol / l
654. 50 ml HCl mit pH = 1.7 werden mit 50 ml Wasser verdünnt. Nach der Verdünnung hat die Lösung welchen pH?	pH = 2.0
655. 200 ml HCl mit pH = 1.5 werden so lange mit Wasser verdünnt, bis ein pH-Wert von 2.5 erreicht wird. Wie viel ml Wasser muss man zugeben?	1800 ml

Weitere Rechenbeispiele zu Kapitel 18–20

Puffer

661. 20 ml einer Glycin-Lösung (c = 0.2 mol / l) werden mit 5 ml NaOH (c = 0.2 mol / l) gemischt (pK_S von Glycin = 9.7). Welchen pH hat die entstandene Lösung?

pH = 9.2

662. 15 ml Essigsäure (c = 0.2 mol / l) werden mit 5 ml Natriumacetat (c = 0.2 mol / l) gemischt (pK_S Essigsäure = 4.7). Welchen pH hat die entstandene Lösung?

pH = 4.2

663. 15 ml Essigsäure (c = 0.2 mol / l) werden mit 7.5 ml Natriumacetat (c = 0.2 mol / l) gemischt (pK_S Essigsäure = 4.7). Welchen pH hat die entstandene Lösung?

pH = 4.4

664. 160 mmol Essigsäure (pK_S = 4.7) werden mit 80 mmol NaOH gemischt. Welchen pH hat die entstandene Lösung?

pH = 4.7

665. 900 ml TRIS (c = 0.1 mol / l; pK_S = 8.1) werden mit 300 ml HCl (c = 0.1 mol / l) gemischt. Welchen pH hat der entstandene Puffer?

pH = 8.4

666. Eine Mischung aus 20 ml Essigsäure (c = 0.1 mol / l) und 25 ml Natriumacetat (c = 0.1 mol / l) ergibt eine Lösung mit welchem pH? (pK_S Essigsäure = 4.7)

pH = 4.8

667. Man mischt 2 l einer Essigsäure (c = 0.1 mol / l) mit 0.2 l Natriumacetat-Lösung (c = 0.1 mol / l) (pK_S Essigsäure = 4.7). Welchen pH hat die entstandene Lösung?

pH = 3.7

668. 15 ml Essigsäure (c = 0.2 mol / l) werden mit 30.0 ml Natriumacetat-Lösung (c = 0.2 mol / l) gemischt Der pH der Pufferlösung ist daher wie groß? (pK_S Essigsäure = 4.7).

pH = 5.0

669. 100 ml TRIS (c = 0.2 mol / l; pK_S = 8.1) werden mit 50 ml HCl (c = 0.2 mol / l) gemischt. Der pH-Wert der Pufferlösung ist daher wie groß?

pH = 8.1

670. Zu einer Essigsäure-Lösung (pK_S = 4.7) gibt man 50 % äquivalente Menge NaOH. Welchen pH hat diese Lösung?

pH = 4.7

671. Es soll ein Puffer mit pH = 5.8 hergestellt werden. Zu 200 ml NaH_2PO_4 (c = 1 mol / l) müssen wie viel ml Na_2HPO_4 (c = 1 mol / l) zugesetzt werden? (pK_S der Puffersäure = 6.8)

20 ml

672. In welchem Verhältnis liegen $H_2PO_4^-$ / HPO_4^{2-} bei einem pH = 7.4 vor? (pK_S $H_2PO_4^-$ = 6.8)	1 : 4
673. Der pH-Wert eines Acetatpuffers beträgt 5.4. Der pK_S der Essigsäure ist 4.7. Wie groß ist das Verhältnis Säuremoleküle : Acetat-Ionen?	1 : 5
674. Welchen pH hat eine Lösung, die viermal so viel $H_2PO_4^-$-Ionen (pK_S = 6.8) wie HPO_4^{2-}-Ionen enthält?	pH = 6.2
675. 1 l NaH_2PO_4 (c = 0.1 mol / l; pK_S = 6.8) wird mit wie viel mol NaOH gemischt, um einen Puffer mit pH = 6.2 herzustellen?	0.02 mol
676. Enthält eine Lösung 5-mal mehr HPO_4^{2-} als $H_2PO_4^-$, so hat sie welchen pH? (pK_S $H_2PO_4^-$ = 6.8)	pH = 7.5
677. In 2 l Essigsäure (c = 0.5 mol / l) muss man wie viel mol feste NaOH auflösen, um einen pH = 4.7 zu erhalten?	0.5 mol
678. Welchen pH-Wert hat ein Acetatpuffer, der 100 ml Essigsäure (c = 2 mol / l) und 4 g feste NaOH enthält? (M_r NaOH = 40; pK_S Essigsäure = 4.7)	pH = 4.7
679. 20 ml Essigsäure (c = 0.1 mol / l) werden mit 40 ml Natriumacetat (c = 0.05 mol / l) gemischt (pK_S Essigsäure = 4.7). Die entstandene Lösung hat welchen pH und welche Konzentration?	pH = 4.7, c = 0.067 mol / l
680. 30 ml Essigsäure (c = 0.2 mol / l) werden mit 15 ml Natriumacetat (c = 0.1 mol / l) gemischt (pK_S Essigsäure = 4.7). Die entstandene Lösung hat welchen pH und welche Konzentration?	pH = 4.1, c = 0.17 mol / l
681. Sie haben Lösungen von 0.1 mol / l Na_2HPO_4 und 0.05 mol / l NaH_2PO_4. In welchem Verhältnis müssen Sie die Lösungen mischen, um einen Phosphatpuffer pH = 7.6 herzustellen? (pK_S Na_2HPO_4 = 6.8)	1 : 3; 1 Teil NaH_2PO_4, 3 Teile Na_2HPO_4
682. Sie sollen einen Phosphatpuffer von pH = 7.3 herstellen und haben folgende Stammlösungen zur Verfügung: 0.1 mol / l NaH_2PO_4, 0.2 mol / l Na_2HPO_4, 0.1 mol / l Na_3PO_4. Die pK_S-Werte der drei Dissoziationsstufen der Phosphorsäure sind 2.3, 6.8 und 11.5. In welchem Verhältnis müssen Sie welche Stammlösungen mischen?	1 : 1.5; 1 Teil NaH_2PO_4, 1.5 Teile Na_2HPO_4

683. 40 ml Essigsäure (c = 0.1 mol / l) werden mit 20 ml NaOH (c = 0.05 mol / l) gemischt (pK_S Essigsäure = 4.7). Welchen pH-Wert und welche Konzentration hat die entstandene Lösung?

pH = 4.2, c = 0.067 mol / l

684. Wie viel ml einer Acetat-Lösung (c = 0.01 mol / l) muss man zu 7 ml Essigsäure (c = 0.005 mol / l; pK_S = 4.7) zusetzen, um einen Puffer mit pH = 5.7 zu erhalten?

35 ml

685. 100 ml Essigsäure (c = 2 mol / l) werden mit 50 ml Na-Acetat (c = 1 mol / l) gemischt. Welchen pH wird der Puffer haben? (pK_S Essigsäure = 4.7)

4.1

686. 100 ml NaH_2PO_4 (c = 0.5 mol / l) werden mit 50 ml Na_2HPO_4 (c = 1 mol / l) gemischt. Welchen pH und welche Konzentration wird der Puffer haben? (pK_S $H_2PO_4^{2-}$ = 6.8)

pH = 6.8; c = 0.67 mol / l

687. Für einen Versuch wird ein Acetatpuffer mit pH = 4 benötigt. Wie viel ml einer 0.5-molaren Lösung von Natriumacetat müssen zu 25 ml einer 0.4-molaren Essigsäure (pK_S = 4.7) zugesetzt werden?

4 ml

688. Welchen pH-Wert und welche Konzentration hat ein TRIS-Puffer, der 50 ml TRIS-Lösung (c = 1.5 mol / l) und 12.5 ml HCl (c = 3 mol / l) enthält (pK_S TRIS = 8.1)?

pH = 8.1; c = 1.2 mol / l

689. 40 ml Essigsäure (c = 0.1 mol / l) werden mit 10 ml NaOH (c = 0.3 mol / l) gemischt (pK_S Essigsäure = 4.7). Welchen pH-Wert und welche Konzentration hat die entstandene Lösung?

pH = 5.2; c = 0.08 mol / l

Weitere Rechenbeispiele zu Kapitel 21 schwache Elektrolyte

691. Welchen pH hat eine Lösung von 0.8 mol / l Milchsäure? ($K_S = 1.25 \times 10^{-4}$)

pH = 2.0

692. Eine 1-protonige schwache Säure mit einem pK_S = 6 liegt in einer Konzentration von c = 0.01 mol / l vor. ($[H^+] = [A^-]$, [HA] = c). Welchen pH hat die Lösung?

pH = 4

693. Um eine Essigsäure-Lösung mit pH = 2.9 herzustellen, muss man 0.1 mol / l an Essigsäure in wie viel Liter Wasser lösen (pK_S = 4.7)?

1 l

694. Bei einer 1-protonigen schwachen Säure mit der Konzentration c = 0.1 mol / l verhält sich die Konzentration an H^+-Ionen zu undissoziierter Säure wie 0.0001 zu 1. Welchen pH-Wert weist diese schwache Säure auf?

pH = 5.0

695. Wie groß ist der pH-Wert einer Lösung von 0.05 mol / l Na-Lactat? (Lactat ist das Salz der Milchsäure, $K_S = 1.25 \times 10^{-4}$)

pH = 8.3

696. Welchen pH-Wert hat die Lösung einer schwachen Säure mit c = 0.05 mol / l und $K_S = 3.2 \times 10^{-6}$?

pH = 3.4

Weitere Rechenbeispiele zu den Kapiteln 22-23

Gasgesetze

701. 212 mg Na_2CO_3 werden mit einem Überschuss von HCl versetzt. Wie viel CO_2 entsteht bei 25 °C und 0.97 bar (M_r von Na = 23, C = 12, O = 16, H = 1)?

$$Na_2CO_3 + 2HCl \rightleftharpoons CO_2 + 2NaCl + H_2O$$

51.5 ml

702. Wie viele g Eisen benötigt man, um 10 l Wasserstoff (bei 1 atm und 0 °C) mit Hilfe von HCl zu erzeugen (M_r H = 1, O = 16, Cl = 35, Fe = 55.8)?

$$Fe + 2HCl \rightleftharpoons Fe^{2+} + H_2 + 2Cl^-$$

24.6 g

703. Wie viele Mol Kalziumcarbid benötigt man, um bei 0 °C und 1 bar Druck 34 l Ethin zu erzeugen? *(Reaktionsgleichung siehe Kapitel 22)*

1.5 mol

704. 280 g einer Mono-Amino-Carbonsäure liefern bei einer gasvolumetrischen Stickstoffbestimmung 3.5 mol N_2-Gas. Wie groß muss die relative Molekülmasse der Mono-Amino-Carbonsäure sein?

$M_r = 80$

705. 623 mg einer Mono-Amino-Carbonsäure liefern bei einer gasvolumetrischen Stickstoffbestimmung 0.007 mol N_2-Gas. Wie groß muss die relative Molekülmasse der Mono-Amino-Carbonsäure sein?

$M_r = 89$

706. Eine bestimmte Menge Gas nimmt bei 12 bar ein Volumen von 12 l ein. Welchen Druck benötigt man, um dieses Gas auf 1 Liter zu komprimieren?

144 bar

707. Ein Gas nimmt bei 25 °C und einem bar ein Volumen von 40 l ein. Wie groß ist sein Volumen bei 100 °C und 20 bar?

2.5 l

708. In einer Stahlflasche befinden sich 50 l Gas unter einem Druck von 160 bar. Wie viele Liter Gas sind das bei Normaldruck (1 bar) und der gleichen Temperatur?

8 000 l

709. Methangas wird mit der äquivalenten Menge an Sauerstoff in einen gasdichten Druckbehälter gefüllt (p = 1 bar, t = 25 °C), vollständig verbrannt und danach wieder auf 25 °C abgekühlt. Welchen Druck hat danach die Mischung?

$$CH_4 + 2\,O_2 \rightleftharpoons CO_2 + 2\,H_2O$$

0.33 bar

710. In Luft (20 % O_2, p = 1 bar) in einem Druckbehälter wird ein brennendes Stück Kohle gesetzt. Nach einiger Zeit ist ein Fünftel des vorhandenen Sauerstoffes verbraucht und zu CO_2 verbrannt. Wie groß sind dann der Gesamtdruck, der Partialdruck von Sauerstoff und CO_2, und wie groß die Volumsanteile dieser Gase in der Mischung?

$$C + O_2 \rightleftharpoons CO_2$$

Gesamt 1 bar

O_2: 16 %, 0.16 bar

CO_2: 4 % 0.04 bar

Weitere Rechenbeispiele zu Kapitel 24
Nernstsche Gleichung

721. Das Standardpotenzial einer Fe / Fe^{2+}-Elektrode ist −0.44 V. Wie groß ist das Potential bei einer Fe^{2+}-Konzentration von 10 mol / l?

−0.41 V

722. Das Standardpotenzial einer Br^- / Br_2-Elektrode ist +1.07 V. Wie groß ist das Potential bei einer Br^--Konzentration von 1 mmol / l?

+1.25 V

723. Das Standardpotenzial des Redoxpaares Me / Me^{2+} ist +0.15 V. Wie hoch darf [Me^{2+}] maximal sein, damit das Redoxpaar gegenüber der Normalwasserstoffelektrode zu einem Elektronen**donator** wird?

10^{-5} mol / l

724. Das Standardpotenzial einer Me / Me^{2+} Elektrode ist −0.13 V. Wie groß ist das Potenzial bei einer Me^{2+}-Konzentration von 10 mol / l?

−0.10 V

725. Wie groß ist die Potenzialdifferenz zwischen einer Standardwasserstoffelektrode und einer Wasserstoff-Elektrode bei pH = 2.0? — 0.12 V

726. Das Standardpotenzial einer Redox-Reaktion mit Zn / Zn^{2+} beträgt −0.76 V. Sie stellen eine Konzentrationskette zusammen, bei der die Zn-Konzentration der beiden Halbzellen 3 mol / l und 0.003 mol / l beträgt. Welche Spannung wird an dieser Konzentrationskette gemessen? — 0.09 V

727. In der Chemie bezieht man alle Normalpotenziale auf eine Standardwasserstoff-Elektrode mit 1 mol / l H^+. In der Biochemie bezieht man dagegen alles auf eine Wasserstoff-Elektrode bei pH = 7. Um wie viele Volt unterscheiden sich diese beiden Bezugssysteme? — 0.42 V

Weitere Rechenbeispiele zu den Kapiteln 25–27 Halbwertszeit, isoelektrischer Punkt, Rf-Wert

731. Von einem Radionuklid sind nach einem Tag noch 12.5 % des strahlenden Materials vorhanden. Wie viele Stunden beträgt daher die Halbwertszeit des Radionuklids? — 8 Stunden

732. Von einem Radionuklid sind nach mindestens wie vielen Halbwertszeiten weniger als 5 % des strahlenden Materials übrig? — 5 Halbwertszeiten

733. Von einem Radionuklid sind nach 8 Tagen noch 25 % des strahlenden Materials vorhanden. Wie viele Tage beträgt daher die Halbwertszeit? — 4 Tage

734. Nach 9 Tagen sind 99.95 % eines Radionuklids zerfallen. Wie viele Tage beträgt die Halbwertszeit? — 0.9 Tage

735. Unter der Annahme, dass die Weltbevölkerung im Jahr 2000 6 Milliarden Menschen betrug, im Jahr 1900 dagegen nur 750 Millionen, dauert es im Durchschnitt wie lange, bis sich die Bevölkerung einmal verdoppelt? — 25 Jahre

Und wie viele Menschen würden bei Fortdauer dieser Wachstumsrate im Jahr 2100 leben? — 48 Milliarden

736. Unter der Voraussetzung, dass eine embryonale Zelle für eine Teilung 36 Stunden braucht, würde es wie lange dauern, bis aus einer einzigen Zelle ein Embryo mit einer Milliarde Zellen geworden ist?

45 Tage

737. Die Titrationskurve einer Mono-Amino-Carbonsäure zeigt einen minimalen Anstieg bei pH = 3.2 und bei pH = 8.2. Wo liegt daher der pH des isoelektrischen Punktes?

pH = 5.7

738. Der isoelektrische Punkt einer Mono-Amino-Carbonsäure liegt bei pH = 6.0 (pK_{S2} = 9.4). Wie groß muss daher der pK_{S1} sein?

pK_{S1} = 2.6

739. Eine Substanz ist auf dem Chromatografie-Papier 12 cm weit gewandert. Die Laufmittelfront ist 14 cm vom Startpunkt entfernt. Wie groß ist der Rf-Wert der Substanz?

0.86

740. Bei einer Auftrennung im Gaschromatographen benötigt das Trägergas 15 Minuten, um die Säule zu passieren, die Substanz benötigt 20 Minuten. Wie groß ist der Rf-Wert?

0.75

741. Bei einer Auftrennung im Gaschromatographen benötigt das Trägergas 15 Minuten, um die Säule zu passieren. Der Rf-Wert der Substanz ist 0.60. Wie lange braucht die Substanz?

9 Minuten

Weitere Rechenbeispiele zu den Kapiteln 28–29 Fehler, signifikante Stellen, Statistik

751. Bei einer photometrischen Bestimmung ist die Extinktion der Probe E_A = 0.840, für den Probenleerwert wird eine Extinktion von E_{LW} = 0.04 gemessen. Wie groß wäre der Messfehler (in % des Sollwertes) bei Nichtberücksichtigung des Leerwertes?

5 %

752. Ein um wie viel Prozent falsches Analysenergebnis erhält man, wenn man bei der Berechnung der Konzentration der Probe den Reagenzien-Leerwert unberücksichtigt lässt? Folgende Messergebnisse wurden erhoben:

$E_{Analyse}$ = 0.284

$E_{Standard}$ = 0.234

$E_{Reagenzien\text{-}Leerwert}$ = 0.016

$c_{Standard}$ = 40.0 mg / l

1.3 %
gerundet

753. Wie groß ist die Phenolrot-Konzentration einer unbekannten Probe? Folgende Messergebnisse wurden erhoben:

$E_{Analyse}$ = 0.29
$E_{Standard}$ = 0.18
$E_{Leerwert}$ = 0.05
$c_{Standard}$ = 21 mg / l

c_A = 28 mg / l

Welche Konzentration erhält man, wenn man den Leerwert (Proben-LW) unberücksichtigt lässt?

34 mg / l

Wie groß ist der Fehler absolut und in %?

6 mg / l = 21 %

754. Wie groß ist die Phenolrot-Konzentration? Bei der photometrischen Bestimmung erhält man folgende Extinktionswerte:

$E_{Analyse}$ = 0.423
$E_{Standard}$ = 0.442
$E_{Leerwert}$ = 0.050
$c_{Standard}$ = 40.0 mg / l

$c_{Analyse}$ = = 33.755656 mg / l

Wie sieht das Resultat mit der richtigen Anzahl an signifikanten Zahlenstellen aus?

33.8 mg / l

755. Eine radioaktive Probe gibt bei der Messung 5728 cpm (Impulse pro Minute). Wie groß sind die Standardabweichung und der Variationskoeffizient?

s = 76 cpm, VK = 1.3 %

756. Eine zweite Messung derselben Probe am nächsten Tag gibt 5403 cpm. Ist der Unterschied durch die Statistik der einzelnen Messungen erklärbar, oder hat sich die Probe verändert?

Die Differenz der beiden Messungen ist 325 cpm. Bei Standardabweichungen von 76 bzw. 74 ist der Unterschied relativ groß, so dass ein rein statistischer Effekt eher unwahrscheinlich ist.

757. Berechnen Sie die wahrscheinlichsten Mittelwerte für jede der folgenden Serien von Messungen und geben Sie das Ergebnis mit der richtigen Anzahl signifikanter Stellen an.

12.23 g, 12.25 g, 12.29 g, 12.26 g — 12.26 g

148.9 cm, 149.7 cm, 147.9 cm, 148.6 cm — 149 cm

47.835 mol / l, 74.723 mol / l, 48.020 mol / l, 47.315 mol / l — 47.7 mol / l

758. Berechnen Sie für die drei Serien aus Übung 757 jeweils die Standardabweichung und den Variationskoeffizienten.

12.26 g ± 0.025, VK = 0.2 %

149 cm ± 0.7, VK = 0.5 %

47.7 mol / l ± 0.4, VK = 0.8 %

759. Sie besitzen zwei Fischteiche. Um festzustellen, welcher Teich besser ist, fangen Sie aus jedem Teich 30 Forellen, wiegen diese und bestimmen jeweils Mittelwert und Standardabweichung. Sie erhalten folgende Werte:

Teich A: 296 g ± 16 Teich B: 302 g ± 21

Berechnen Sie die Standardabweichung der Mittelwerte. Gibt es einen Unterschied zwischen den Teichen?

A: $s_{MW} = \pm 3$, B: $s_{MW} = \pm 4$

Da der Unterschied zwischen den Teichen nur 6 g beträgt, können Sie keinen signifikanten Unterschied feststellen.

ANHANG II

Das Periodensystem der Elemente

											1 H						2 He
3 Li	4 Be											5 B	6 C	7 N	8 O	9 F	10 Ne
11 Na	12 Mg											13 Al	14 Si	15 P	16 S	17 Cl	18 Ar
19 K	20 Ca	21 Sc	22 Ti	23 V	24 Cr	25 Mn	26 Fe	27 Co	28 Ni	29 Cu	30 Zn	31 Ga	32 Ge	33 As	34 Se	35 Br	36 Kr
37 Rb	38 Sr	39 Y	40 Zr	41 Nb	42 Mo	43 Tc	44 Ru	45 Rh	46 Pd	47 Ag	48 Cd	49 In	50 Sn	51 Sb	52 Te	53 J	54 Xe
55 Cs	56 Ba	57 * La	72 Hf	73 Ta	74 W	75 Re	76 Os	77 Ir	78 Pt	79 Au	80 Hg	81 Tl	82 Pb	83 Bi	84 Po	85 At	86 Rn
87 Fr	88 Ra	89 ** Ac															

* Lanthaniden	58 Ce	59 Pr	60 Nd	61 Pm	62 Sm	63 Eu	64 Gd	65 Tb	66 Dy	67 Ho	68 Er	69 Tm	70 Yb	71 Lu
** Actiniden	90 Th	91 Pa	92 U	93 Np	94 Pu	95 Am	96 Cm	97 Bk	98 Cf	99 Es	100 Fm	101 Md	102 No	103 Lr

Auf den nachfolgenden Seiten finden Sie Tabellen der chemischen Elemente, zuächst einmal sortiert nach der Ordnungszahl. Da man diese jedoch oft nicht weiß, sondern den Namen oder das Elementensymbol, folgen auf den beiden nächsten Seiten Tabellen sortiert nach dem Symbol und darauf nach dem Namen.

Wer Statistiken liebt, kann dabei manche Beobachtung machen. So steigen die relativen Molekülmassen zwar generell mit der Ordnungszahl, an drei Stellen ist jedoch ein Element leichter, als das jeweils vorhergehende *(abgesehen von den Elementen, die nur aus radioaktiven Isotopen – im Periodensystem oben in grau dargestellt – bestehen und deren M_r in Klammer gesetzt sind; meistens wird bei diesen die Massenzahl des stabilsten Isotops angegeben).*

Ordnungs-zahl	Symbol	Name	Mr	Ordnungs-zahl	Symbol	Name	Mr
1	**H**	Wasserstoff	1.0080	51	**Sb**	Antimon	121.75
2	**He**	Helium	4.003	52	**Te**	Tellur	127.60
3	**Li**	Lithium	6.939	53	**I**	Jod	126.90
4	**Be**	Beryllium	9.012	54	**Xe**	Xenon	131.30
5	**B**	Bor	10.81	55	**Cs**	Cäsium	132.91
6	**C**	Kohlenstoff	12.001	56	**Ba**	Barium	137.36
7	**N**	Stickstoff	14.007	57	**La**	Lanthan	138.91
8	**O**	Sauerstoff	15.9994	58	**Ce**	Cer	140.12
9	**F**	Fluor	19.00	59	**Pr**	Praesodym	140.91
10	**Ne**	Neon	20.183	60	**Nd**	Neodym	144.24
11	**Na**	Natrium	22.9898	61	**Pm**	Promethium	(147)
12	**Mg**	Magnesium	24.312	62	**Sm**	Samarium	150.35
13	**Al**	Aluminium	26.98	63	**Eu**	Europium	151.96
14	**Si**	Silizium	28.09	64	**Gd**	Gadolinium	157.25
15	**P**	Phosphor	30.974	65	**Tb**	Terbium	158.92
16	**S**	Schwefel	32.064	66	**Dy**	Dysprosium	162.50
17	**Cl**	Chlor	35.435	67	**Ho**	Holmium	164.93
18	**Ar**	Argon	39.948	68	**Er**	Erbium	167.26
19	**K**	Kalium	39.102	69	**Tm**	Thulium	168.93
20	**Ca**	Calcium	40.08	70	**Yb**	Ytterbium	173.04
21	**Sc**	Scandium	44.96	71	**Lu**	Lutetium	174.97
22	**Ti**	Titan	47.90	72	**Hf**	Hafnium	178.49
23	**V**	Vanadin	50.94	73	**Ta**	Tantal	180.95
24	**Cr**	Chrom	52.00	74	**W**	Wolfram	183.85
25	**Mn**	Mangan	54.94	75	**Re**	Rhenium	186.23
26	**Fe**	Eisen	55.85	76	**Os**	Osmium	190.2
27	**Co**	Kobalt	58.93	77	**Ir**	Iridium	192.2
28	**Ni**	Nickel	58.71	78	**Pt**	Platin	195.09
29	**Cu**	Kupfer	63.54	79	**Au**	Gold	196.97
30	**Zn**	Zink	65.37	80	**Hg**	Quecksilber	200.59
31	**Ga**	Gallium	69.72	81	**Tl**	Thallium	204.37
32	**Ge**	Germanium	72.59	82	**Pb**	Blei	207.19
33	**As**	Arsen	74.92	83	**Bi**	Wismut	208.98
34	**Se**	Selen	78.96	84	**Po**	Polonium	(210)
35	**Br**	Brom	79.909	85	**At**	Astat	(210)
36	**Kr**	Krypton	83.80	86	**Rn**	Radon	(222)
37	**Rb**	Rubidium	85.47	87	**Fr**	Francium	(223)
38	**Sr**	Strontium	87.62	88	**Ra**	Radium	(226)
39	**Y**	Yttrium	88.91	89	**Ac**	Actinium	(227)
40	**Zr**	Zirkon	91.22	90	**Th**	Thorium	(232.04)
41	**Nb**	Niob	92.91	91	**Pa**	Protactinium	(231)
42	**Mo**	Molybdän	95.94	92	**U**	Uran	(238.03)
43	**Tc**	Technetium	(99)	93	**Np**	Neptunium	(237)
44	**Ru**	Ruthenium	101.1	94	**Pu**	Plutonium	(242)
45	**Rh**	Rhodium	102.91	95	**Am**	Americium	(243)
46	**Pd**	Palladium	106.4	96	**Cm**	Curium	(247)
47	**Ag**	Silber	107.870	97	**Bk**	Berkelium	(249)
48	**Cd**	Cadmium	112.40	98	**Cf**	Californium	(251)
49	**In**	Indium	114.82	99	**Es**	Einsteinium	(254)
50	**Sn**	Zinn	118.69	100	**Fm**	Fermium	(253)
				101	**Md**	Mendelevium	(256)
				102	**No**	Nobelium	(253)
				103	**Lw**	Lawrencium	(257)

Ordnungs-zahl	Symbol	Name	Mr	Ordnungs-zahl	Symbol	Name	Mr
89	**Ac**	Actinium	(227)	25	**Mn**	Mangan	54.94
47	**Ag**	Silber	107.870	42	**Mo**	Molybdän	95.94
13	**Al**	Aluminium	26.98	7	**N**	Stickstoff	14.007
95	**Am**	Americium	(243)	11	**Na**	Natrium	22.9898
18	**Ar**	Argon	39.948	41	**Nb**	Niob	92.91
33	**As**	Arsen	74.92	60	**Nd**	Neodym	144.24
85	**At**	Astat	(210)	10	**Ne**	Neon	20.183
79	**Au**	Gold	196.97	28	**Ni**	Nickel	58.71
5	**B**	Bor	10.81	102	**No**	Nobelium	(253)
56	**Ba**	Barium	137.36	93	**Np**	Neptunium	(237)
4	**Be**	Beryllium	9.012	8	**O**	Sauerstoff	15.9994
83	**Bi**	Wismut	208.98	76	**Os**	Osmium	190.2
97	**Bk**	Berkelium	(249)	15	**P**	Phosphor	30.974
35	**Br**	Brom	79.909	91	**Pa**	Protactinium	(231)
6	**C**	Kohlenstoff	12.001	82	**Pb**	Blei	207.19
20	**Ca**	Calcium	40.08	46	**Pd**	Palladium	106.4
48	**Cd**	Cadmium	112.40	61	**Pm**	Promethium	(147)
58	**Ce**	Cer	140.12	84	**Po**	Polonium	(210)
98	**Cf**	Californium	(251)	59	**Pr**	Praesodym	140.91
17	**Cl**	Chlor	35.435	78	**Pt**	Platin	195.09
96	**Cm**	Curium	(247)	94	**Pu**	Plutonium	(242)
27	**Co**	Kobalt	58.93	88	**Ra**	Radium	(226)
24	**Cr**	Chrom	52.00	37	**Rb**	Rubidium	85.47
55	**Cs**	Cäsium	132.91	75	**Re**	Rhenium	186.23
29	**Cu**	Kupfer	63.54	45	**Rh**	Rhodium	102.91
66	**Dy**	Dysprosium	162.50	86	**Rn**	Radon	(222)
68	**Er**	Erbium	167.26	44	**Ru**	Ruthenium	101.1
99	**Es**	Einsteinium	(254)	16	**S**	Schwefel	32.064
63	**Eu**	Europium	151.96	51	**Sb**	Antimon	121.75
9	**F**	Fluor	19.00	21	**Sc**	Scandium	44.96
26	**Fe**	Eisen	55.85	34	**Se**	Selen	78.96
100	**Fm**	Fermium	(253)	14	**Si**	Silizium	28.09
87	**Fr**	Francium	(223)	62	**Sm**	Samarium	150.35
31	**Ga**	Gallium	69.72	50	**Sn**	Zinn	118.69
64	**Gd**	Gadolinium	157.25	38	**Sr**	Strontium	87.62
32	**Ge**	Germanium	72.59	73	**Ta**	Tantal	180.95
1	**H**	Wasserstoff	1.0080	65	**Tb**	Terbium	158.92
2	**He**	Helium	4.003	43	**Tc**	Technetium	(99)
72	**Hf**	Hafnium	178.49	52	**Te**	Tellur	127.60
80	**Hg**	Quecksilber	200.59	90	**Th**	Thorium	(232.04)
67	**Ho**	Holmium	164.93	22	**Ti**	Titan	47.90
49	**In**	Indium	114.82	81	**Tl**	Thallium	204.37
77	**Ir**	Iridium	192.2	69	**Tm**	Thulium	168.93
53	**I**	Iod	126.90	92	**U**	Uran	(238.03)
19	**K**	Kalium	39.102	23	**V**	Vanadin	50.94
36	**Kr**	Krypton	83.80	74	**W**	Wolfram	183.85
57	**La**	Lanthan	138.91	54	**Xe**	Xenon	131.30
3	**Li**	Lithium	6.939	39	**Y**	Yttrium	88.91
71	**Lu**	Lutetium	174.97	70	**Yb**	Ytterbium	173.04
103	**Lw**	Lawrencium	(257)	30	**Zn**	Zink	65.37
101	**Md**	Mendelevium	(256)	40	**Zr**	Zirkon	91.22
12	**Mg**	Magnesium	24.312				

Ordnungs-zahl	Symbol	Name	Mr	Ordnungs-zahl	Symbol	Name	Mr
89	**Ac**	Actinium	(227)	11	**Na**	Natrium	22.9898
13	**Al**	Aluminium	26.98	60	**Nd**	Neodym	144.24
95	**Am**	Americium	(243)	10	**Ne**	Neon	20.183
51	**Sb**	Antimon	121.75	93	**Np**	Neptunium	(237)
18	**Ar**	Argon	39.948	28	**Ni**	Nickel	58.71
33	**As**	Arsen	74.92	41	**Nb**	Niob	92.91
85	**At**	Astat	(210)	102	**No**	Nobelium	(253)
56	**Ba**	Barium	137.36	76	**Os**	Osmium	190.2
97	**Bk**	Berkelium	(249)	46	**Pd**	Palladium	106.4
4	**Be**	Beryllium	9.012	15	**P**	Phosphor	30.974
82	**Pb**	Blei	207.19	78	**Pt**	Platin	195.09
5	**B**	Bor	10.81	94	**Pu**	Plutonium	(242)
35	**Br**	Brom	79.909	84	**Po**	Polonium	(210)
48	**Cd**	Cadmium	112.40	59	**Pr**	Praesodym	140.91
20	**Ca**	Calcium	40.08	61	**Pm**	Promethium	(147)
98	**Cf**	Californium	(251)	91	**Pa**	Protactinium	(231)
55	**Cs**	Cäsium	132.91	80	**Hg**	Quecksilber	200.59
58	**Ce**	Cer	140.12	88	**Ra**	Radium	(226)
17	**Cl**	Chlor	35.435	86	**Rn**	Radon	(222)
24	**Cr**	Chrom	52.00	75	**Re**	Rhenium	186.23
96	**Cm**	Curium	(247)	45	**Rh**	Rhodium	102.91
66	**Dy**	Dysprosium	162.50	37	**Rb**	Rubidium	85.47
99	**Es**	Einsteinium	(254)	44	**Ru**	Ruthenium	101.1
26	**Fe**	Eisen	55.85	62	**Sm**	Samarium	150.35
68	**Er**	Erbium	167.26	8	**O**	Sauerstoff	15.9994
63	**Eu**	Europium	151.96	21	**Sc**	Scandium	44.96
100	**Fm**	Fermium	(253)	16	**S**	Schwefel	32.064
9	**F**	Fluor	19.00	34	**Se**	Selen	78.96
87	**Fr**	Francium	(223)	47	**Ag**	Silber	107.870
64	**Gd**	Gadolinium	157.25	14	**Si**	Silizium	28.09
31	**Ga**	Gallium	69.72	7	**N**	Stickstoff	14.007
32	**Ge**	Germanium	72.59	38	**Sr**	Strontium	87.62
79	**Au**	Gold	196.97	73	**Ta**	Tantal	180.95
72	**Hf**	Hafnium	178.49	43	**Tc**	Technetium	(99)
2	**He**	Helium	4.003	52	**Te**	Tellur	127.60
67	**Ho**	Holmium	164.93	65	**Tb**	Terbium	158.92
49	**In**	Indium	114.82	81	**Tl**	Thallium	204.37
77	**Ir**	Iridium	192.2	90	**Th**	Thorium	(232.04)
53	**I**	Iod	126.90	69	**Tm**	Thulium	168.93
19	**K**	Kalium	39.102	22	**Ti**	Titan	47.90
27	**Co**	Kobalt	58.93	92	**U**	Uran	(238.03)
6	**C**	Kohlenstoff	12.001	23	**V**	Vanadin	50.94
36	**Kr**	Krypton	83.80	1	**H**	Wasserstoff	1.0080
29	**Cu**	Kupfer	63.54	83	**Bi**	Wismut	208.98
57	**La**	Lanthan	138.91	74	**W**	Wolfram	183.85
103	**Lw**	Lawrencium	(257)	54	**Xe**	Xenon	131.30
3	**Li**	Lithium	6.939	70	**Yb**	Ytterbium	173.04
71	**Lu**	Lutetium	174.97	39	**Y**	Yttrium	88.91
12	**Mg**	Magnesium	24.312	30	**Zn**	Zink	65.37
25	**Mn**	Mangan	54.94	50	**Sn**	Zinn	118.69
101	**Md**	Mendelevium	(256)	40	**Zr**	Zirkon	91.22
42	**Mo**	Molybdän	95.94				

Stichwortverzeichnis

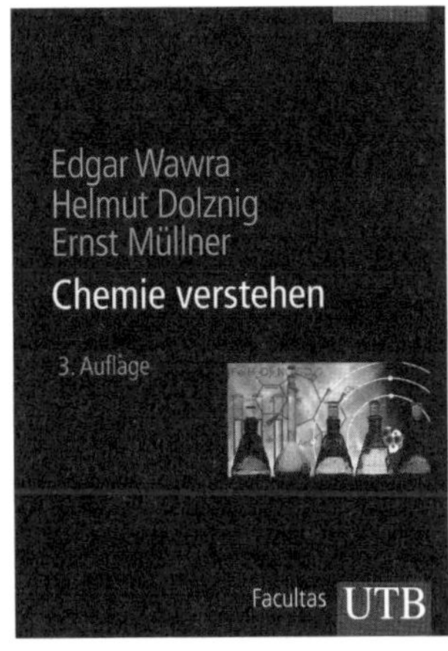

Edgar Wawra, Helmut Dolznig, Ernst Müllner

Chemie verstehen

Allgemeine Chemie für Mediziner und Naturwissenschafter

UTB: Facultas. 3., verb. Auflage 2005
290 Seiten, zahlreiche Abbildungen, broschiert
EUR 19,90 (D) / EUR 20,50 (A) / sFr 34,90
ISBN 13: 978-3-8252-8205-9
ISBN 10: 3-8252-8205-8

Sie verabscheuen Chemie? Das liegt nicht an der Chemie! Das liegt auch nicht an Ihnen! Es liegt vielleicht nur daran, dass Ihnen Chemie bisher noch nicht gut genug erklärt wurde – oder daran, dass Sie dieses Buch noch nicht gelesen haben.

Es handelt sich nicht um ein Buch für Chemiker, sondern um eine Einführung in die Chemie für alle, in deren Ausbildung Chemie eine Rolle spielt. Es werden keine Vorkenntnisse erwartet, alles wird möglichst unkonventionell und anschaulich erklärt. Im Zentrum steht das Verständnis chemischer Grundprinzipien, auf Einzelheiten und Ausnahmen, die das Gebiet für den Einsteiger oft so unübersichtlich machen, wird nicht eingegangen.

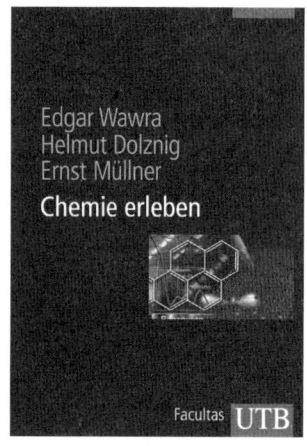

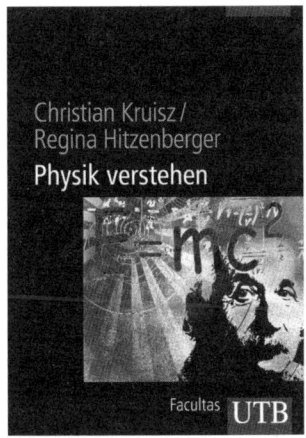